水坝泄水溶解气体过饱和规律及减缓技术研究

李 然 冯镜洁 李克锋 著

科学出版社
北 京

内 容 简 介

水坝泄水产生的过饱和溶解气体可导致鱼类等水生生物患气泡病甚至死亡，成为威胁水坝安全运行的重要生态风险。本书对气体在水中的溶解、溶解气体过饱和概念以及过饱和溶解气体对鱼类的影响等基础理论和背景知识进行介绍，综合采用原型观测、机理试验和数学模型等手段，对水坝泄水特别是高坝泄水的溶解气体过饱和形成和释放机制及其预测方法开展系统深入的研究，并提出一系列溶解气体过饱和问题的减缓技术。

本书可供水坝工程设计、运行与管理人员，以及生态与环境保护工作者参考，亦可供水利工程、水生态学、环境保护等相关专业的大专院校师生参考。

图书在版编目(CIP)数据

水坝泄水溶解气体过饱和规律及减缓技术研究 / 李然，冯镜洁，李克锋著. —北京：科学出版社，2022.4

ISBN 978-7-03-069421-8

Ⅰ. ①水… Ⅱ. ①李… ②冯… ③李… Ⅲ. ①泄水建筑物-研究 Ⅳ. ①TV65

中国版本图书馆CIP数据核字（2021）第146881号

责任编辑：李小锐 / 责任校对：彭 映
责任印制：罗 科 / 封面设计：墨创文化

科学出版社 出版
北京东黄城根北街16号
邮政编码：100717
http://www.sciencep.com

成都锦瑞印刷有限责任公司印刷
科学出版社发行 各地新华书店经销
*
2022年4月第 一 版 开本：787×1092 1/16
2022年4月第一次印刷 印张：16 3/4
字数：403 000

定价：168.00元
（如有印装质量问题，我社负责调换）

序

近年来，流域水电开发和筑坝技术飞速发展。水坝工程在发挥防洪、发电、灌溉、供水等社会和经济效益的同时，也不可避免地对生态环境造成一定的不利影响。特别是随着越来越多高坝工程的投入运行，其对生态环境的影响越来越受到关注，其中伴随高坝工程泄水而产生的总溶解气体过饱和对鱼类的影响，正成为高坝安全运行中的重要生态风险。

十余年来，作者及所在研究团队专注于高坝泄水总溶解气体过饱和及其对鱼类影响这一前沿课题，在高坝泄水总溶解气体生成和释放机制、总溶解气体过饱和影响预测和减缓技术等方面开展了大量的原型观测、机理试验和数值模拟研究，取得了丰硕成果，建立了高坝泄水总溶解气体过饱和预测方法，提出了河库系统溶解气体过饱和影响减缓技术，并应用于乌东德、白鹤滩、大岗山等二十余座高坝工程的设计和泄洪方案制定，是目前高坝泄水总溶解气体过饱和研究领域的重要进展。

《水坝泄水溶解气体过饱和规律及减缓技术研究》一书系统梳理和整理了溶解气体过饱和理论知识和国内外最新研究进展，不仅是作者及所在研究团队多年来科研实践和研究成果的结晶，也是我国第一本系统介绍水坝泄水总溶解气体过饱和问题的专著。该专著集科学性、技术性和实用性为一体，内容丰富、结构严谨、思路明确、机理阐述清晰、理论分析和推导严密，可用作水利工程及生态保护专业本科或研究生的教材，亦可作为手册供水利水电工程和相关领域技术人员查阅使用。该专著的出版有助于提高国内外总溶解气体过饱和问题研究的水平，为减缓水坝泄水总溶解气体过饱和对鱼类影响、防控水坝运行的生态安全风险提供重要理论和技术支撑。

我欣然见证了作者及其团队在对溶解气体过饱和问题研究过程中的不断成长和发展。他们对溶解气体过饱和问题的研究持续获得国家自然科学基金、教育部博士点基金、国家重点研发计划和国家自然科学基金重点项目的资助。高水平创新性成果的产出和众多工程应用奠定了团队在国内外的学术影响力和学术地位。《水坝泄水溶解气体过饱和规律及减缓技术研究》专著的出版，既是对既往成果的总结，也是研究道路上的新起点。高坝运行生态安全任重道远，在此不仅寄厚望于作者及所在团队奋楫笃行，臻于至善，更期盼愈来愈多的国内外同行加入这一领域的研究，探赜索隐，钩深致远，共同建设生态友好型水电，守护碧水蓝天。

喜闻该专著出版在即，作序以贺。

中国工程院院士

杨志峰

前　　言

关于水坝泄水溶解气体过饱和问题的研究可追溯至20世纪60年代。随着美国哥伦比亚河上诸多水坝陆续建成运行，水坝泄水的溶解气体过饱和现象以及由此引起的鱼类气泡病问题被发现并受到关注。我国对这一问题的研究大致始于葛洲坝工程及后续的三峡工程建成后。近年来，随着国家“西部大开发”和“西电东送”“南水北调”等战略的实施，我国流域水电梯级开发及高坝建设取得了巨大成就。随着越来越多的高坝建成运行，高坝泄水溶解气体过饱和及其对鱼类影响问题日益凸显，关于这一领域的研究成果不断以论文或研究报告的形式涌现，但迄今尚缺少一本系统介绍高坝泄水溶解气体过饱和问题的专著。

作者团队对水坝泄水气体过饱和问题的研究起步于2005年获批的国家自然科学基金项目“高坝下游溶解气体过饱和与掺气特性关系研究(50579043)”。后期受国家自然科学基金、教育部博士点基金和国家重点研发计划等多项项目的陆续资助，为溶解气体过饱和问题的持续研究提供了重要支持和保障。在此期间，受白鹤滩、乌东德、双江口、大岗山、玛尔挡和如美等众多高坝工程建设公司委托开展的气体过饱和相关研究，亦极大促进了研究成果的工程验证和推广应用。本书的出版得到了国家自然科学基金重点项目“梯级开发河流洪水过程与水生态效应互馈机制及其协同调控研究(52039006)”、国家重点研发计划项目“水利工程环境安全保障及泄洪消能技术研究(2016YFC0401700)”资助。

本书在编著过程中，瞄准国际学术前沿，查阅分析了国内外大量文献资料，并将作者团队近年来对气体过饱和问题的系列研究成果和学识观点贯穿其中。作为水坝泄水溶解气体过饱和研究方面的专著，本书对气体溶解理论进行了详尽阐述，对水坝泄水的过饱和溶解气体的生成和释放机制、预测方法乃至减缓措施均做了较为系统和深入的研究，特别是在影响最为深刻的高坝泄水气体过饱和问题方面取得了可喜的研究进展。本书力求思路明确，机理阐述清晰，理论分析和推导严谨，试验或原型观测资料验证充分。行之于途而应于心。希望本书的出版有助于提高公众对水坝泄水气体过饱和问题科学客观的认识和评价，并对这一问题的有效解决有所启迪和帮助，为建设生态友好型水电工程尽绵薄之力。

借本书的出版，我们得以对溶解气体过饱和问题的研究进行认真梳理，亦更加坚定和明确今后前进的动力和努力的方向。同时我们也深刻认识到，经十余年的潜心研究，我们对溶解气体过饱和问题的认识虽得到了不断丰富和深化，但高坝泄水运行过程中许多工程难题远未得到有效解决，面对不断凸显的新问题我们亦常会茫然而不知所措。日积跬步无有尽，百川汇流终成海。殷切期待更多学者和技术人员投入这一领域的研究，愿与更多同仁切磋共进。

本书由四川大学李然、冯镜洁和李克锋共同编著，由许唯临院士审定。感谢四川大学水力学与山区河流开发保护国家重点实验室为气体过饱和问题的研究提供了先进的平台支持和条件保障。感谢赵文谦教授、李嘉教授等各位前辈和老师对作者在环境水力学领域的引领和帮助。古语云“能用众智，则无畏于圣人矣”。多年来前辈们的学识和智慧、鞭策和建议是我们不懈进取的动力和源泉。特别感谢我们已毕业和即将毕业的一批批研究生。筚路蓝缕，一次次栉风沐雨中开展的野外监测，一个个夙兴夜寐得以完成的试验，一篇篇淬砺而成的硕博士论文成就了本书的核心内容。

感谢得州大学奥斯汀分校的本·霍奇斯(Ben Hodges)教授、阿尔伯塔大学的朱志伟教授和爱荷华大学的玛塞拉·波利塔诺(Marcela Politano)博士。与诸位同道者在气体过饱和研究领域的学术交融已然见之于本书楮墨之间。特别感谢黄菊萍、卢晶莹、欧洋铭、成晓龙等为本书插图的绘制提供的大量帮助。同时，衷心感谢科学出版社各位编辑的敬业精神和辛勤劳动。

水坝泄水溶解气体过饱和问题是一个复杂的学术和工程技术难题，本领域诸多研究成果尚不够成熟和完善，加之著者水平所限，成稿时间仓促。不足之处在所难免，敬请专家同行和各界人士批评指正！

著者

2022 年 4 月于四川大学望江

目　　录

1　水坝泄水溶解气体过饱和研究概述

1.1　引　　言

水体中溶解气体过饱和是指由于自然或人为因素引起的水体中溶解气体饱和度高于100%的现象。在这种条件下，水体中溶解气体的浓度大于当地气压条件对应的溶解气体的溶解度。在自然界中，水温突升、光合作用、水坝泄水等过程均可能导致水体中出现溶解氧(dissolved oxygen，DO)和溶解氮(dissolved nitrogen，DN)等单一气体组分的溶解气体或总溶解气体(total dissolved gas，TDG)过饱和，并可能使水体中鱼类等水生生物患气泡病(gas bubble disease，GBD)甚至死亡。虽然水体中溶解气体过饱和导致的鱼类气泡病问题早在20世纪初即被认识(Gorham，1901)，但直至20世纪60年代，随着美国哥伦比亚河水坝的泄水运行，气体过饱和问题及其对鱼类的影响才得到社会广泛关注和研究(Lindroth，1957；Weitkamp and Katz，1980)。在其后的几十年间，美国陆军工程兵团(USACE，2001a，b)、华盛顿州生态部(Pickett et al.，2004)、美国太平洋西北国家实验室(Perkins et al.，2004)、帕洛马斯(Parametrix Inc.)(2005)以及爱荷华大学(Politano et al.，2009)、明尼苏达大学(Urban et al.，2008)、爱达荷大学(Johnson et al.，2010)、华盛顿大学(University of Washington，2000)、阿尔伯塔大学(Kamal et al.，2020)等研究机构都先后开展了卓有成效的研究。在20世纪80年代葛洲坝运行初期，我国曾有文献报道葛洲坝泄水的溶解气体过饱和问题(长江流域水资源保护局，1983)。李玉梁等(1994)研究指出，水工泄水建筑物存在超饱和复氧状态，且与非饱和复氧规律不同。随着近年来越来越多高坝工程的建成运行，高坝泄水气体过饱和问题的研究逐渐发展和丰富。清华大学(陈永灿等，2009)、中山大学(程香菊等，2009)、武汉大学(Fu and Zhang，2010)和中国水利水电科学研究院(中国水利水电科学研究院等，2009)等研究机构针对三峡工程及葛洲坝工程泄流中溶解氧过饱和问题进行了大量研究。四川大学自2006年以来先后对紫坪铺电站、三峡电站、二滩电站、小湾电站、漫湾电站、瀑布沟电站、大岗山电站、溪洛渡电站、向家坝电站和乌东德电站等工程泄水开展了TDG过饱和原型观测，对过饱和溶解气体生成和释放机制以及预测方法进行了研究(Lu et al.，2019；Feng et al.，2014)，并针对性地开展了长江上游特有鱼类对气体过饱和的响应机制研究(Wang et al.，2020)，对气体过饱和减缓措施进行了探索。

接下来本章将通过对国内外文献的梳理分析，让读者认识溶解气体过饱和的危害，阐述鱼类对溶解气体过饱和的耐受性和躲避能力，在此基础上，回顾水坝泄水溶解气体过饱和生成与释放过程研究的历史，介绍减缓溶解气体过饱和影响技术的进展，明晰国内外技术发展动态。

1.2 水体中溶解气体过饱和的危害

水体中溶解气体过饱和可能导致鱼类以及虾、蟹等水生动物患气泡病甚至死亡。

1.2.1 气泡病症状及危害

气泡病属于由物理性因素诱发的一种非传染性疾病。关于气泡病及致病原因较完整的描述最早见于20世纪初美国渔业局的相关研究及文献报道中(Gorham，1901)。当鱼类等无脊椎动物在水体中承受过高的溶解气体压力且得不到环境压力补偿的情况下，水体中的溶解气体会析出成为气泡。一方面，大量气泡在血管或组织内聚集形成气泡和气栓，造成血管阻塞，继而引发气肿、组织出血以及其他异常，严重时可能致鱼类死亡(Weitkamp and Katz，1980；史为良，1998)；另一方面，气泡在鱼体表黏附产生的浮力会影响鱼的平衡和游动能力，以及在水体中的栖息深度，特别是对仔鱼和幼鱼的影响最为突出。另有研究指出，对于TDG饱和度为125%～140%的急性暴露，鱼类在外部病症出现前，体内可能首先形成气泡和气栓(Mesa et al.，2000)；而在TDG饱和度为116%以下的水体中长时间慢性暴露会对鱼类生长发育产生抑制作用(刘晓庆，2011)。

鱼类气泡病典型症状如图1-1所示。

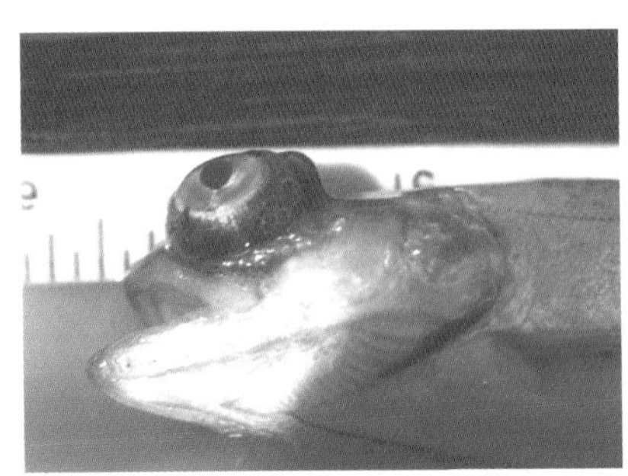

(a)大鳞大麻哈鱼(*Oncorhynchus tshawytscha*)幼鱼眼球突出(Weitkamp，2008)

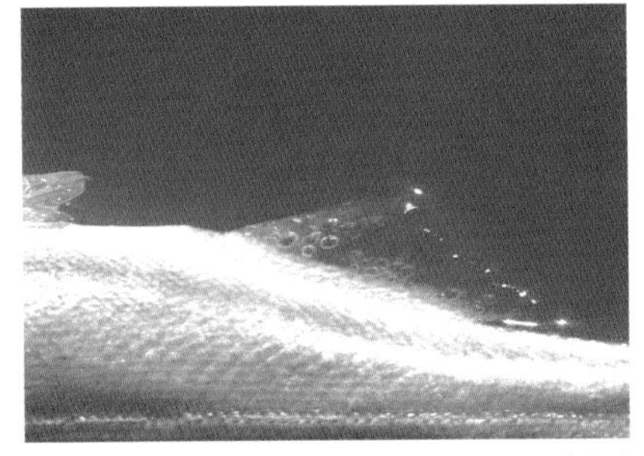

(b)大麻哈鱼(*Oncorhynchus tshawytscha*)幼鱼侧线和腹鳍处的严重气泡(Weitkamp，2008)

(c)岩原鲤(*Procypris rabaudi*)鳃部及胸鳍上附着气泡（黄翔，2010）

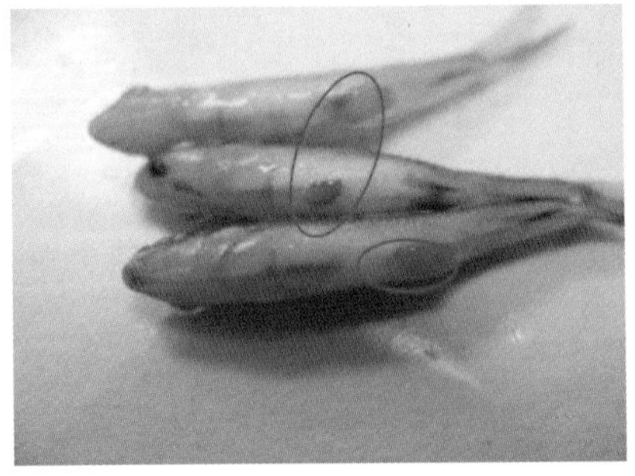

(d)岩原鲤(*Procypris rabaudi*)组织隆起（黄翔，2010）

(e)胭脂鱼(*Myxocyprinus asiaticus*)鳃部充血（图片来源：四川大学）

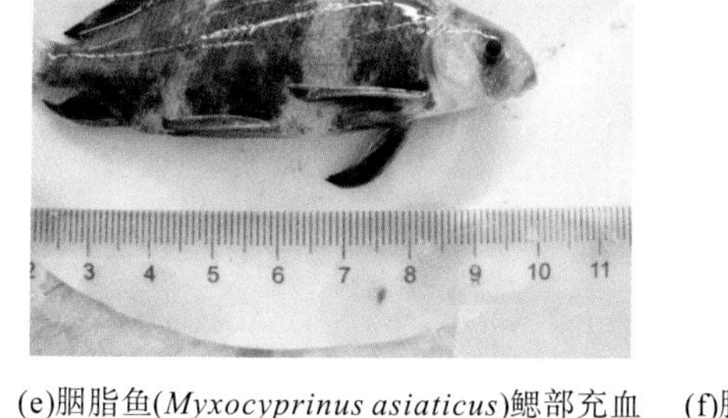

(f)胭脂鱼尾鳍充血及气泡栓塞（图片来源：四川大学）

图 1-1 鱼类气泡病典型症状照片

过饱和溶解气体除对鱼产生影响外，还可能对虾、蟹、贝壳类等无脊椎动物造成不同程度的伤害(Weitkamp and Katz，1980)。Marsh 和 Gorham(1905)研究发现，在同等的气体过饱和条件下，美国龙虾(*Homarus americanus*)和马蹄蟹(*Limulus* sp.)等甲壳纲动物的存活时间比鱼类长；海蜘蛛(*Anoplodactylus* sp.)患气泡病后，腿部充满气泡，颜色苍白；软体动物、绿藻和水螅虫患气泡病后，会产生并释放气泡。Malouf 等(1972)发现，患气泡病的牡蛎(*Crassostrea gigas* 和 *C.virginica*)在壳周围先形成贝壳状气泡，同时在壳外表面及鳃丝均出现气泡，有时在贝壳空隙处也会充满贝壳状气泡。患气泡病的蚌(*Mercenaria mercenaria*)鳃部充满气泡，阻止血液正常循环。Lightner 等(1974)以及 Supplee 和 Lightner(1976)报道，加利福尼亚褐虾(*Penaeus aztecus*)患气泡病后，在鳃及体表会出现气泡，并出现行为异常，游动缺少方向性，随后昏迷并漂浮在水面直至死亡。尽管上述研究表明，气体过饱和对鱼类以外的其他水生生物有不同程度的影响，根据已有文献分析，与溶解气体过饱和影响有关的研究仍主要针对鱼类开展。

溶解气体过饱和导致的鱼类气泡病问题随着美国哥伦比亚(Columbia)河上水坝泄水运行而受到高度关注(Weitkamp and Katz，1980)。1962 年麦克纳里(McNary)水坝下游的麦克纳大鳞大麻哈鱼(*Oncorhynchus tshawytscha*)产卵通道出现因取用哥伦比亚河中气体过饱和水源引发的气泡病问题(Westgard，1964)。1968 年监测发现，约翰迪(John Day)水坝下游溶解氮气饱和度达到 145%。在捕获的鱼类中，25%的虹鳟(*Salmo gairdneri*)幼鱼、46%的大鳞大麻哈鱼幼鱼、68%的科霍鲑鱼(*Oncorhynchus kisutch*)幼鱼出现气泡病症状，其中在鱼类死亡数量最多的 6 月 29 日，有 13 条红大麻哈鱼(*Oncorhynchus nerka*)和 365 条大鳞大麻哈鱼幼鱼死亡。加之鱼梯过鱼效果限制，据俄勒冈州渔业委员会估计，1968 年夏天产卵的大麻哈鱼幼鱼数量减少达 20000 尾(Beininggen and Ebel，1970)。1994 年 8 月阿根廷 Yacyretá 水坝开闸运行时出现因总溶解气体过饱和导致水坝下游大量鱼类患气泡病死亡(Angelaccio et al.，1997)。Duvall 和 Clement(2002)报道，在 1996～2002 年普里斯特·拉皮德斯(Priest Rapids)水坝下游 TDG 饱和度为 113%～130%期间，捕获的大麻哈鱼幼鱼中有 1.7%～8.5%出现了气泡病症状。

在国内，长江流域水资源保护局 1983 年调查发现，葛洲坝泄水导致的 TDG 过饱和使鱼类患气泡病(长江流域水资源保护局，1983)。1994 年 6 月 15～21 日，新安江水库两次开闸泄洪（平均流量 3400m³/s），电站大坝下游 3km 的建德市虹鳟场网箱中虹鳟鱼普遍患气泡病（吴成根，1994）。2014 年 7 月 8～13 日，向家坝库区出现大面积鱼类死亡，后经农业农村部长江中上游渔业生态环境监测中心调查认定，该事故系上游水坝泄水引起的过饱和气体导致鱼类突发性死亡（农业部长江中上游渔业生态环境监测中心，2014），如图 1-2 所示。

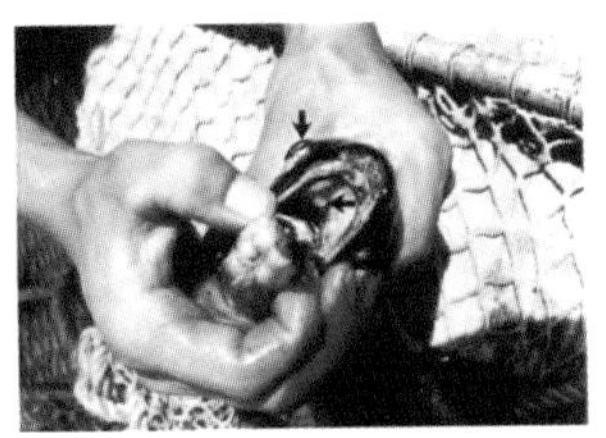

嘴巴上部气泡及眼睛肿胀

眼睛组织与腮盖气泡

(a)约翰迪(John Day)水坝下游红大麻哈鱼气泡病（Beininggen and Ebel，1970）

(b)2014年向家坝库区死鱼

图 1-2 水坝泄水下游鱼类气泡病死亡事件

1.2.2 不同溶解气体的致病作用

水体中溶解气体包括溶解氧（DO）、溶解氮（DN）及溶解二氧化碳等组分，各组分压力之和统称为总溶解气体（TDG）。虽然 DO、DN 和 TDG 的饱和度超过一定值时均可能使鱼类患气泡病甚至死亡，但研究表明，各种溶解气体的致病程度却不尽相同。

早期的试验研究发现，在只有 DO 过饱和的情况下，DO 饱和度通常达到 300%以上才可能致使鱼类患气泡病（Renfro，1963；Supplee and Lightner，1976）。另有诸多研究表明，虹鳟鱼（Barrett and Taylor，1984；Hobe et al.，1984）、大菱鲆（*Scophthalmus Maximus L.*）（Person et al.，2002）、大西洋鲑（*Salmo salar*）（Espmark et al.，2010）对过饱和 DO 的耐受能力较强。Rucker（1976）研究发现，在 TDG 饱和度恒定为 119%的情况下，DO∶DN 的值低于 159∶109 时，不会对鱼类的致病作用产生显著影响，但其比例由 159∶109 变化到 173∶105 时，气泡病发生率急剧下降。这是因为氧气在生物机体内除以溶解态存在外，还可与血红蛋白结合，通过生物过程得到消耗或降解，而氮气是惰性气体，在生物体内不能参加新陈代谢，因此氧气过饱和的致病程度较氮气过饱和轻。

Marsh 和 Gorham（1905）最早指出，只有在 DO 和 DN 均达到一定水平时才会导致气泡病。Doudoroff（1957）试验证实，气泡病主要是 TDG 而不是单一 DO 或 DN 造成的。Rucker 和 Kangas（1974）将大鳞大麻哈鱼幼鱼分别持续暴露在氮气饱和度 120%但 TDG 饱和度不同的水体中，其中在 TDG 饱和度为 116%的环境中，直到第 35 天都未出现大量死亡现象，但在TDG饱和度为120%的环境中，幼鱼在第25天出现大量死亡，说明鱼类致病原因主要在于TDG的饱和度而非单一的DN。Meekin和Turner(1974)将大鳞大麻哈鱼幼鱼分别置于盛有10cm深井水的容器中和盛有61cm深的哥伦比亚(Columbia)河水的容器中。井水和河水的氮气饱和度相当，分别为122%和124%，井水和河水的TDG饱和度分别为112%和123%。试验发现，5～10天内井水中的鱼苗死亡率为2%～5%，而哥伦比亚(Columbia)河水由于TDG饱和度较高，5～7天内的死亡率达92%～100%。由此说明，TDG的致病作用大于DN。

1.3 鱼类对过饱和气体的探知和躲避能力

鱼类具有主动探知和躲避过饱和TDG的能力，不同鱼类对过饱和TDG的感知和躲避能力各异，由此导致过饱和气体对鱼类影响的差异(Stevens et al.，1980；Gray et al.，1983)。鱼类对过饱和TDG的躲避能力一般分为水平躲避能力和垂向躲避能力。

1.3.1 水平躲避能力

Meekin和Turner(1974)的试验研究表明，大鳞大麻哈鱼幼鱼表现出对TDG过饱和水体明显躲避，而银大麻哈鱼未表现出对过饱和TDG的躲避能力。Blahm等(1976)研究发现，当水平躲避试验装置中TDG过饱和水流饱和度为130%时，虹鳟幼鱼在试验进行48小时后死亡率达50%，而大鳞大麻哈鱼幼鱼8天后未出现死亡，表明大鳞大麻哈鱼幼鱼具有较强的躲避TDG过饱和水体的能力。

黄翔(2010)和王远铭等(2015)分别针对长江上游特有鱼类岩原鲤和齐口裂腹鱼(*Schizothorax Prenanti*)开展了水平躲避试验研究。试验装置为一矩形试验水槽，水槽中间设置一隔板将水槽上半部分顺流向分为左右两部分。试验中隔板一侧注入TDG过饱和水流，另一侧注入正常饱和度水流，观察水槽中鱼类对TDG过饱和水流的感知与躲避能力，如图1-3所示。

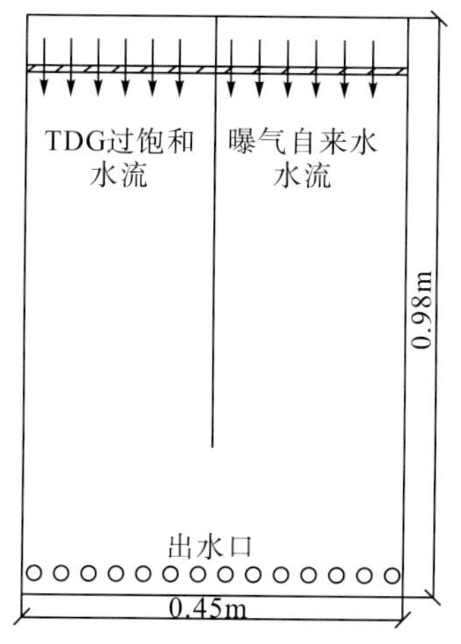

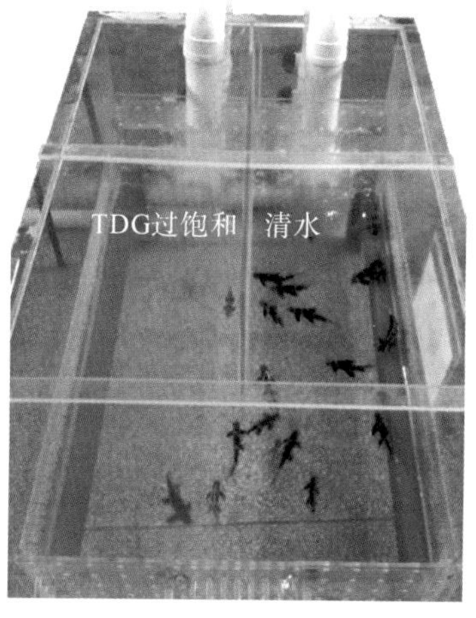

图1-3 鱼类对过饱和气体的水平躲避试验装置示意图(黄翔，2010)

试验发现当 TDG 饱和度高于 125%时，试验鱼出现明显躲避，而当 TDG 饱和度为 115%时，躲避不明显，试验结果统计见表 1-1。

表 1-1 TDG 过饱和水体中不同鱼类躲避率对比(黄翔，2010；王远铭等，2015)

鱼种类	TDG 饱和度/%			
	145	135	125	115
岩原鲤	100%	91%	63%	<10%
齐口裂腹鱼	98%	89%	58%	20%

1.3.2 水深补偿作用与垂向躲避能力

1. 水深补偿作用

鱼类对过饱和 TDG 的垂向躲避能力与水深的补偿作用相关，这是由于静水压强(补偿水深)可以大大减缓 TDG 过饱和的生物效应。这里首先需要对仪器测量得到的溶解气体压力和一定水深下水生生物实际感受到的溶解气体压力进行区分。

通常情况下，将仪器测量得到的水体中 TDG 压力(P_{TDG})与大气压(P_{B})之差计为测量得到的超饱和压力(ΔP_{m})，表达式如下：

$$\Delta P_{\mathrm{m}} = P_{\mathrm{TDG}} - P_{\mathrm{B}} \tag{1-1}$$

仪器测量得到的水体中 TDG 压力对应于当地大气压的相对饱和度为

$$G_{\mathrm{TDG}} = \frac{P_{\mathrm{TDG}}}{P_{\mathrm{B}}} \times 100\% = \frac{P_{\mathrm{B}} + \Delta P_{\mathrm{m}}}{P_{\mathrm{B}}} \times 100\% \tag{1-2}$$

实际上，水生生物通常在一定水深下生活，其身体实际感受到的过饱和压力(ΔP_{comp})与仪器测量得到的过饱和压力(ΔP_{m})并不相等，而是为 TDG 压力(P_{TDG})与当地压力($P_{\mathrm{B}} + \rho g h_{\mathrm{B}}$)之差，公式表示为

$$\Delta P_{\mathrm{comp}} = P_{\mathrm{TDG}} - \left(P_{\mathrm{B}} + \rho g h_{\mathrm{B}}\right) = \Delta P_{\mathrm{m}} - \rho g h_{\mathrm{B}} \tag{1-3}$$

式中，ρ 为水的密度(kg/m^3)；g 为重力加速度(m^2/s)；h_{B} 为水面下深度(m)。

与此相对应，鱼类在该水深处感受到的过饱和度为相对于当地压力的饱和度，表示为

$$G_{\mathrm{comp}} = \frac{P_{\mathrm{TDG}}}{P_{\mathrm{B}} + \rho g h_{\mathrm{B}}} = \frac{P_{\mathrm{B}} + \Delta P_{\mathrm{m}}}{P_{\mathrm{B}} + \rho g h_{\mathrm{B}}} \tag{1-4}$$

由此可以看出，一定水深下水生生物实际感受到的溶解气体压力是相对于计入了静水压强的当地压力来讲的。由此可知，由于静水压强的增加，水体中所能溶解的气体量(氧气和氮气等)随水深逐渐增加，因此，在一定深度上的溶解气体压力或含量相对于水面处的大气压而言，可能为过饱和状态，但相对于当地压强而言过饱和度会相对减小，甚至处于不饱和状态。

水生生物实际感受到的过饱和压力 ΔP_{comp} 直接决定了溶解气体的生物效应。如果该水深处 $\Delta P_{\mathrm{comp}}>0$，则水生生物体内会形成气泡，甚至诱发鱼类气泡病；反之，则生物体内不

会形成气泡。通常将 $\Delta P_{comp}=0$ 所对应的水深称为补偿水深。

图 1-4 表示在不同深度上，仪器测量的 TDG 饱和度(相对于大气压而言)与水生生物实际感受到的饱和度之间的关系。根据静水压强随水深变化的物理关系，深度每增加大约 1m，饱和度降低约 10%。

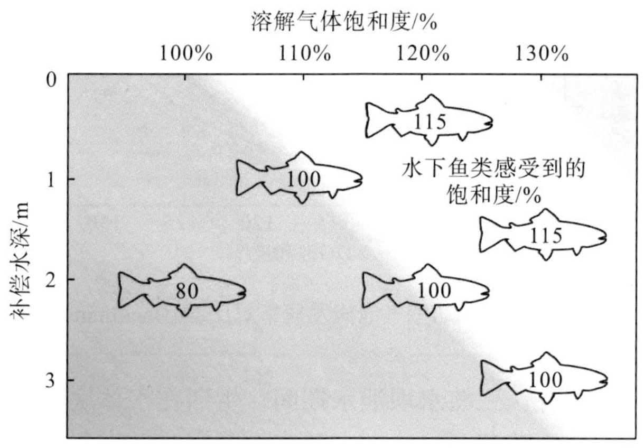

图 1-4　溶解气体饱和度与补偿水深的关系示意图

根据补偿水深的概念，补偿水深(静水压强)可以大大减缓 TDG 过饱和的生物效应，因此，在具有一定深度的天然河流中，如果鱼类可以潜入一定深度下生活，则可以借助水深补偿或躲避高饱和度 TDG 的影响而避免患气泡病，或者使患病率和死亡率降低。

2. 垂向躲避能力

关于水深补偿作用，已在诸多试验中得到证实。Dawley 等(1976)试验发现，在 TDG 过饱和水体中，随着 TDG 饱和度的增加，虹鳟幼鱼及大鳞大麻哈鱼幼鱼会潜入水下更深处。Knittel 等(1980)将虹鳟幼鱼置于 TDG 饱和度相同但深度不同的水层，结果表明，较深层的鱼类致死时间也相应延长。试验还将曾暴露于 130% TDG 饱和度表层水体且罹患气泡病并接近死亡的虹鳟幼鱼转入水下 3m 深度，一段时间后虹鳟幼鱼气泡病症状得到缓解并存活下来。Heggberget(1984)发现，在 TDG 饱和度高达 180%的某天然河道中未见鱼类死亡，而将鱼苗放置于水体表层的网箱中试养却出现了大量死亡。Lutz(1995)在中西部(Midwestern)水坝泄水期间发现，气泡病导致的鱼类最大死亡率并不是出现在 TDG 饱和度最高(133%左右)的时段，而是在 TDG 饱和度较低(120%左右)但尾水深度最小的时段。分析认为，这是因为下游尾水深度较浅使得鱼类没有足够的补偿水深来躲避 TDG 过饱和影响。Backman 等(2002a，2002b)观测发现，在室内试验时鱼类气泡病发病率显著较天然河流高，而水坝旁侧过鱼通道中捕获的鱼类气泡病症状较坝上或坝下的鱼类更为多见，如图 1-5 所示。这是因为室内试验中鱼类被局限于较浅的水体中，以及水坝旁侧水流中鱼类较多暴露于浅水区域，两种条件下的补偿水深均较小。Harmeon(2003)研究指出，鱼类可以利用补偿水深作用来减弱和避免自身受 TDG 过饱和的伤害，进而增强其对 TDG

别在金沙江向家坝电站、大渡河大岗山电站下游开展了长江上游特有鱼类对 TDG 过饱和耐受性的原位试验研究。结果发现，TDG 饱和度在 120%以上时，试验鱼出现了死亡现象，在 TDG 饱和度超过 125%时，试验鱼死亡更为严重(Ji et al.，2019；Xue et al.，2019)(图 1-8、图 1-9)。

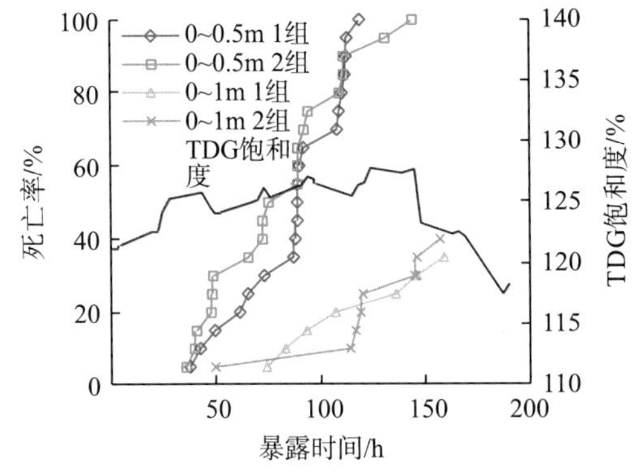

图 1-8 向家坝电站泄水下游胭脂鱼死亡率与暴露时间关系图(Xue et al.，2019)

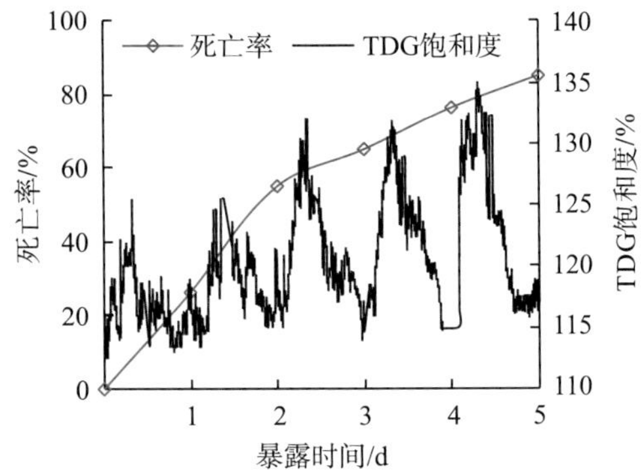

图 1-9 大岗山电站泄水下游齐口裂腹鱼死亡率与暴露时间关系图(Ji et al.，2019)

2. TDG 过饱和间歇性暴露对鱼类恢复的作用

在天然水体中，TDG 饱和度可能随时间呈非恒定变化。此外，鱼类游动于水体不同深度，由于水深补偿作用(1.3.2 节)，鱼类感知到的 TDG 饱和度也在不断变化中。不少研究者发现，水体中鱼类不断地上下游动使其处在过饱和 TDG 的间歇性暴露中，由此可为暴露后的鱼类提供一定恢复时间，从而减少气泡病症状并降低死亡率(Knittel et al.，1980；Antcliffe et al.，2003)。Monk 等(1997)将虹鳟鱼标记后放置于斯内克(Snake)河下游 TDG 饱和度为 113%～117%的浅水(46cm 水深)中暂养，并将出现严重气泡病的鱼重新放回河流中，结果发现，下游捕获的标记鱼苗中 53%的鱼苗气泡病消失。Gale 等(2004)将数条大鳞大麻哈鱼成鱼暴露在 0.5m 深、饱和度为 114%～126%的水中直至第一条鱼死亡或接近死亡，即将试验鱼重新放回天然产卵场环境中，之后未观测到 TDG 过饱和预暴露对鱼类产卵行为的影响。这一试验表明，天然河流提供的水深补偿作用为鱼类提供了间歇暴露条件，有助于患气泡病鱼类的恢复。王远铭(2017)的室内试验研究了通过间歇性暴露延长鱼类在过饱和水体中生存时间的可行性，为探求以实际工程间断泄洪方式减缓泄水过饱和对鱼类影响提供了理论依据。

1.4.2 不同鱼类对 TDG 过饱和的耐受性差异

不同鱼类的 TDG 过饱和耐受性存在差异的结论在 Weitkamp 和 Katz(1980)以及 Weitkamp(2008)中进行了非常详尽的总结分析。本书仅列举其中部分典型成果，并结合国内关于长江上游特有鱼类相关成果做简要介绍。

Fickeisen 和 Montgomery(1978)试验证实，在饱和度 120%以上的水体中，所有的白

此外，许多研究者还结合近坝区过饱和 TDG 生成过程，对过饱和 TDG 释放过程进行了模拟研究。程香菊等(2009)对三峡水坝泄水下游过饱和 DO 进行了数值模拟，其中过饱和DO在下游河道自由水面的传质系数采用溢流坝不饱和复氧系数的研究成果。Politano 等(2009)采用三维两相流模型模拟研究了瓦纳普姆(Wanapum)坝下游 1000m 范围内过饱和 TDG 的生成及释放过程。Johnson 等(2010)采用深度平均二维数学模型分别模拟了邦纳维尔(Bonneville)及冰港(Ice Harbor)坝下游数千米长河道内的 TDG 分布，其中自由界面过饱和 TDG 释放系数采用与风速相关的经验公式。

分析表明，过饱和 TDG 的释放属于过饱和态向饱和平衡态的变化过程，而已有关于过饱和 TDG 释放过程的一些研究常常直接采用由不饱和态向饱和平衡态转变过程的研究成果，其中一些研究直接将氧亏水体的复氧系数作为 TDG 过饱和水体的释放系数。如此处理对以气泡界面传质为主的近坝区过饱和 TDG 的影响较小，但会给以自由界面传质为主的下游水体释放过程的预测带来较大误差。此外，观测发现不同水体之间释放系数差别较大，因此对过饱和溶解气体的释放机理开展更为深入的研究，揭示不同特征水体过饱和气体时空分布规律势在必行。

1.6 溶解气体过饱和减缓技术的发展

对气体过饱和水体处理措施的研究源于对低流量养殖水源的处理，主要有虹吸法(Monk et al.，1980)、填料柱法(Bouck et al.，1984b；Colt and Bouck，1984；Hargreaves and Tucker，1999)等。之后，随着对水坝泄水气体过饱和问题研究的深入，发展了工程措施、调度措施以及重点区域生态功能利用措施。

1.6.1 工程措施

典型的工程措施包括溢洪道导流坎(deflector)、阶梯溢洪道(stepped spillway)、挡板溢洪道(baffled spillway)和辅助消能墩等。导流坎最早在 1972 年被应用在哥伦比亚河邦纳维尔(Bonneville)坝上，主要将掺气水流导向消力池表层，从而避免掺气水流进入高承压的水体深层而使饱和度过高(Tervooren，1972；Mannheim，1997)。这一措施适用于底流消能的低水头水电站。阶梯溢洪道或挡板溢洪道是在溢洪道的泄水槽内布置阶梯或挡板，一方面可以促进水流消能，避免因水流携带大的能量潜入消力池底部从而减小过饱和 TDG 产生；另一方面可以促进坝面水流的水气界面传质，从而改善溶解气体水平(Public Utility District No.1 of Chelan County，2003；Cheng et al.，2021)。Huang 等(2021)模拟研究表明，消能墩可以有效降低底流与挑流泄水的过饱和 TDG 的生成。此外，也有关于提高消力池高程、消力池内加装导流墩等的建议，但均因缺乏相关深入论证而未见应用。

工程措施不仅工程量大、投资大，同时还可能影响掺气消能效果、建筑物稳定性及发电、防洪等综合效益的发挥，工程投资代价和工程安全代价往往是需要首先解决和考虑的问题。即使在筑坝技术高速发展的今天，过饱和 TDG 减缓措施的工程应用仍是一个关键难点问题。

1.6.2 调度措施

针对哥伦比亚(Columbia)河大古力(Grand Coulee)大坝的 TDG 过饱和问题，Frizell(1998)基于不同的 TDG 饱和度控制目标，确定了溢洪道和电站尾水的上限流量。Pickett 等(2004)在哥伦比亚河 TDG 原型观测基础上，研究梯级电站流量协同调度问题。Politano 等(2012)模拟研究了分散泄洪等不同泄水运行方式下韦尔斯(Wells)水坝溶解气体过饱和问题，并提出减小 TDG 影响的最优调度方式。针对三峡电站泄水的溶解气体过饱和问题，中国水利水电科学研究院和中国长江三峡集团有限公司开展了动态汛限调度方式的研究(彭期冬等，2012)。Feng 等(2014)采用立面二维数学模型，以脚木足河下尔呷电站和巴拉电站为例，开展利用水库调度减缓过饱和 TDG 影响的模拟研究。Ma 等(2019)开展的间歇泄水的过饱和 TDG 模拟研究表明，与持续泄水相比，间歇泄水有助于减缓 TDG 过饱和对鱼类的影响。Feng 等(2018)的原型观测研究表明，梯级联合调度有助于减少高流量泄水持续时间，在一定程度上降低梯级过饱和 TDG 水平。目前，针对哥伦比亚(Columbia)河溶解气体过饱和问题的泄洪优化调度研究仍在持续开展中(Wang et al.，2019)。

分析表明，目前以控制 TDG 过饱和为目标的水库生态调度模拟研究取得了一些进展，但基于鱼类对过饱和 TDG 耐受性的梯级水库生态调度实际应用尚较缺乏。

1.6.3 重点区域生态功能利用措施

鱼类具有对气体过饱和的探知能力和躲避能力，可以在干支流交汇区、河滩区和水体深层等局部区域探知到低 TDG 饱和度区域以暂时躲避气体过饱和的伤害，为此可以尝试在这些局部区域结合实施工程改善措施，进一步降低 TDG 饱和度，提高生境适宜性，减小气体过饱和影响。谌霞(2018)的研究表明，利用支流饱和度较低的特点，同时辅以顺坝、阻流桩等工程措施，可以在干支流交汇区营造一定的 TDG 低饱和度区，促进干支流交汇区生态功能利用。此外，Ou 等(2016)和 Yuan 等(2020)的研究表明，对局部重点区域实施曝气、布置阻水介质等措施，有利于降低 TDG 饱和度，为鱼类躲避过饱和 TDG 创造有利条件。

1.7 发展动态分析

对国内外研究现状的回顾分析表明，开始于 20 世纪 60 年代的水坝泄水气体过饱和问题的研究近年来取得了可喜进展，但问题的彻底解决仍任重道远。近年来备受关注的高坝泄水的气体过饱和对鱼类影响问题更为突出和复杂，可能成为制约高坝泄水安全运行的重要生态风险。总结认为，高坝工程溶解气体过饱和领域亟待解决和深入研究的问题主要有以下几个方面。

(1) 高坝泄水水头高，流量大，水垫塘内掺气水流紊动剧烈，气体过饱和生成机制复杂。由于掺气过程以及过饱和溶解气体生成过程在原型和模型之间难以建立相似性规律，而现有监测技术难以实现挑流泄水近区的过饱和气体原型观测，因此有待综合更为先进的原型观测、机理试验和数学模型等手段，对高坝泄水气体过饱和生成机制和规律开展系统深入的研究。

(2) 目前，过饱和 TDG 生成和释放过程预测模型无论在参数率定、模型收敛性还是预测精度等方面，都还无法满足高坝泄水过饱和气体预测的需求，严重限制了过饱和气体时空分布规律及减缓技术的研究和应用。为此，在深化过饱和气体生成和释放机制研究的基础上，完善和发展过饱和气体预测方法和技术势在必行。

(3) 基于对高坝梯级过饱和 TDG 生成和释放规律的研究，从降低过饱和气体生成、加快过饱和气体释放以及重点区域生态功能利用等方面，加强和深化过饱和 TDG 减缓技术的工程实施可行性研究，推动各项减缓技术在实际工程中的推广应用，是高坝泄水气体过饱和问题得以彻底解决的关键。

(4) 目前，诸多流域梯级连续开发格局基本形成。为此，关注连续梯级开发的过饱和 TDG 累积影响，探求基于减缓过饱和 TDG 影响的梯级水库优化调度，是未来溶解气体过饱和问题研究的重要方向。

(5) 针对我国典型经济鱼类以及珍稀特有鱼类，在深入开展过饱和溶解气体耐受性机制研究基础上，分析鱼类对过饱和 TDG 耐受性的生态阈值，为我国水环境标准中过饱和 TDG 限值标准的制定以及水坝泄水安全运行提供科学依据。

2 气体溶解与溶解气体过饱和现象

本章从空气组分入手，认识水体中气体的溶解度以及饱和度，了解自然界中溶解气体过饱和现象，掌握水体中溶解气体测量方法。

2.1 空气组分与各组分气体的溶解度

2.1.1 空气组分

自然环境中的空气为混合气体，包括 N_2、O_2、Ar、CO_2 和水蒸气等。通常认为，干燥空气中各组分气体的摩尔分数相对稳定。在干燥空气中，N_2、O_2、Ar 和 CO_2 的摩尔分数如图 2-1 所示。

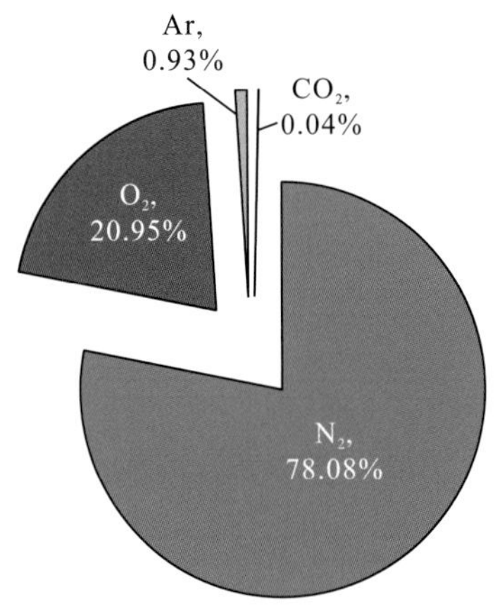

图 2-1 干燥空气中各气体组分占比示意图(Colt，2012)

空气中各组分气体分压 P_i 表示为

$$P_i = \alpha_i \left(P_{\mathrm{B}} - P_{\mathrm{wv}} \right) \tag{2-1}$$

式中，P_i 为气体组分 i 在空气中的分压(Pa)；α_i 为第 i 种气体在干燥空气中的摩尔分数；P_{B} 为大气压强(Pa)；P_{wv} 为水的蒸气压力(Pa)，其与温度相关，具体数值可查附表 1 和附表 2(Colt，2012)。

2.1.2　空气中各组分气体在水中的溶解度

与空气中的气体组分相对应，水体中的溶解气体包括溶解氧(DO)、溶解氮(DN)、溶解氦和溶解二氧化碳等气体组分。各气体组分在水中的溶解是指以分子形式存在于水中的溶解态气体。这些气体分子以间隙填充和水合作用等方式溶解于水中，如图 2-2 所示(付晓泰等，1996；韩健，2014)。

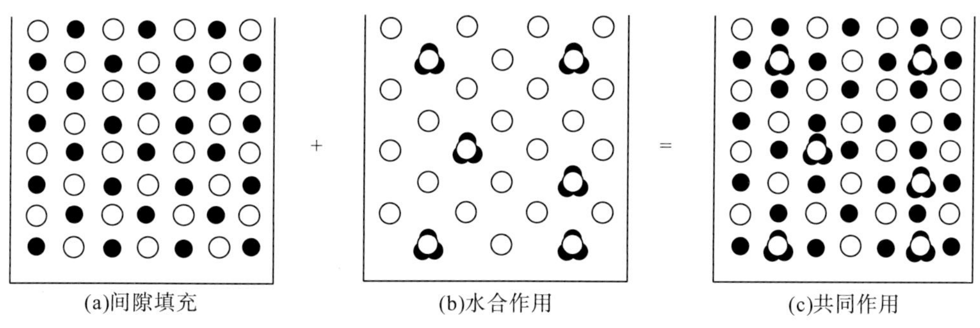

(a)间隙填充　(b)水合作用　(c)共同作用

图 2-2　气体在水中的溶解方式(韩健，2014)

各组分气体在水体中的溶解用溶解度进行度量(杨建文，2021)。特定温度下，在气体分压为 1 标准大气压(1atm，1atm=1.01325×10^5Pa)条件下，溶解在单位体积水中的体积数或质量数称为该气体的溶解度，本书记为 C_{atm}。

根据使用环境的不同，气体的溶解度可以用多种单位形式表示，如 mol/kg、mg/kg、mL/kg 和 mol/L、mg/L、mL/L 等。为方便使用，本书列出不同单位形式之间的转换关系，见表 2-1。

表 2-1　气体溶解度的单位转换表(Colt，2012)

气体	基准单位	单位转换系数		
		mg/L	mL/L(理想气体)	mL/L(实际气体)
N_2	μmol/kg	$28.013\times10^{-3}\rho$	$22.404\times10^{-3}\rho$	$22.414\times10^{-3}\rho$
O_2	μmol/kg	$31.999\times10^{-3}\rho$	$22.392\times10^{-3}\rho$	$22.414\times10^{-3}\rho$
Ar	μmol/kg	$39.948\times10^{-3}\rho$	$22.393\times10^{-3}\rho$	$22.414\times10^{-3}\rho$
CO_2	μmol/kg	$44.010\times10^{-3}\rho$	$22.263\times10^{-3}\rho$	$22.414\times10^{-3}\rho$

注：(1)以原基准单位数值乘以表中对应的系数即换算得到以转换单位表示的溶解度；(2)ρ 为对应温度和盐度条件下水的密度(kg/L)。

气体在水中的溶解服从亨利定律。亨利定律是英国化学家威廉·亨利(William Henry)于 1803 年研究气体在液体中的溶解度时，总结得到的描述气态物质在溶剂中定量关系的定律，表述为，压力不大时，在一定温度下，气体在液体中溶解达平衡时的浓度与它在液面上气相中的分压成正比。

亨利定律可表示为

$$C_S = H^{cp}M_iP_i = C_{atm}P_i \tag{2-2}$$

式中，C_S 为气体 i 在分压为 P_i 条件下的溶解度(mg/L)；P_i 为气体 i 在气相中的分压(atm)；H^{cp} 为亨利常数[mol/(m^3·Pa)]；M_i 为第 i 种气体的摩尔质量(g/mol)；C_{atm} 为在分压为 1atm 条件下，组分气体 i 在水中的溶解度(mg/L)。

将式(2-1)代入气体溶解度式(2-2)中，可以得到空气中组分气体 i 的溶解度。

$$C_S = C_{atm}\alpha_i\left(P_B - P_{wv}\right) \tag{2-3}$$

在环境空气压力为 1atm 条件下，空气中组分气体 i 在水中的溶解度记为 $C_{S,0}$。

$$C_{S,0} = C_{atm}\alpha_i\left(1 - P_{wv}\right) \tag{2-4}$$

式中，$C_{S,0}$ 为环境空气压力为 1atm 条件下，组分气体 i 在水中的溶解度(mg/L)；α_i 为第 i 种组分气体在干燥空气中的摩尔分数；P_{wv} 为大气中水蒸气压力(atm)。

对于特定的气体和溶剂，亨利常数 H^{cp} 是一个随温度变化的参数，且不同气体随温度变化的规律不同(Sander，2015)。

$$\frac{\mathrm{d}\ln H^{cp}}{\mathrm{d}\left(1/T\right)} = \frac{-\Delta_{sol}H}{R} = \alpha_T \tag{2-5}$$

式中，$\Delta_{sol}H$ 为溶解焓；R 为气体常数，R=8.314J/(mol·K)；α_T 为 i 种气体的温度常数，取值见表 2-2。

表 2-2 几种常见气体的亨利常数和温度常数

系数	N_2	O_2	Ar	CO_2
摩尔质量/(g/mol)	28	32	39.95	44
$H_{T_0}^{cp}$ /[mol/(m^3·Pa)] (T_0=298.15K)	6.4×10^{-6}	1.3×10^{-5}	1.4×10^{-5}	3.3×10^{-4}
温度常数 α_T	1300	1500	1700	2400
文献来源	Sander 等(2011)	Sander 等(2011)	Warneck 和 Williams(2012)	Sander 等(2011)

由式(2-5)可得，任意温度 T 情况下，亨利常数与参考温度 T_0(298.15K)对应关系为

$$H^{cp}\left(T\right)=H_{T_0}^{cp}\exp\left[\alpha_T\left(\frac{1}{T}-\frac{1}{T_0}\right)\right] \tag{2-6}$$

Sander 等(2011)收集整理了 4632 种气体在水中溶解的亨利常数及相关参数，本书仅摘录 N_2、O_2、Ar 和 CO_2 对应的相关参数，见表 2-2。

除亨利常数外，一些文献中常使用本森系数(Benson's solubility coefficient) β 表征气体溶解特性(Colt，2012)。本森系数 β 的定义为：气体分压为 1atm 条件下，单位体积水中溶解的气体体积或质量，量纲通常为 L/(L·atm)。Colt(2012)总结了不同温度下几种真实气体的本森系数，见表 2-3。

表 2-3 不同温度下几种常见气体的本森系数 [单位：L/(L·atm)]

温度/℃	N_2	O_2	Ar	CO_2
0	0.02397	0.04914	0.05378	1.7272
5	0.02118	0.04303	0.04716	1.4265
10	0.01897	0.03817	0.04188	1.1947
15	0.01719	0.03426	0.03762	1.0135
20	0.01576	0.03109	0.03417	0.8705
25	0.01459	0.02850	0.03134	0.7562
30	0.01349	0.02635	0.02902	0.6641

对于理想气体，亨利常数与本森系数之间的转换关系为

$$H^{cp}=\beta\times\frac{1}{RT^{STP}} \tag{2-7}$$

式中，R 为气体常数，R=8.314J/(mol·K)；T^{STP} 为标准温度(273.15K)；β 为本森系数。

2.1.3 环境条件对气体溶解度的影响

由亨利定律可以看出，气体在水中的溶解度与温度、盐度和压力相关。

1. 温度

当压力和盐度一定时，气体溶解度随温度升高而降低。Colt(2012)整理得到标准大气压下湿润空气中各组分气体在水中的溶解度，详见附表 3～附表 6。本节摘录见表 2-4 和图 2-3。

表 2-4 不同温度下气体在水中的溶解度 (单位：mg/L)

温度/℃	N_2	O_2	Ar	CO_2
0	23.261	14.621	0.8904	1.3174
5	20.503	12.770	0.7790	1.0857
10	18.294	11.288	0.6893	0.9062
15	16.501	10.084	0.6164	0.7654
20	15.029	9.092	0.5562	0.6533
25	13.804	8.263	0.5059	0.5629
30	12.772	7.559	0.4632	0.4890
35	11.888	6.949	0.4264	0.4277
40	11.119	6.412	0.3941	0.3976

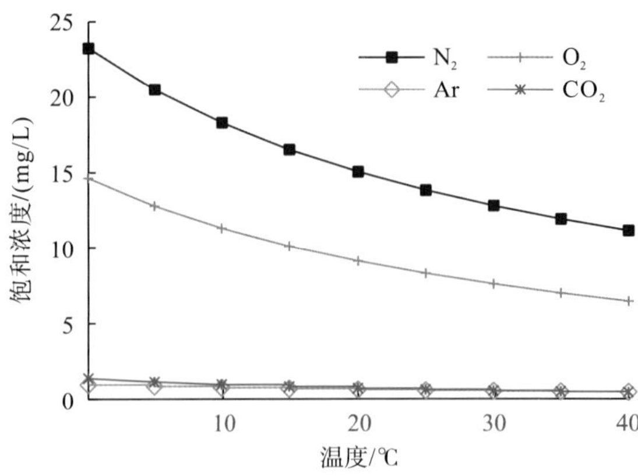

图 2-3 标准大气压下湿润空气中各组分气体的溶解度随温度变化图(Colt，2012)

2. 盐度

当压力和温度一定时，气体溶解度随盐度增大而减小。Colt(2012)整理得到标准大气压下湿润空气中各组分气体在不同盐度水体中的溶解度，详见附表 7 和附表 8。本节摘录见表 2-5 和图 2-4。

表 2-5 气体在不同盐度水体中的溶解度 (单位：mg/L)

盐度/(g/kg)	N_2	O_2	Ar	CO_2
0	15.029	9.092	0.5562	0.6533
5	14.563	8.828	0.5402	0.6383
10	14.111	8.572	0.5247	0.6236
15	13.673	8.323	0.5096	0.6093
20	13.248	8.081	0.4949	0.5953
25	12.836	7.846	0.4807	0.5817
30	12.437	7.617	0.4668	0.5683
35	12.051	7.395	0.4534	0.5552
40	11.676	7.180	0.4403	0.5424

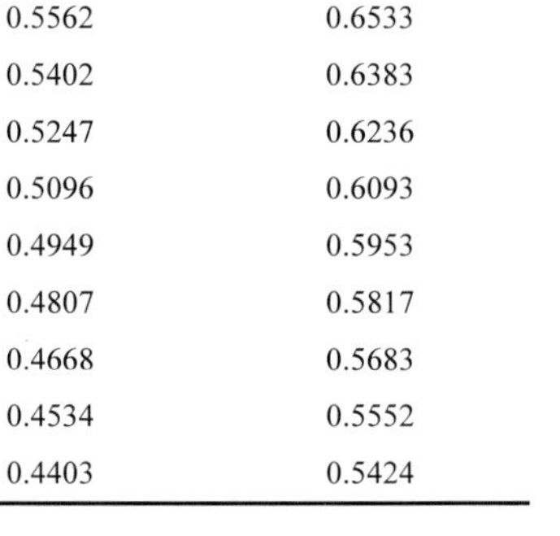

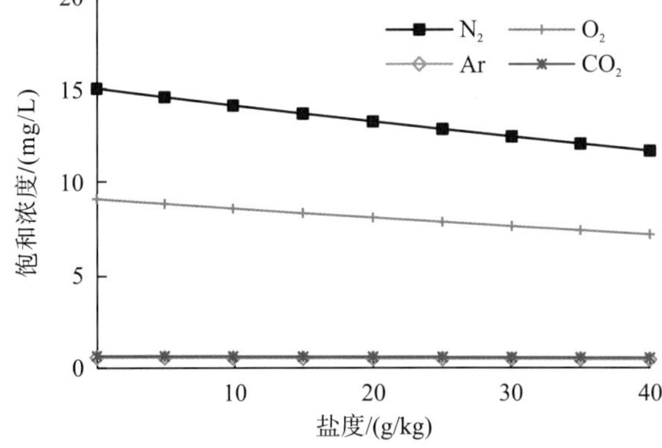

图 2-4 20℃湿润空气标准大气压下气体溶解度与盐度关系图(Colt，2012)

3. 压力

当温度和盐度一定时，气体在水中的溶解度随压力增大而增大(Benson and Krause，1984)。

$$C_{\mathrm{S}} = C_{\mathrm{S},0} P_{\mathrm{B}} \left[\frac{\left(1 - P_{\mathrm{wv}} / P_{\mathrm{B}}\right)\left(1 - \theta_0 P_{\mathrm{B}}\right)}{\left(1 - P_{\mathrm{wv}}\right)\left(1 - \theta_0\right)} \right] \tag{2-8}$$

式中，$C_{\mathrm{S},0}$ 为在环境空气压力 1 atm 条件下该气体的溶解度(mg/L)；C_{S} 为当地环境空气压力(P_{B})条件下该气体在水体中的溶解度(mg/L)；P_{B} 为当地大气压(atm)；P_{wv} 为环境空气中水蒸气压力(atm)；θ_0 为常数，与氧的第二位力系数(second virial coefficient)相关，对于理想气体，$\theta_0 = 0$。

对于理想气体，气体的饱和浓度公式[式(2-8)]可以简化为

$$C_{\mathrm{S}} = C_{\mathrm{S},0} P_{\mathrm{B}} \left[\frac{1 - P_{\mathrm{wv}} / P_{\mathrm{B}}}{1 - P_{\mathrm{wv}}} \right] \tag{2-9}$$

忽略水蒸气压力 P_{wv}，可得

$$C_{\mathrm{S}} = C_{\mathrm{S},0} P_{\mathrm{B}} \tag{2-10}$$

2.2 溶解气体过饱和的概念

2.2.1 溶解气体饱和度

水体中溶解气体水平通常有两种表示方法：一是绝对含量，如前所述的浓度；二是相对含量，即溶解气体的饱和度。

溶解气体的饱和度是指水体中溶解气体的浓度与对应压力和温度条件下溶解度的比值，公式表示为

$$G_i = \frac{C_i}{C_{\mathrm{S}}} \times 100\% \tag{2-11}$$

式中，G_i 为第 i 种组分气体的饱和度(%)；C_i 为第 i 种组分气体的浓度(mg/L)；C_{S} 为当地大气压和温度对应的第 i 种组分气体的溶解度(mg/L)。

根据亨利定律所表达的气体溶解度与对应压力的关系，溶解气体的饱和度也可采用液相分压与气相分压之比表示：

$$G_i = \frac{C_i}{C_{\mathrm{S}}} \times 100\% = \frac{P_i^{\mathrm{l}}}{P_i^{\mathrm{g}}} \times 100\% \tag{2-12}$$

式中，P_i^{l} 为水体中第 i 种气体的分压；P_i^{g} 为大气中第 i 种气体的分压，其表达式分别为

$$P_i^{\mathrm{l}} = \frac{C_i}{H^{\mathrm{cp}} m_i} \tag{2-13}$$

$$P_i^{\mathrm{g}} = \alpha_i \left(P_{\mathrm{B}} - P_{\mathrm{wv}}\right) \tag{2-14}$$

2.3.2 光合作用

强烈的光合作用产生大量氧气，导致池塘、湖泊水体中溶解气体过饱和。Boyd 等(1994)观测到水产养殖池塘内由于浮游植物光合作用和水温升高使 TDG 饱和度达 115%。李妍和林影(1997)报道，由于大量种植海带等水生植物，烟台芝罘湾在夏季出现全湾溶解氧过饱和现象，饱和度为 145.5%～260.6%。Schisler 和 Bergersen(1999)在美国科罗拉多(Colorado)河发现，水生植物的光合作用造成水体 TDG 过饱和。

2.3.3 地下水开采

承压较高的地下水在流入地表时，由于压力条件突变，气体溶解度骤然减小，从而造成溶解气体过饱和。

Marsh(1910)报道，波托马克(Potomac)河的地下水溶解氮饱和度达到 140%。Matsue 等(1953)也曾报道过井水溶解氮的饱和度高达 144%。榊原淳一和杉崎隆一(1992)测得井水的氦气、甲烷等处于过饱和状态。

2.3.4 冰冻作用

一些较浅湖泊或水库在冬季发生结冰现象。结冰过程中溶解气体由固相释放至液相中，使得液相水体中的 TDG 饱和度增加，从而导致 TDG 过饱和问题(Mathias and Barica，1985；Craig et al.，1992)。冬季水生生物耗氧在一定程度上缓解了水体中的 TDG 过饱和现象，然而春季植物光合作用使得 DO 浓度增加，加上湖、库之前因结冰而导致的过饱和 DN，可使 TDG 过饱和压力值高达 160%以上(Mathias and Barica，1985)。

2.3.5 海洋波浪作用

气体在海洋波浪作用下被卷吸至水体较深位置溶解，加之日间光合作用以及昼夜间温度变化，从而导致水体呈现 TDG 过饱和现象(Ramsey，1962；Craig and Wharton，1971；Wallace and Wirick，1992)。一些区域水体 DO 饱和度达 130%，DN 饱和度达 120%(Boyd，1994)。

2.3.6 瀑布跌水

国内外观测发现，瀑布跌水在一定条件下也会造成溶解气体过饱和。根据报道，在美国尼亚加拉(Niagara)瀑布[图 2-9(a)]下游监测到 TDG 饱和度达 126%，在哥伦比亚河凯特尔(Kettle)瀑布和赛力欧(Celilo)瀑布下游监测到 TDG 饱和度为 110%～130%(Weitkamp，2008)。四川大学在黄果树瀑布[图 2-9(b)]下游观测到 TDG 饱和度为 111.4%(蒋亮，2008)。

(a)尼亚加拉(Niagara)瀑布

(b)黄果树瀑布

图 2-9 瀑布跌水照片

2.3.7 水坝泄水

水坝泄水是导致天然河流溶解气体过饱和的另一重要原因。图 2-10 为典型水坝工程泄水照片。

(a)加拿大哥伦比亚河雷维尔斯托克(Revelstoke)水坝泄水

(b)美国哥伦比亚(Clumbia)河普里斯特·拉皮德斯Priest Rapids水坝泄水

(c)中国澜沧江小湾水坝泄水

(d)中国金沙江溪洛渡水坝泄水

图 2-10 典型水坝工程泄水照片

水坝泄水过程中，水流卷吸掺气形成强掺气水流。掺气水流进入水垫塘/消力池内时，水垫塘/消力池内气体承压急剧增大，气体溶解度较常压下显著提高，导致大量气体溶解，超过当地大气压对应的溶解度，形成溶解气体过饱和。由于溶解的气体组分包括溶解氧、溶解氮以及溶解二氧化碳、氩等各类气体，因此亦称为总溶解气体(TDG)过饱和，通常将这一过程称为过饱和 TDG 的生成过程(generation 或者 production)。在水垫塘内产生的过饱和 TDG 随水流进入下游河道后并不会很快析出，而是随水流输移扩散到下游相当远的距离，从而导致河道较大范围内出现 TDG 过饱和问题，这一变化过程称为过饱和 TDG 的释放过程(dissipation、release 或者 degassing)。

20 世纪 60 年代开始，美国陆军工程兵团和相关研究机构对美国哥伦比亚河及其支流斯内克河上多个水坝监测表明，水坝泄水导致下游河道中 TDG 饱和度超过了 120%(Weitkamp and Katz，1980)，有时饱和度可达 140%(Ebel，1969；Beiningen and Ebel，1971；Geldert et al.，1998)。Clark(1977)发现，哥伦比亚河上游的 Hugh Keenleyside 水坝下游过饱和溶解气体压力高达 200mmHg。Colt 等(1991)报道，美国 Folsom 坝下游水体过饱和度达到 126%～130%。阿根廷与巴拉圭共有的亚西雷塔(Yacyretá)水坝 1994 年 8 月蓄水期间开闸泄流时下游巴拉那河 TDG 饱和度超过了 140%(Angelaccio et al.，1997)。加拿大 Brilliant 水坝下游的 Kootenay 河(哥伦比亚河支流)在 2017 年 6 月监测到 TDG 饱和度为 126%(Kamal et al.，2019)，七英里(seven mile)水坝下游 2017 年 6 月监测到 TDG 饱和度 122%(Kamal et al.，2020)。

在国内，长江流域水资源保护局 1983 年较早报道了葛洲坝水利枢纽运行后的气体过饱和问题。李玉梁等(1994)曾提出需要协调控制好泄水建筑物复氧和溶解氧过饱和问题。2003 年 8～9 月三峡大坝下游黄陵庙和东岳庙断面溶解氧饱和度超过 120%，9 月最大饱和度达到 130%。2007 年四川大学对三峡电站的泄水观测结果显示，在西陵长江大桥断面观测到的 TDG 饱和度最大值为 138.4%，DO 饱和度最大值为 132%，出现时间在 7 月 10 日；在黄陵庙断面观测到的 TDG 饱和度最大值为 144.2%，出现时间在 7 月 9 日 13:39，DO 饱和度最大值为 133%，出现时间在 7 月 9 日(Qu et al.，2011)。2006 年四川大学对紫坪铺电站的泄水观测结果显示，在紫坪铺坝下 500m 的彩虹桥断面观测到 TDG 饱和度最大值为 128.3%，发生在 2006 年 12 月 28 日溢洪道完全关闭、泄洪洞全面开启泄水时。表 2-6 简要列出了四川大学近年来针对部分水坝泄水开展的 TDG 原型观测结果。

表 2-6 四川大学近年来对水坝泄水过饱和 TDG 的观测结果统计表

序号	电站名称	过饱和 TDG 观测值/%	发生时间	备注
1	紫坪铺	128.3	2006.12.28	1#泄洪洞
2	二滩	140.0	2007.07.27	1#泄洪洞
3	三峡	138.4	2007.07.10	西陵长江大桥
4	三峡	144.2	2007.07.09	黄陵庙
5	漫湾	124.4	2008.07.30	表孔
6	漫湾	120.0	2008.07.30	泄洪洞
7	大朝山	120.3	2008.07.31	1#表孔
8	龚嘴	144.3	2009.08.05	龚电大桥
9	铜街子	154.8	2009.08.06	消力池出口
10	瀑布沟	136.0	2012.08.09	溢洪道
11	瀑布沟	142.0	2012.08.09	泄洪洞

续表

序号	电站名称	过饱和 TDG 观测值/%	发生时间	备注
12	深溪沟	116.0	2012.08.06	泄洪闸
13	溪洛渡	125.0	2018.08.08	深孔
14	向家坝	136.0	2014.09.03	向家坝水文站
15	大岗山	138.1	2017.07.06	2#深孔+3#深孔
16	大岗山	123.1	2016.09.20	泄洪洞
17	小湾	130.6	2016.07.30	4 表孔
18	功果桥	119.2	2017.08.09	3#表孔
19	马马崖一级	119.1	2017.07.19	表孔

2.4 天然水体中不同气体组分饱和度之间的关系

无论是水体中溶解氧(DO)、溶解氮(DN)等单一气体组分的饱和状况还是总溶解气体(TDG)的饱和状况，都是对于水质保护和水生生物至关重要的物理指标，因此对溶解气体过饱和问题的研究部分以总溶解气体(TDG)为研究对象(Weitkamp，2008；Fu et al.，2010；Li et al.，2013)，部分以 DO 为研究对象(谭德彩，2006；陈永柏等，2009；陈永灿等，2009；程香菊等，2009；王煜和戴会超，2010)。那么，水体中 TDG 与 DO 的关系究竟是怎样的呢？

表 2-7 为 2012 年 9 月四川大学对几种典型水体 TDG 和 DO 饱和度的监测结果(Ma et al.，2013)。图 2-11 为 TDG 和 DO 饱和度相关关系。可以看出，各水体中 DO 饱和度变化幅度较大，DO 饱和度随着水体污染程度的改变而发生变化，而 TDG 饱和度变化相对较小，TDG 和 DO 的相关关系具有不确定性。

表 2-7　不同水体 TDG 与 DO 饱和度对比(Ma et al.，2013)

编号	水体测点	水温/℃	DO 饱和度/%	TDG 饱和度/%
1	四川大学荷花池 1#测点	28.3	22	96
2	四川大学荷花池 2#测点	29.8	26	101
3	四川大学荷花池 3#测点	29.2	30	95
4	四川大学荷花池 4#测点	29.1	60	97
5	四川大学荷花池 5#测点	29.2	37	94
6	四川大学荷花池 6#测点	28.7	51	92
7	成都府南河九眼桥橡胶坝上游 20m	19.5	89	105
8	成都府南河合江亭断面	19.5	89	101
9	成都府南河兴安码头断面	19.8	90	101
10	成都府南河新南门断面	21.1	93	105
11	市售可口可乐	28.0	136	140
12	自来水	22.8	84	101
13	市售去离子水	27.8	97	100

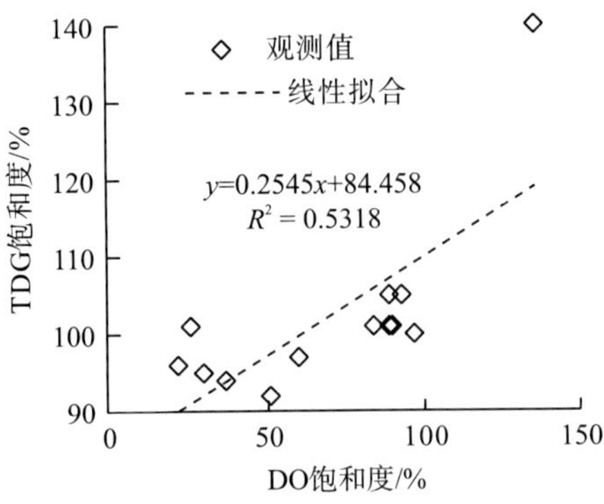

图 2-11　不同水体 TDG 与 DO 饱和度相关关系图

根据四川大学近年来对部分河段 TDG 和 DO 饱和度的观测结果，绘制得到 TDG 与 DO 饱和度关系图，如图 2-12 所示。由图 2-12 可以看出，部分河段的 TDG 与 DO 饱和度存在一定的线性相关性，但这一关系随观测点位和观测时间的不同而变化。由此说明，在溶解气体过饱和问题研究中，如果用 DO 饱和度代替或类比 TDG 饱和度将引起误差。

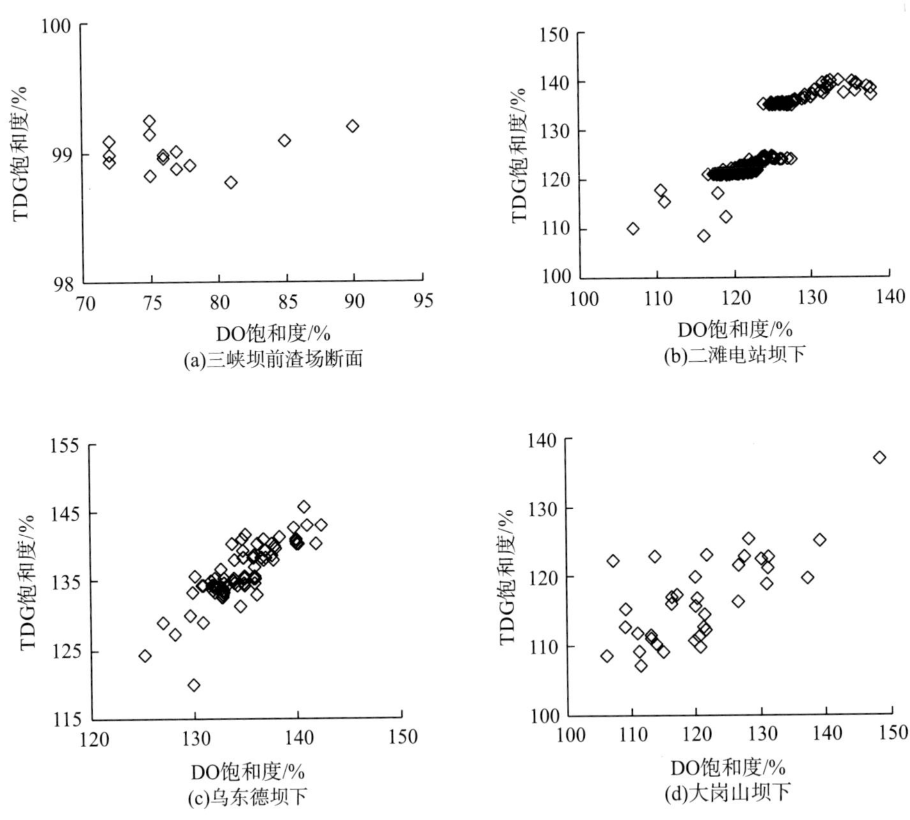

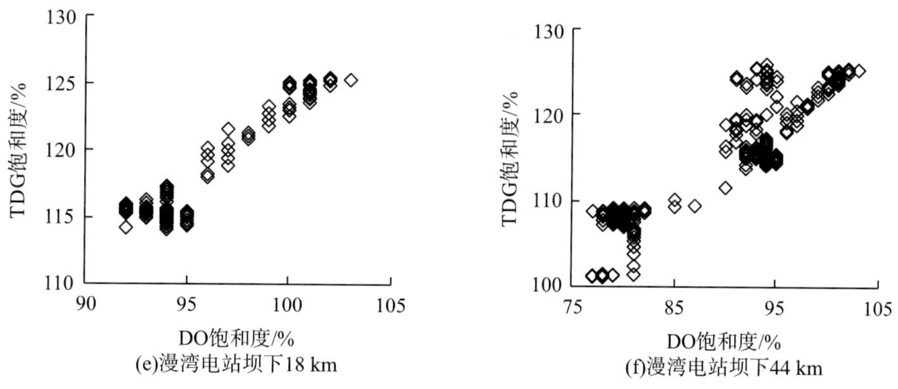

图 2-12 典型水坝泄水 TDG 与 DO 饱和度关系

2.5 水体中溶解气体含量的分析与测量方法

在水体各溶解气体组分中，由于 CO_2 和 Ar 含量较少，且尚未发现这些气体过饱和对鱼类等水生生物的显著危害，因此工程应用中较少关注 CO_2 和 Ar，而主要考虑溶解氧、溶解氮以及总溶解气体过饱和。为此，本节重点对溶解氧、溶解氮和总溶解气体的分析测量方法进行介绍。

2.5.1 溶解氧

溶解氧的测量方法主要包括化学碘量法、电化学探头法、荧光法以及膜进样质谱仪法。

1. 化学碘量法

根据《水质　溶解氧的测定　碘量法》(GB 7489—87)，溶解氧碘量法是测定水中溶解氧的基准方法，等效《水质　溶解氧的测定　碘量法》(ISO 5813—1983)。在没有干扰的情况下，此方法适用于各种溶解氧浓度大于 0.2mg/L 且小于氧的饱和浓度两倍(约20mg/L)的水样。易氧化的有机物(如丹宁酸、腐植酸和木质素等)会对测定产生干扰。可氧化的硫的化合物(如硫化物、硫脲)也如同易于消耗氧的呼吸系统那样会产生干扰。当含有这类物质时宜采用电化学探头法。

该方法在亚硝酸盐浓度不高于 15mg/L 时不会产生干扰，因为它们会被加入的叠氮化钠破坏掉。如存在氧化物质或还原物质以及能固定或消耗碘的悬浮物，该方法需改进后方可使用。

该方法的测量原理是，样品中溶解氧与刚刚沉淀的二价氢氧化锰(将氢氧化钠或氢氧化钾加入到二价硫酸锰中制得)反应。生成的高价锰化合物将碘化物氧化游离出等量的碘，用硫代硫酸钠滴定法测定游离碘量。主要测定步骤包括现场采样、现场固定、样品运输、硫代硫酸钠标定、游离碘、滴定等，详见《水质　溶解氧的测定　碘量法》(GB 7489—87)以及《水和废水监测分析方法》(国家环境保护总局《水和废水监测分析方法》编委会，2002)。

2. 电化学探头法

《水质　溶解氧的测定　电化学探头法》(HJ 506—2009)中电化学探头法为便携式溶解氧测定方法，在《便携式溶解氧测定仪技术要求及检测方法》(HJ 925—2017)中被列为覆膜电极法，适用于地表水、地下水、生活污水、工业废水和盐水中溶解氧的测定，可测定水中饱和百分率为0%～100%的溶解氧，还可测量高于100%(20mg/L)的过饱和溶解氧。

溶解氧电化学探头是一个用选择性薄膜封闭的小室，室内有两个金属电极并充有电解质。氧和一定数量的其他气体及亲液物质可透过这层薄膜，但水和可溶性物质的离子几乎不能透过。将探头浸入水中进行溶解氧的测定时，由于电池作用或外加电压在两个电极间产生电位差，使金属离子在阳极进入溶液，同时氧气通过薄膜扩散在阴极获得电子被还原，产生的电流与穿过薄膜和电解质层的氧的传递速度成正比，即在一定的温度下该电流与水中氧的分压(或浓度)成正比。

气体对薄膜的渗透性受温度的影响较大，需要采用数学方法对温度进行校正，也可在电路中安装热敏元件对温度变化进行自动补偿。若仪器在电路中未安装压力传感器而不能对压力进行补偿时，仪器仅显示与气压有关的表观读数，当测定样品的气压与校准仪器时的气压不同时，应按标准进行校正。若测定海水、港湾水等含盐量高的水，应根据含盐量对测量值进行修正。具体详见《水质　溶解氧的测定　电化学探头法》(HJ 506—2009)。

3. 荧光法

根据《便携式溶解氧测定仪技术要求及检测方法》(HJ 925—2017)，荧光法和覆膜电极法同属于便携式溶解氧测定技术。荧光法根据氧分子对荧光物质的猝灭效应原理来测定水中溶解氧的含量。荧光法溶解氧测定仪探头前端是复合了荧光物质的箔片，表面涂了一层黑色的隔光材料以避免日光和水中其他荧光物质的干扰，探头内部装有激发光源及感光部件。蓝光照射到荧光物质上使荧光物质激发并发出红光，由于氧分子可以带走能量，从而降低荧光强度(猝灭效应)，在一定的温度下，激发红光的时间和强度与氧分子的浓度成反比。通过测量激发红光与参比光的相位差，与内部标定值进行对比，从而计算氧分子的浓度。

4. 膜进样质谱仪法

膜进样质谱仪法(membrane inlet mass spectrometry，MIMS)，属于质谱分析技术在溶解气体测定中的应用。测量原理在于，待测水样经蠕动泵直接被吸入质谱仪的进样系统，在进样系统中，溶解在水中的气体在加温以及负压($<10^{-5}$mbar[①])状态下从水中逸出，渗过半透膜进入质谱仪并被离子化。通过测定对应分子量的离子(氧气的分子量为32)产生的离子流强度，与标准溶液产生的离子流强度进行比较、计算，确定样品中溶解气体的浓度。

① 1bar=10^5Pa。

由于 MIMS 法对安装平台的稳定性、环境温度等条件要求较高，同时天然水体中高泥沙含量对进样系统有一定影响，尚难以实现天然水体溶解气体的 MIMS 在线监测，需要现场采集水样后在室内完成 MIMS 分析，因此测定过程中取样和运输误差对测定结果影响较大。

2.5.2 溶解氮

目前国内外尚无便携式的溶解氮(DN)直接检测仪器，对水体中溶解氮的测量主要采用 TGP 仪器分析法和膜进样质谱仪法。

1. TGP 仪器分析法

TGP 仪器分析法根据 TGP 仪器测量得到的 TDG 饱和度[根据 TDG 压力测量值计算得到，详见式(2-17)]以及溶氧仪测量得到的 DO 饱和度，参照空气中各种气体体积占比关系来分析得到 DN。

忽略溶解的 CO_2、Ar 等气体，只考虑 N_2、O_2 以及水蒸气压力，得到总溶解气体压力的公式为

$$P_{\mathrm{TDG}} = P_{\mathrm{B}} + \Delta P \approx P_{\mathrm{O_2}}^{\mathrm{l}} + P_{\mathrm{N_2}}^{\mathrm{l}} + P_{\mathrm{wv}} \tag{2-19}$$

式(2-19)可变形为

$$P_{\mathrm{N_2}}^{\mathrm{l}} = P_{\mathrm{TDG}} - P_{\mathrm{O_2}}^{\mathrm{l}} - P_{\mathrm{wv}} \tag{2-20}$$

其中，O_2 的液相分压可根据已知的溶解氧浓度计算得到：

$$P_{\mathrm{O_2}}^{\mathrm{l}} = \frac{C_{\mathrm{O_2}}}{H^{\mathrm{cp}} m_{\mathrm{O_2}}} \tag{2-21}$$

N_2 的气相分压为

$$P_{\mathrm{N_2}}^{\mathrm{g}} = \alpha_{\mathrm{N_2}} (P_{\mathrm{B}} - P_{\mathrm{wv}}) \tag{2-22}$$

于是，得到溶解氮气的饱和度为

$$G_{\mathrm{N_2}} = \frac{P_{\mathrm{TDG}} - P_{\mathrm{O_2}}^{\mathrm{l}} - P_{\mathrm{wv}}}{\alpha_{\mathrm{N_2}} \left(P_{\mathrm{B}} - P_{\mathrm{wv}}\right)} \tag{2-23}$$

工程应用中常忽略二氧化碳和稀有气体占比以及水蒸气压力占比影响，简单以溶解氧 21%、溶解氮 79%计，则式(2-23)简化为

$$G_{\mathrm{N_2}} = \frac{G_{\mathrm{TDG}} - G_{\mathrm{O_2}} \times 21\%}{79\%} \tag{2-24}$$

式中，$G_{\mathrm{N_2}}$ 为溶解氮饱和度(%)；G_{TDG} 为总溶解气体饱和度(%)；$G_{\mathrm{O_2}}$ 为溶解氧饱和度(%)。

2. 膜进样质谱仪法

溶解氮的膜进样质谱仪法(MIMS)与溶解氧的膜进样质谱仪法(MIMS)测量原理相似。利用膜进样质谱仪测定气体(氮气分子量为 28)离子产生的离子流强度，并与标准溶液产生的离子流强度进行比较、计算，确定样品中溶解氮的浓度。

2.5.3 总溶解气体

总溶解气体的测量方法主要有TGP仪器法和MIMS分析法。

1. TGP仪器法

TDG的测量原理为膜压力法，市售仪器为TGP测定仪。仪器主要由硅胶管和压力传感器构成(图2-13)，其中硅胶管的管壁只能选择性通过溶解气体分子。硅胶管一端密封，另一端与压力传感器相接。当探头被置于水中时，在硅胶管内与硅胶管外(水体中)气体压差的作用下，气体分子通过硅胶管壁发生扩散，直到内外压力平衡。此时，压力传感器测量得到的压力即为水中总溶解气体压力。仪器自动分析得到TDG饱和度，见式(2-25)。

$$G_{\text{TDG}} = \frac{P_{\text{B}} + \Delta P}{P_{\text{B}}} \times 100\% \tag{2-25}$$

式中，P_{B}为当地大气压(mmHg)；ΔP为水中TGP与大气压P_{B}的差值(mmHg)，由仪器测量得到；G_{TDG}为总溶解气体饱和度(%)。

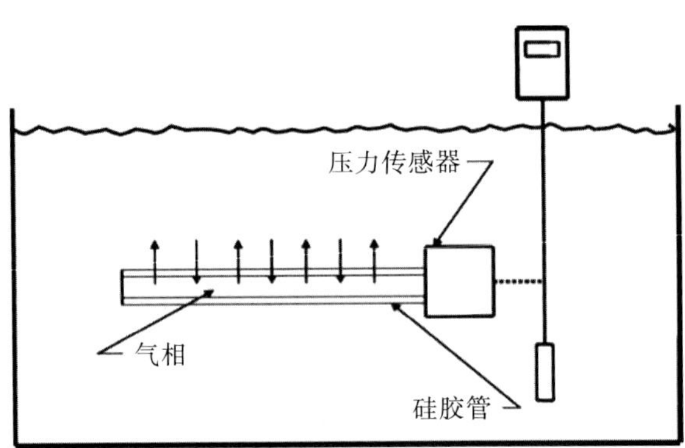

图2-13 总溶解气体压力测量原理示意图

2. MIMS分析法

采用膜进样质谱仪(MIMS)分别测定DO(2.5.1节)和DN(2.5.2节)饱和度。根据氧气和氮气在空气中的占比，分析计算得到TDG饱和度。工程应用中，通常忽略二氧化碳和稀有气体占比以及水蒸气压力影响，即氧气占比为21%，氮气占比为79%，计算得到TDG饱和度。计算公式如下：

$$S_{\text{TDG}} = S_{\text{DO}} \times 21\% + S_{\text{DN}} \times 79\% \tag{2-26}$$

2.6 小 结

与空气中的气体组分相对应，水体中的溶解气体包括溶解氧、溶解氮和溶解的二氧化碳等气体组分，这些气体组分之和统称为总溶解气体。各组分气体在水中的溶解度与温度、压力和盐度相关。当溶解气体饱和度等于100%时，为平衡饱和态；当溶解气体饱和度小于100%时，为欠饱和态；当溶解气体饱和度大于100%时，为过饱和态。

无论是单一气体组分的溶解气体过饱和还是总溶解气体过饱和，都是自然界中比较常见的物理现象。水温突升、光合作用、地下水开采、瀑布跌水和水坝泄水等过程均可能产生溶解气体过饱和问题。

3　水坝泄流消能与过饱和TDG生成机制

水坝泄水的过饱和溶解气体生成与水坝泄水消能型式及泄水特性密切相关，本章首先对水坝泄流消能型式进行介绍，在此基础上，探究水坝泄流过程中溶解气体过饱和的生成机制。

3.1　水坝泄流消能型式

为解决水资源在时间和空间上分布不均的矛盾，需要在河流上修建水坝，实现蓄洪补枯、以丰补缺，消除水旱灾害，实现灌溉、发电、供水、航运或生态环境保护等目标。根据功能和作用的不同，水坝包括挡水建筑物、泄水建筑物、引水发电建筑物、整治建筑物、通航建筑物和专门建筑物等各种水工建筑物。有些水工建筑物的功能并非单一，难以严格区分，如各种溢流坝，既是挡水建筑物，又是泄水建筑物。

泄水建筑物是水坝不可缺少的重要组成部分。典型水利工程泄水建筑物如图3-1所示。

(a)三峡工程坝身泄水建筑物

(b)大岗山电站坝身泄洪孔和岸边泄洪洞

图3-1　典型水利工程泄水建筑物

泄水建筑物下泄的水流往往有很高的流速，对下游河床有很强的破坏力。典型溢流坝泄水消能过程如图3-2所示(四川大学水力学与山区河流开发保护国家重点实验室，2016)。

设水流自坝顶下泄至坝趾 c-c 断面时的比能为 E_1(主要是动能)，下游2-2断面的比能为 E_2，二者的比能差称为余能 $\Delta E = E_1 - E_2$。设溢流坝的单宽流量 q=80m^2/s，上下游水位差为60m，当略去坝前断面及2-2断面的流速水头且不计坝面能量损失时，余能近似等于上下游水位差，即 $\Delta E = 60\text{m}$。则单位宽度河床上每秒应消除的能量为

$$E = \rho gq\Delta E = 47000000\,\text{J}/(\text{s}\cdot\text{m}) \tag{3-1}$$

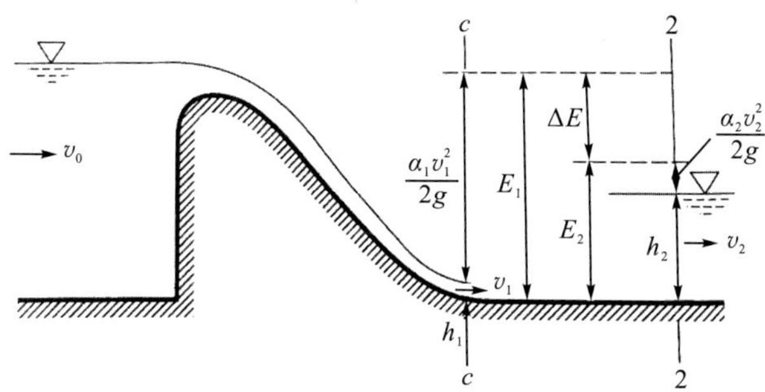

图 3-2 典型溢流坝泄水的断面比能变化示意图

可见，这样巨大的能量(主要为动能)若不采取有效措施加以消除，势必刷深河槽，冲毁河堤，甚至破坏建筑物。特别是如果泄流的单宽流量加大，形成高速水流下泄，能量则更为集中，破坏性更大。因此，为保证工程安全，必须对水坝泄水采取消能措施。

泄水消能型式的选择对于工程安全至关重要。目前常用的基本消能型式通常分为底流式消能、挑流式消能和面流式消能(四川大学水力学与山区河流开发保护国家重点实验室，2016)。

3.1.1 底流式消能

底流式消能又称水跃消能，是一种传统的消能方式。底流消能是在建筑物下游采取一定的工程措施，控制水跃发生位置，使水流在消力池内由急流变为缓流(图 3-3)。在流态转换过程中，水流表面的横轴旋涡与接触面上的强烈紊动和剪切使得大量动能得以消除。此外，主流沿消力池底部扩散时，固体边壁摩擦亦消耗部分能量。通过消力池后的水流，大部分动能转换为热能，少部分动能转换为位能与下游水位平顺衔接。

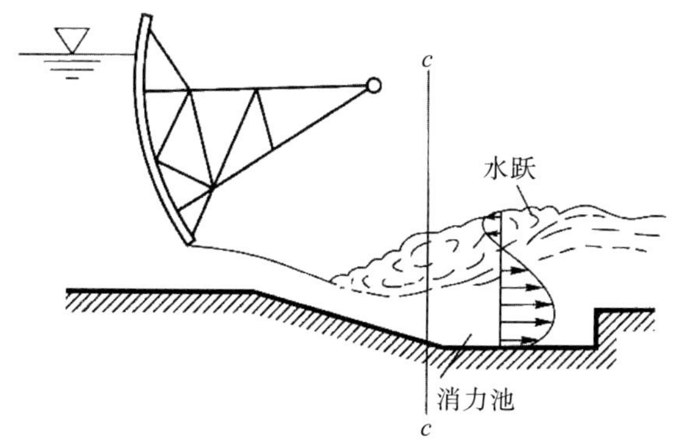

图 3-3 底流消能示意图(四川大学水力学与山区河流开发保护国家重点实验室，2016)

底流消能多用于低水头、大流量的中小型溢流重力坝，而高坝泄流消能则应用较少。我国的金沙江向家坝电站[图 3-4(a)]、美国哥伦比亚河瓦纳普姆(Wanapum)电站[图 3-4(b)]均采用了底流消能型式。底流消能的工程量较大，经济效益较差。此外，底流消能还存在水流对消力池底部的破坏问题。由于消力池底板处于水跃的强烈旋滚区，水跃底部的主流区与旋滚区交界面的巨大流速梯度不断产生大小、强度、方向不同的旋涡，导致底板上产生低频、大幅的压强脉动，进而引起底板的失稳破坏。国内外不少采用底流消能工的已建工程在运行初期都曾发生消力池底板破坏问题，如苏联的萨扬·舒申斯克水电站、美国的Dworshak水电站、中国的安康水电站和五强溪水电站等。

(a)金沙江向家坝电站坝身泄洪孔

(b)美国哥伦比亚河瓦纳普姆电站溢流坝

图 3-4 底流式消能建筑物泄水照片

为进一步加强水流紊动混掺，增强消能效果，还可在底流消能工上加设趾墩、T形墩等辅助消能工(图 3-5)，以增加阻力，降低第二共轭水深，稳定水跃，缩短池长。

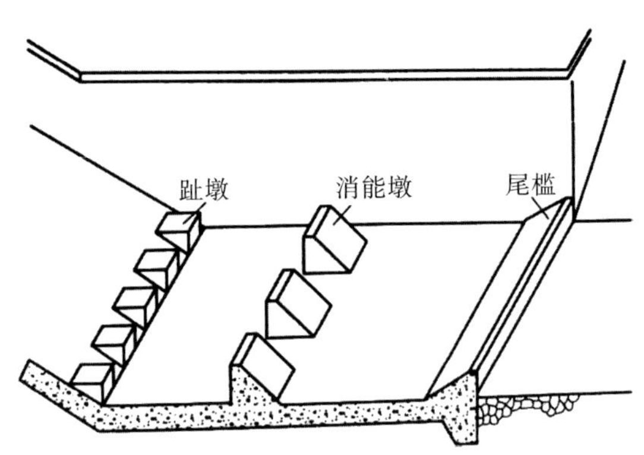

图 3-5 辅助消能工示意图

此外，宽尾墩作为目前较为常见的一种辅助消能工也被广泛应用于工程泄流消能中。宽尾墩是我国首创的一种新型消能诱导设施，常见体型有“Y”和“X”形，个别工程为常规“▌”形，如图 3-6 所示。采用宽尾墩后，泄洪闸闸墩从中后部开始逐渐加宽，流道缩窄，坝面一定水深范围内形成多股收缩射流，而表层近乎挑流，从而大幅度降低了入池水流向下游方向的动量，减少跃后水深，克服下游水深不足难以形成稳定淹没水跃的问题。宽尾墩本身不消能，但能使水流在消力池中形成剧烈掺气的三维水跃，在提高消能效率的同时，可使消力池的长度缩短 1/3 左右，从而使工程量大大降低。目前，宽尾墩技术已成功应用于大朝山电站[图 3-7(a)]、鲁地拉电站[图 3-7(b)]、岩滩电站、隔河岩电站和官地电站等许多大型水利水电工程中，取得了显著的效果，经济效益明显。

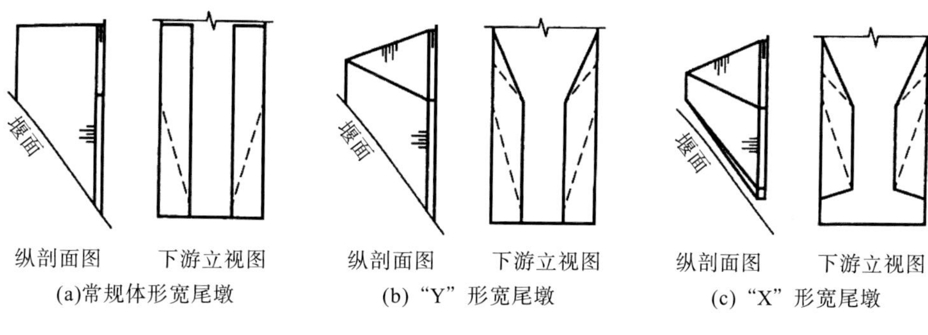

图 3-6 典型宽尾墩体型图

(a)澜沧江大朝山电站

(b)金沙江鲁地拉电站

图 3-7 采用宽尾墩的典型电站照片

宽尾墩下游流态如图 3-8 所示。经过宽尾墩的一部分水流以类似于挑流的方式入池，因此对底板的冲击明显大于常规入流方式，且水流湍动更加强烈，脉动压力也显著增加，需重视底板的抗浮稳定和结构强度设计，对于高坝工程需慎重采用。

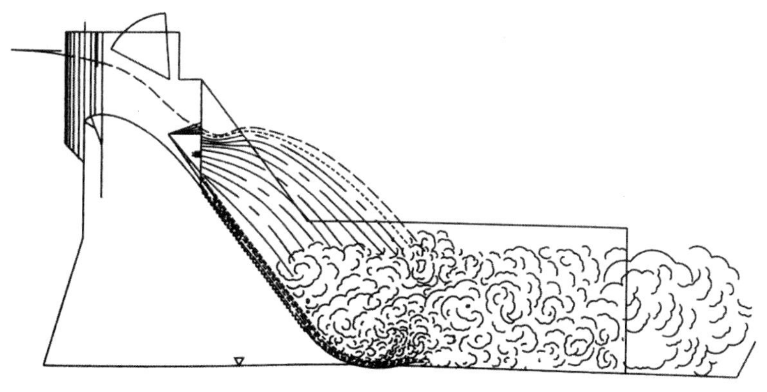

图 3-8 宽尾墩下游流态图

3.1.2 挑流式消能

挑流消能利用下泄水流所挟带的巨大动能，因势利导将水流挑射至远离建筑物的下游，使下落水舌对河床的冲刷不会危及建筑物的安全，如图 3-9 所示。下泄水流的动能一部分在空中消耗，一部分在水舌落入水垫塘/消力池后被消耗，最后剩余的能量随水流进入下游河道，并与下游水流衔接。

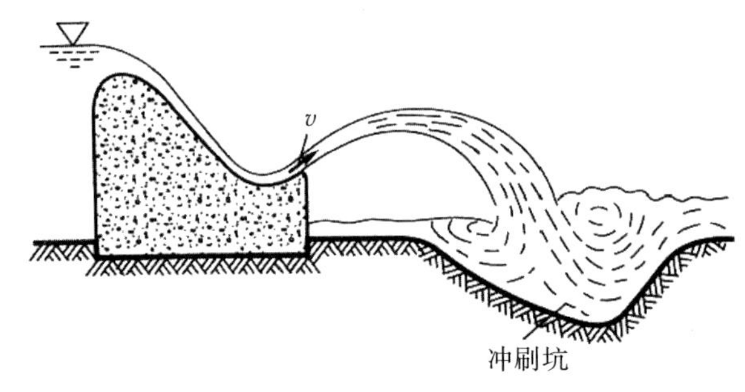

图 3-9　挑流式消能示意图

挑流泄水时，高速下泄的水流挟带巨大动能直接作用在坝址附近的河床上，尽管可以采用一些先进的消能工或消能措施，如近些年发展起来的窄缝式消能工、扩散式消能工、高低坎大差动碰撞消能工、宽尾墩等，但是对河床的冲刷仍不可避免，如果不对河床加以保护，甚至可能引起岸坡坍塌，危及大坝安全。如赞比亚(Zambezi)河上的卡里巴(Kariba)水电站混凝土双曲拱坝，坝高 128mm，上下游水位差 85m，最大泄洪流量 9400m^3/s，冲刷区河床岩石为片麻岩。运行 20 年后，河床的最大冲坑深度达 70m，严重威胁大坝的安全，以至于在冲坑深度发展到 100m 左右时不得不采取人工衬护措施。为此，对于距坝身较近的挑流泄水下游，通常修建水垫塘和二道坝，以提高水垫厚度，达到消能防冲、保护河床的目的。

挑流消能的优点是工程量及费用较低，方便工程布置和施工，挑流鼻坎不受尾水深度影响，对上游单宽流量有较强的适应性等。缺点是易形成巨大冲坑，且伴随的泄流溅水及雾化可能影响建筑物或岸坡稳定以及交通和人畜安全，冲料还可能在河道形成堆丘，抬高下游水位，影响发电水头，亦可能进入电站尾水造成淤积。

挑流消能应用较广，适于中、高水头的各类水坝。我国近年来建成的二滩电站、锦屏一级电站、小湾电站、溪洛渡电站、大岗山电站、瀑布沟电站、构皮滩电站、拉西瓦电站等大都采用挑流式泄水消能方式(图 3-10)。

3.1.3 面流式消能

当下游水深较大且比较稳定时，可采取一定的工程措施将下泄的高速水流导向下游水流的上层，主流与河床之间由巨大的地步旋滚隔开，避免高速主流对河床的冲刷。余能主要通过水舌扩散、流速分布调整及底部旋滚与主流的相互作用消除。由于衔接段中高流速的主流位于表层，故称为面流式消能，如图 3-11 所示。

(a)雅砻江二滩电站表孔

(b)大渡河瀑布沟电站溢洪道

图 3-10 挑流式消能建筑物泄水照片

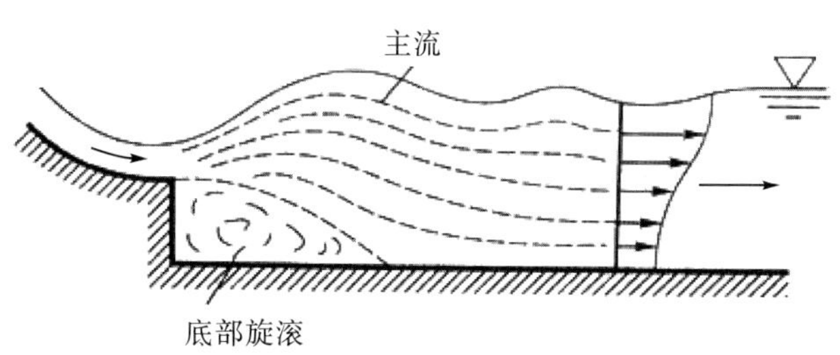

图 3-11 面流消能示意图

面流流态与鼻坎型式、水头、单宽流量、下游水深及冲淤河床形态等因素有关。若鼻坎型式、水头、泄量已定，随下游水深由小到大，面流将依次出现自由面流、自由混合面流、淹没混合面流和淹没面流等流态。就对河床的冲刷而言，淹没面流和自由面流较轻，自由混合面流和淹没混合面流严重些。当有漂木、排冰等要求时，流态应控制为自由面流。

面流消能适用于中、低水头泄水，且下游尾水较深、水位变幅不大及河岸稳定、抗冲能力强的情况。由于面流消能主流位于水流表面，有利于漂木、排冰。但水面波动较大且向下游延伸较远，对岸坡稳定、电站运行和下游航运条件均有不利影响。我国西津电站、青铜峡电站、富春江电站和龚嘴电站的泄洪消能方式均采用面流消能，其中龚嘴电站溢流坝泄洪单宽流量达 $242m^2/s$，如图 3-12 所示。

(a)龚嘴电站溢流坝

(b)富春江电站溢流坝

图 3-12 面流式消能建筑物泄水照片

3.1.4 其他消能型式

除前面所述的底流式、挑流式和面流式三种基本消能型式外，为满足消能需要，还可将几种基本的消能型式结合起来，逐渐发展形成消能戽、内流消能、阶梯消能、竖井旋流和水平旋流等各种消能型式。

1. 消能戽

消能戽是一种底流消能和面流消能结合应用的消能型式(图 3-13)。我国鲁地拉、大朝山、岩滩、平班等诸多电站均在消能设计中采用了消能戽。

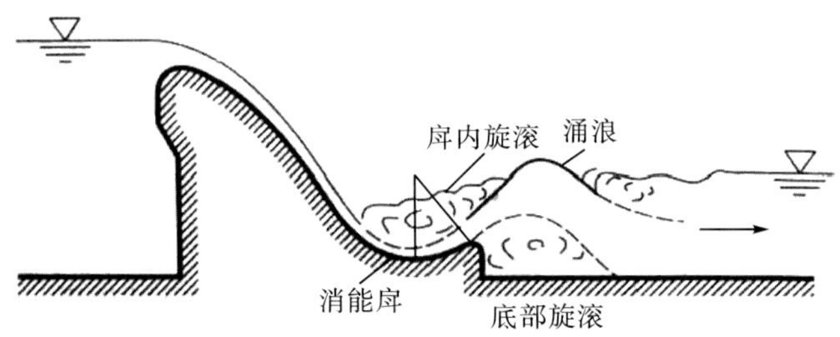

图 3-13 消能戽示意图

2. 内流消能

内流消能型式是指泄洪洞内有压流通过突缩或突扩产生的巨大水头损失消耗能量，具体应用有孔板消能和洞塞消能。内流消能泄洪洞绝大多数是利用部分导流洞改建而成的，能节省大量的工程投资。

孔板消能布置形式如图 3-14 所示。高速水流经过孔口突然收缩又突然扩大，便于洞内形成一股流束。最小收缩断面位置位于孔后 0.4 倍洞径左右。这股流束与周围介质分离，于孔板后形成强烈旋涡，并扩展到整个隧洞断面，由此造成巨大能量损失。

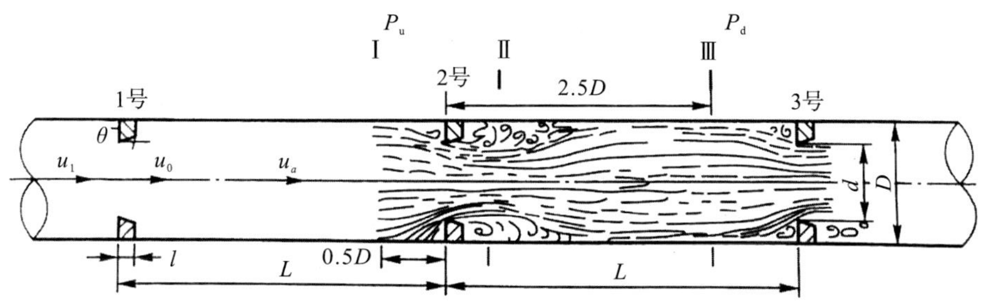

图 3-14 孔板消能布置形式

水流经过孔板后突然扩大造成的局部水头损失可以由收缩断面II与水流恢复断面III之间的能量方程推导得到：

$$\Delta H = \left(u_{\text{II}} - u_{\text{III}}\right)^2 \big/ 2g \tag{3-2}$$

式中，u_{II} 为最小收缩断面的流速，$u_{\text{II}} = u_0 / c'$，u_0 为通过孔口的平均流速，c' 为收缩系数。事实上，从断面 I 突缩至断面II也有一些能量损失，可综合到式(3-2) c' 一并考虑。根据文献数据，包含突缩和突扩产生的能量损失时，可取 $c' = 0.66$。u_{III} 为隧洞断面平均流速，由泄流量决定。可以看出，隧洞断面平均流速和最小收缩断面平均流速差的大小直接决定了泄洪洞能量消耗效率。

洞塞消能布置形式如图 3-15 所示。消能原理与孔板消能相似，均利用突缩突扩造成巨大的能量损失消耗能量。高速水流经过孔口突然收缩，在洞塞内存在收缩断面，随后逐渐恢复成均匀的高速水流，至洞塞出口又突然扩大，形成强烈旋涡，受压缩的流束便扩展到整个隧洞断面。

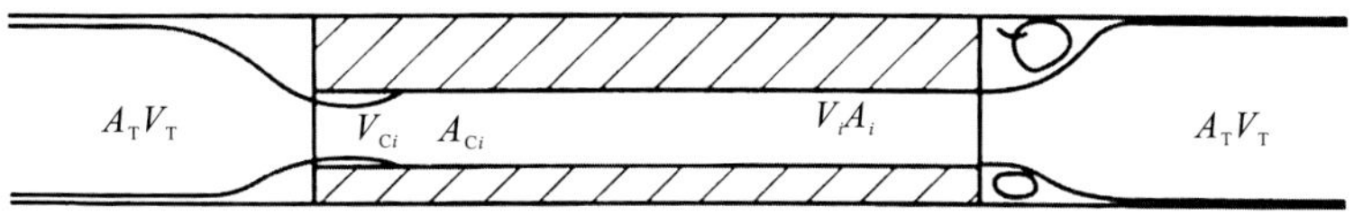

图 3-15 洞塞消能布置形式

3. 阶梯消能

阶梯消能(台阶消能)将坝面泄流与消能结合为一体，在溢流坝面上从胸墙附近直到坝址处设置一系列阶梯，利用坝面阶梯上水流形成的横向旋滚及其与主流之间的剪切和动量交换以及坝面水流掺气等作用进行消能，如图 3-16 所示。溢流坝面阶梯式消能工在阶梯面存在一个大尺度旋涡，主流为强烈湍动区。多级跌水与阶梯消能的不同在于跌水的水舌下缘与大气相通，具有自由面，而阶梯消能不与大气相通，且水舌下缘没有自由面。

设计良好的阶梯坝面消能工可以显著减小消力池尺寸，甚至完全省去消力池，从而获得巨大的经济效益。但在大流量和高水头情况下，阶梯溢流坝的消能效率将下降，存在通气难、易空化现象，并可能产生空蚀破坏，故其单宽流量一般限制在 30～50m^2/s。

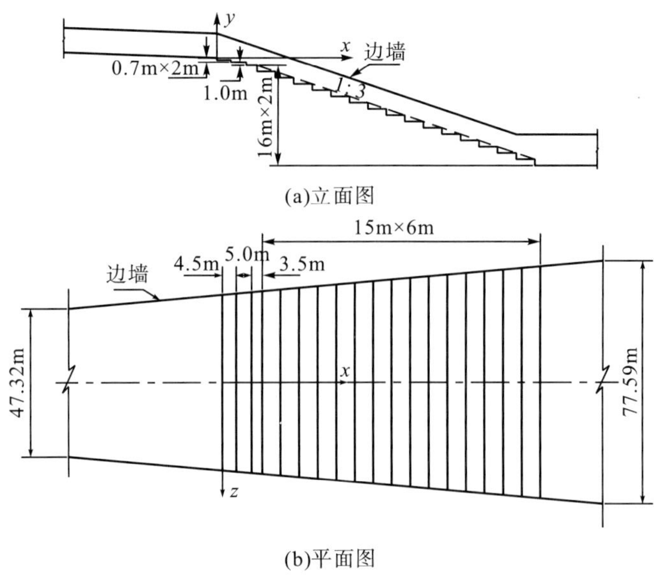

图 3-16 阶梯式溢流坝布置图

为减小阶梯空蚀破坏，近年来出现了前置掺气坎阶梯消能技术，布置形式如图 3-17 所示。通过前置掺气坎对最前面几个台阶进行掺气保护，可以将工程应用中的单宽流量提高到100～120m^3/(s·m)。我国鱼背山电站(工作水头 72m)、毛尔盖电站(工作水头 147m)、德泽电站(工作水头 77.3m)和黄金坪电站(工作水头 85.5m)等工程均采用了前置掺气坎阶梯消能工。

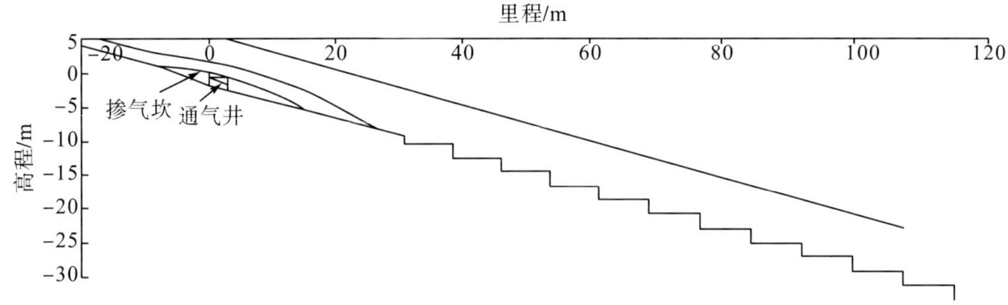

图 3-17 前置掺气坎阶梯消能工布置形式示意图

在工程实践中，阶梯溢流坝还常常与上游宽尾墩和下游消能设施结合使用，形成宽尾墩+台阶溢流面+消力池/戽式消力池联合消能型式。在小流量泄流时，充分利用阶梯旋滚消能，而在大流量泄流时，利用宽尾墩墩后空腔提高掺气率，以避免阶梯受空蚀破坏，同时提高台阶坝面的过流量。目前，宽尾墩台阶溢流面联合消能型式已较多应用于高、中坝和大单宽流量以及深尾水条件下的泄洪消能设计，如我国安康电站(工作水头 128m)、索风营电站(工作水头 115.8m)、百色电站(工作水头 130m)、岩滩电站(工作水头 110m)、阿海电站(工作水头 138m)、鲁地拉电站(工作水头 140m)、梨园电站(工作水头 154m)、大华桥电站(工作水头 106m)和大朝山电站(工作水头 111m)(图 3-18)等工程均采用了宽尾墩台阶式溢流面联合消能型式。

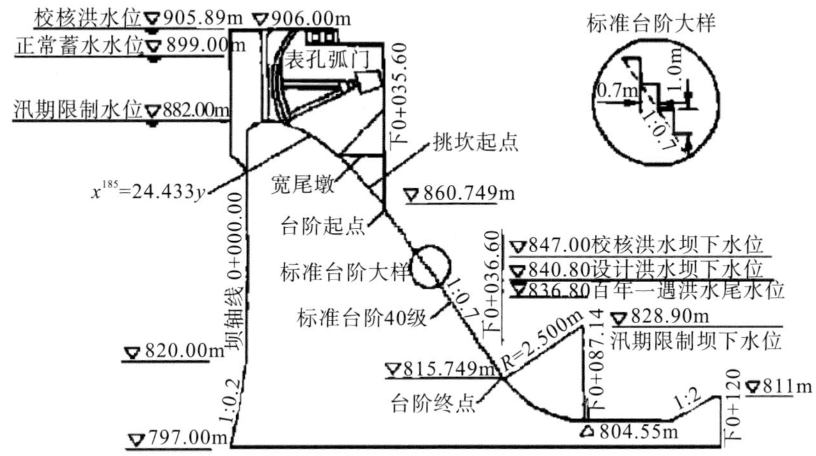

图 3-18　大朝山电站溢流表孔宽尾墩台阶溢流坝面布置图

4. 竖井旋流消能

竖井旋流消能型式是在泄水隧洞(或管道)的进水塔或竖井式泄水道的进水口底部，用一段封闭竖井形成的消力坑进行消能(高季章等，2008；谢省宗等，2016)。消力坑上接进水塔或竖井，侧面与无压泄水隧洞或泄水管道相连。竖井消能工一般采用旋流式消能结构，使水流在特定的部位(如旋流竖井或水平洞内)产生高速切向流速，同时大量掺气使水流中间形成空腔，通过出口部位竖向水流、水平向水流之间以及水流与空气之间的混掺消除大部分余能，然后再通过隧洞(管道)下泄，如图 3-19 所示。竖井旋流消能工可利用导流洞

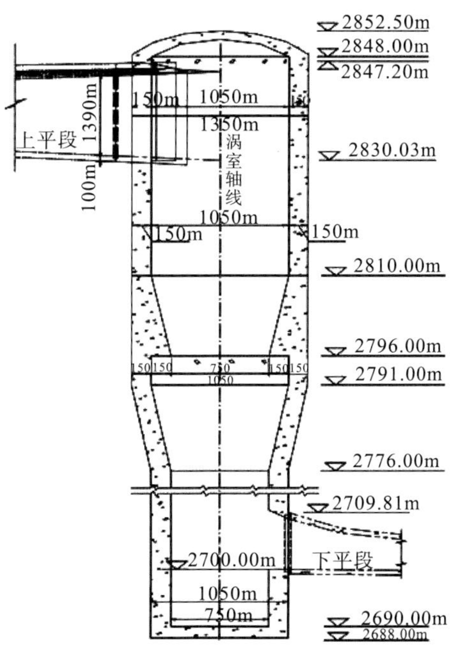

图 3-19　卡基娃水电站 1#泄洪洞剖面图(任勤，2015)

改建，具有布置灵活、消能充分、出口流速较低、雾化问题不突出、经济效益显著等特点，是一种环境友好型消能工。但用在高水头大流量泄流时建筑物内会出现高速水流的冲刷、掺气、空化空蚀、激流冲击等现象，消能过程中产生的振动及噪声较大，泄流能力易受到一定的限制。

近年来竖井旋流消能型式已较多应用于高、中坝泄洪消能设计。我国两河口电站（工作水头 170m）、卡基娃电站（工作水头 158m）、狮子坪电站（工作水头 132m）、多诺电站（工作水头 115m）和公伯峡电站（工作水头 108m）等工程均采用竖井旋流消能型式。公伯峡水电站右岸竖井旋流泄洪洞原型观测结果表明，库水位为 2003.4～2004.0 m 时，泄洪洞过流能力为 1050～1100 m^3/s，泄洪洞整体消能率达 84%（谢省宗等，2016）。美国普塔奎克（Putah Creek）河上蒙蒂塞洛（Monticello）电站采用牵牛花形竖井溢洪道（图 3-20）。溢洪道进水口离大坝约 60m，直径为 22m，到出口处缩小到约 8.5m，垂直落差达到 84m。当水库水位位于进水口平台面 4.7m 之上时，溢洪道最大泄水流量为 1370m^3/s。

图 3-20 美国普塔奎克（Putah Creek）河上蒙蒂塞洛（Monticello）电站竖井溢洪道

3.2 高坝泄流消能与溶解气体过饱和特点

3.2.1 高坝泄流消能特点

通常，高坝泄流消能具有以下特点：

(1) 水头高、流速大。首先，以高水头和大流速为特征的高速水流问题在高坝泄流消能中十分突出。许多已建成的高坝坝高在 200m 甚至 300m 以上，泄流水头通常达到 100m 以上，有时候泄洪水头甚至达 200m 以上。高水头引起泄洪水流的流速超过 30m/s，有的甚至超过 50m/s。

(2) 泄洪流量大。我国许多高坝设计泄量超过 10000m^3/s。例如，二滩工程大于 20000m^3/s，溪洛渡工程大于 40000m^3/s，三峡工程坝身泄水建筑物的泄量接近 80000m^3/s。

(3) 单宽流量大。受地形、地质及工程投资等条件限制，高坝通常选址在河谷狭窄地段。窄河谷导致泄水建筑物单宽流量大。目前随着消能技术的发展，单宽流量已突破

$200m^2/s$，少数接近 $300m^2/s$。

(4)泄流功率巨大。许多高坝的泄洪功率达数千万千瓦甚至上亿千瓦。如此巨大的能量亟须安全泄放和消除，使工程的泄流消能压力增大，加之地质条件复杂，泄洪消能成为高坝建设中的关键技术。

高坝泄流时携带的巨大能量必须在坝下河床较短距离内集中消除，否则会对泄水建筑物造成破坏，影响水电工程的安全运行。因此，高坝泄流消能建筑物的布置及泄流消能结构选择尤为重要，是保障水电工程安全并充分发挥经济效益的关键。

高水头、大流量泄流建筑物消能型式主要有两大类：一类是大流量、较宽河谷泄水工程，由于地质条件、环境因素限制，主要采用底流消能工。采用底流消能的最高坝为印度的特里面板堆石坝，坝高为 260.5m。我国的五强溪、安康、向家坝和官地等水电站都采用了底流消能工。另一类是高水头、大流量、窄河谷泄水工程，主要采用挑(跌)流消能，如东江、龙羊峡、二滩、溪洛渡、锦屏一级和白鹤滩水电站等。

国内外部分高坝消能型式统计见表 3-1。

表 3-1 国内外部分高坝工程统计表

序号	工程名称	国家	泄洪消能型式	坝高/m	消能水头/m	总泄流量/(m^3/s)	消力池单位体积消能率/(kW/m^3)	最大单宽流量/(m^2/s)	建成年份
1	特里	印度	底流	260.5	222	5480	—	174.0	1990 年
2	萨扬·舒申斯克	苏联	底流	245	197	13600	—	140.0	1989 年
3	巴克拉	印度	底流	226	149.1	8250	—	104.0	1967 年
4	德沃歇克	美国	底流	219	81	5430	11.9	145.0	1973 年
5	奥本	澳大利亚	底流	213	—	4480	—	142.0	1968 年
6	夏斯太	美国	底流	184	—	5240	—	62.0	1943 年
7	官地	中国	底流+宽尾墩	168	106	15500	32.1	163	2013 年
8	向家坝	中国	底流	162	85	49800	17.6	368	2013 年
9	瓦拉根巴	澳大利亚	底流	137	—	12700	—	166.0	1961 年
10	利贝	美国	底流	136	—	5800	—	40.0	1975 年
11	百色	中国	底流	130	95.0	9944	42.7	137.0	2006 年
12	阿尔康托拉	西班牙	底流	130	—	8000	—	114.0	1969 年
13	安康	中国	底流+宽尾墩	128	73.3	35700	40.0	209.3	1990 年
14	岩滩	中国	底流+宽尾墩	110	35.5	34800	24.2	308	1992 年
15	大朝山	中国	底流+宽尾墩	110	58.2	18200	99.5	113.8	2003 年
16	五强溪	中国	底流+宽尾墩	85.8	35.5	49320	18.2	287	1999 年
17	锦屏	中国	挑流	305	228.6	13854	13.1	224.7	2013 年
18	小湾	中国	挑流	294.5	226.6	23600	12.3	270	2010 年
19	溪洛渡	中国	挑流	278	192.4	52300	11.5	294	2014 年
20	拉西瓦	中国	挑流	250	213.0	6000	20.5	189.8	2010 年
21	二滩	中国	挑流	240	166.3	23900	13.5	285	1999 年
22	构皮滩	中国	挑流	232.5	147.9	35600	15.3	229.2	2011 年

续表

序号	工程名称	国家	泄洪消能型式	坝高/m	消能水头/m	总泄流量/(m^3/s)	消力池单位体积消能率/(kW/m^3)	最大单宽流量/(m^2/s)	建成年份
23	白鹤滩	中国	挑流	284	193.8	48200	13.5	306.9	在建
24	英古里	格鲁吉亚	挑流	272	230.0	2500	10.4	62.8	1982年
25	埃尔卡洪	洪都拉斯	挑流	231	184.0	8590	—	210	1985年
26	莫拉丁其	黑山共和国	挑流	220	175.0	2200	—	52.4	1968年
27	摩西罗克	美国	挑流	184	103.6	7800	10.12	150	1968年
28	糯扎渡	中国	挑流	261.5	182.2	33000	—	261	2014年
29	卡齐	南非	挑流	185	143	6252	—	39.2	1996年
30	伯克	土耳其	挑流	201	190	7510	—	66.7	1996年
31	卡里巴	赞比亚	挑流	128	103	8400	—	176	1976年

注：表中部分原始数据来源于练继建和杨敏(2008)，本书根据电站最新建设情况做了部分更新。

从国内外关于水坝泄水溶解气体过饱和监测成果的文献报道可以看出，无论中底坝泄水还是高坝泄水均可能产生溶解气体过饱和问题。国外大量关于泄水溶解气体过饱和的监测均来源于70m甚至50m以下的中底坝，而且至今尚未得到很好解决。相对于中底坝泄水的溶解气体过饱和问题而言，由于高坝独特的泄流特点，其溶解气体过饱和问题的产生和消除亦呈现更为复杂和独特的规律，为此本书在整理国内外一般水坝溶解气体过饱和问题研究成果基础上，重点对高坝工程溶解气体过饱和问题进行探求。

3.2.2 高坝泄流溶解气体过饱和特点

近年来，随着国家西部大开发和“西电东送”“南水北调”等战略的实施，我国流域梯级开发与高坝建设取得巨大成就。一大批坝高200m甚至300m以上的高坝已建、在建或计划建设。如金沙江溪洛渡电站(坝高278m)、白鹤滩电站(坝高284m)、乌东德电站(坝高265m)和向家坝电站(坝高162m)，雅砻江锦屏一级电站(坝高305m)和两河口电站(坝高295m)，大渡河大岗山电站(坝高210m)和双江口电站(坝高312m)，澜沧江小湾电站(坝高294.5m)和糯扎渡电站(坝高261.5m)等。与一般水坝工程的气体过饱和问题相比，高坝工程由于泄洪流量大、水头高等特点，其溶解气体过饱和问题亦呈现出独特的规律和特征。

(1)过饱和程度高。高坝工程由于泄洪流量大、水头高，水垫塘/消力池内不仅掺气浓度高，而且具有极高的承压环境，导致溶解气体过饱和程度较一般水坝高。根据表2-6可以看出，许多水坝泄水下游TDG饱和度超过120%，部分甚至超过140%。

(2)释放缓慢。由于高坝泄水下游河道流量高、水深大，过饱和气体释放过程极其缓慢，部分河段的影响范围达几十甚至上百千米。

(3)梯级累积问题突出。近年来，连续梯级开发已成为流域水资源开发的主要模式。在新的河库相间的系统中，由于库区段流速小、紊动弱，气液界面传质缓慢，上游梯级产生的过饱和气体可以一直被输运至下一梯级坝前，并进一步通过泄水或发电影响到下游。

目前，国内外关于单个水坝泄水过饱和 TDG 生成和释放规律的研究较多，但对多个梯级，特别是连续高坝梯级泄水的过饱和 TDG 累积问题尚缺少深入系统的研究。

(4) 鱼类影响敏感。受独特的地理位置和气候等自然因素的影响，我国许多河流水生生物具有特有程度高、物种数量大、对过饱和气体影响敏感等特点，特别是在水电开发集中的长江中上游，珍稀特有鱼类保护问题突出。因此，如不高度重视高坝泄水导致的溶解气体过饱和问题，势必会影响河流水生生物保护，进而威胁水生生态系统的稳定。

3.3 过饱和溶解气体生成机制

根据本书第 2 章中对溶解气体过饱和问题的分析，水体中过饱和 TDG 的产生是由于特定条件下空气在水中大量溶解，当某些条件改变，水体中气体溶解度降低，水体即呈现出过饱和状态。为此，本节将分别设计模拟试验，从掺气、承压以及滞留时间等条件对过饱和气体生成的影响角度，揭示过饱和 TDG 生成机制。

3.3.1 掺气对过饱和溶解气体生成影响的试验研究

1. 掺气对射流过饱和 TDG 生成影响的模拟试验

曲璐等 (2013) 采用自主研发的高速水流掺气试验装置对过饱和 TDG 生成过程中掺气条件的影响进行模拟试验。

试验装置包括试验水容器、水泵循环装置和空压机供气装置，如图 3-21 所示。试验水容器直径 0.2m，水深 4.5m。容器上端敞开，与大气接触。水泵的水流射流出口位于水面下约 3.0m 深处，空压机的气流出口紧靠水流出口下部。TDG 测点布置于水下 2.5m 处。

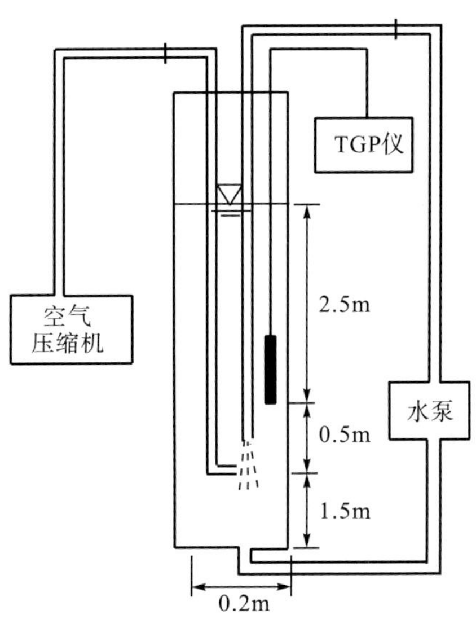

图 3-21 高速水流掺气试验装置示意图

试验共分三种工况，分别为射流无掺气(工况 1)、掺气无射流(工况 2)和射流掺气(工况 3)，见表 3-2。工况 1 仅有高速射流而无掺气，尽管射流引起水体强烈紊动，但水体自由表面的掺气量极少，造成水中气体溶解量过少，测点处 TDG 饱和度仅为 101.7%。工况 2 不启动水流射流，仅对水体强掺气。大量掺气进入水体，在压力和紊动作用下，气泡溶解速率加快，迅速达到深度(压强)对应的 TDG 饱和度 125.4%。工况 1 和工况 2 的试验结果对比表明，掺气是产生过饱和 TDG 的必要条件之一。对于工况 3，同时开启水泵和空压机，高速射流水流强烈掺气。由于掺入的气泡遇到高速水流的切割，气泡尺寸较仅掺气情况(工况 2)下更小，水气界面面积增大，气泡溶解速度进一步加快，较工况 2 更快达到对应压强(深度)的平衡饱和度。工况 2 和工况 3 的试验结果对比表明，气泡比表面积(气泡尺寸)和紊动是影响 TDG 过饱和生成速率的重要因素。

分析认为，在水坝泄水过程中，下泄水流卷吸大量空气进入水垫塘，其掺气量远大于对应压强和温度条件下过饱和 TDG 生成所需的空气量，为过饱和 TDG 的生成提供了充足的气源。

表 3-2 射流掺气试验 TDG 饱和度生成结果表

工况编号	水泵是否开启	空压机是否开启	TDG 饱和度/%	备注
1	√	×	101.7	射流，无掺气
2	×	√	125.4	掺气，无射流
3	√	√	125.6	射流，掺气

2. 挑射水流掺气量计算方法

挑射水流的空中破碎是导致水流掺气的重要原因。破碎程度不同，掺气量不同，本节将首先介绍射流破碎分区理论，并对不同的破碎分区分别探讨其掺气量的计算方法。

1) 射流破碎分区

射流在不同的高程会呈现不同的破碎程度，从一开始的光滑表面水柱，到表面出现扰动直至变成螺旋状，最后出现水体破碎产生大量水滴(马一祎，2016)。根据破碎程度以及掺气特性，可以分为光滑区、紊动区和破碎区(McKeogh and Ervine，1981)，如图 3-22 所示。

(1) 光滑区。光滑区表面基本无扰动或只有些许微小扰动，水体直径保持一致，瞬时横向脉动流速的均方根变化不大，水流特性与出口基本无异。下游水池中的掺气主要受射流对下游水体的直接作用。当射流开始进入水池时，射流与下游水体之间会环绕着一层空气层。随着水池深度增加，空气层消失，在中心掺气区域形成大量下降气泡，周围有部分上升气泡。

(2) 紊动区。随着下落高程增加，水柱表面扰动愈发明显，水柱逐渐弯曲成螺旋状，但水柱上下依旧保持着连续性。紊动水柱会造成水池的水气界面波动，大量气泡形成并密集地聚集在射流入水处周围，掺气区域近似于倒三角形。

(3) 破碎区。当扰动足够大时，水柱表面开始出现破碎，水柱随即失去连续性，水体开始以水滴的形式出现。在随后的过程中，破碎多次出现，导致大量水滴形成。当水滴接触水池表面时，会先于水面形成一个空腔。随着深度下降，周围水体从空腔上方包裹，从而形成气泡。

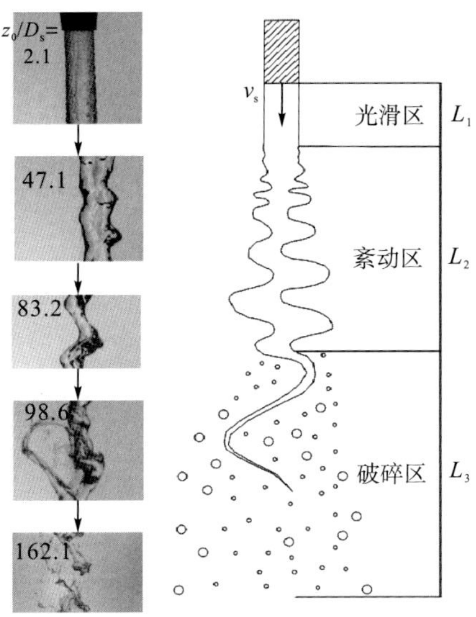

图 3-22 射流过程中破碎程度变化示意图(卢晶莹，2020)

注：Z_0表示下落高度；D_s表示射流孔口直径。

在射流长度$L_j\left(L_j=L_1+L_2+L_3\right)$一定的情况下，出口流速$v_s$是影响射流入水时破碎程度的主要因素。当出口流速$v_s$为特征流速$v_1$时，水流长度为光滑区与紊动区的交界(即$L_j=L_1$)；当出口流速$v_s$为特征流速$v_2$时，水流长度为紊动区与破碎区交界(即$L_j=L_1+L_2$)。

关于光滑区、紊动区和破碎区特征流速和临界位置的判别方法，相关研究已较多(Van de Sande and Smith，1973；Sallam et al.，1999；马一祎，2016；Miwa et al.，2019)，可供借鉴，本书不再赘述。以下主要分别对光滑区、紊动区以及破碎区掺气量的计算进行探讨。

2)不同破碎区掺气量的计算

考虑射流进入水垫塘时的入水面积A_j、入水角度α_j、入水流速v_j及光滑射流长度L_1对掺气量Q_a的影响，光滑区、紊动区和破碎区掺气量与各参数的相关关系可表示为

光滑区：

$$Q_a=a_1(\sin\alpha_j)^{a_2}A_j^{a_3}v_j^{a_4}L_1^{a_5} \tag{3-3}$$

紊动区：

$$Q_a=b_1(\sin\alpha_j)^{b_2}A_j^{b_3}v_j^{b_4}L_2^{b_5} \tag{3-4}$$

破碎区：

$$Q_a=c_1(\sin\alpha_j)^{c_2}A_j^{c_3}v_j^{c_4}L_3^{c_5} \tag{3-5}$$

式中，$a_1\sim a_5$、$b_1\sim b_5$、$c_1\sim c_5$均为待定系数。

考虑射流角度的影响（图 3-23），射流进入水垫塘时的入水面积 A_{j} 可由式(3-6)计算得到。

$$A_{\mathrm{j}}=\frac{\pi D_{\mathrm{N}}}{4\sin\theta} \tag{3-6}$$

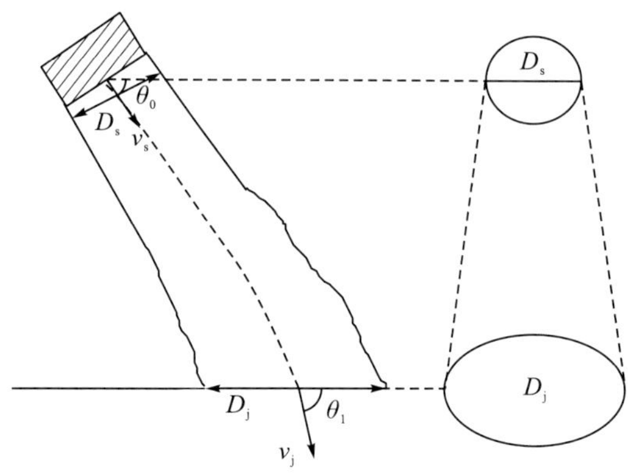

图 3-23 射流横截面变化示意图

射流进入水垫塘的流速 v_{j} 的计算公式为

$$v_{\mathrm{j}}=\sqrt{(v_{\mathrm{s}}\cos\theta_0)^2+(v_{\mathrm{s}}\sin\theta_0+gt_1)^2} \tag{3-7}$$

射流入水角度 θ_1 为

$$\sin\theta_1=\frac{(v_{\mathrm{s}}\sin\theta_0+gt_1)}{v_{\mathrm{j}}} \tag{3-8}$$

整理总结国内外已开展的相关射流试验中关于光滑区、紊动区和破碎区的试验成果，分别见表 3-3～表 3-5。

表 3-3 射流光滑区掺气量试验成果汇总表

工况编号	出口直径 D_{s}/m	射流长度 L_{j}/m	出口流速 v_{s} 范围/(m/s)	出口角度 θ_0/(°)	掺气量 Q_{a} 范围/($\times10^{-2}$L/s)	文献来源
C1～C3	0.003	0.10	3.8～4.6	30	4.55～6.97	Van de Sande 和 Smith (1973)
C4～C5	0.004	0.10	3.0～4.0	30	3.78～8.12	
C6～C7	0.005	0.10	3.0～4.0	30	7.78～12.50	
C8～C9	0.007	0.10	3.0～4.0	30	10.80～21.00	
C10～C11	0.010	0.10	3.1～4.1	30	17.90～36.00	
C12～C22	0.013	0.20	1.0～2.3	90	1.49～3.16	Miwa 等 (2019)
C23～C27	0.016	0.20	1.2～2.3	90	3.72～7.40	
C28～C29	0.013	0.28	0.3～0.4	45	3.73～4.07	
C30～C31	0.016	0.28	1.1～1.2	45	4.79～6.22	
C32～C37	0.013	0.23	0.4～1.5	60	2.44～5.24	
C38～C41	0.016	0.23	0.5～1.3	60	5.41～7.02	

表 3-4 射流紊动区掺气量试验成果汇总表

工况编号	出口直径 D_s /m	射流长度 L_j /m	出口流速 v_s 范围/(m/s)	出口角度 θ_0/(°)	掺气量 Q_a 范围 /($\times10^{-2}$L/s)	文献来源
C1～C11	0.003	0.10	5.0～14.2	30	8.2～18.9	Van de Sande 和 Smith (1973)
C12～C19	0.004	0.10	5.0～12.2	30	11.3～19.9	
C20～C28	0.005	0.10	5.0～11.8	30	15.2～29.2	
C29～C33	0.007	0.10	6.0～10.0	30	27.4～38.5	
C34～C37	0.010	0.10	5.0～7.9	30	47.4～58.9	

表 3-5 射流破碎区掺气量试验成果汇总表

工况编号	出口直径 D_s /m	射流长度 L_j /m	出口流速 v_s 范围/(m/s)	出口角度 θ_0/(°)	掺气量 Q_a 范围 /($\times10^{-2}$L/s)	文献来源
C1～C11	0.003	0.10	15.1～25.3	30	21.0～61.3	Van de Sande 和 Smith (1973)
C12～C19	0.004	0.10	13.1～20.2	30	22.6～55.7	
C20～C23	0.005	0.10	13.1～20.0	30	34.6～79.4	
C24～C29	0.007	0.10	11.0～16.2	30	44.8～101.0	
C30～C31	0.010	0.10	9.2～10.0	30	67.6～77.5	

分别采用表 3-3～表 3-5 中掺气试验成果对式(3-3)～式(3-5)进行多元非线性回归，得到不同破碎分区掺气量计算公式。

光滑区：

$$Q_a = 0.019(\sin\theta_1)^{-1.93} A_j^{0.81} v_j^{2.04} L_1^{0.47} \tag{3-9}$$

紊动区：

$$Q_a = 0.05(\sin\theta_1)^{-0.21} A_j^{0.75} v_j^{1.4} L_2^{0.24} \tag{3-10}$$

破碎区：

$$Q_a = 0.2(\sin\theta_1)^{-0.87} A_j^{0.62} v_j^{0.46} L_3^{0.36} \tag{3-11}$$

采用已有的射流试验成果(表 3-6～表 3-8)，分别对光滑区、紊动区和破碎区掺气量计算公式进行验证。各分区掺气量计算结果与试验结果对比如图 3-24 所示。结果表明，光滑区、紊动区和破碎区多数工况的计算值与试验值相对误差在 20%以内，由此认为，本节分析建立的射流掺气量的分区估算方法具有可靠性。

表 3-6 射流光滑区掺气量公式验证采用的数据汇总表

出口直径 D_s /m	射流长度 L_j /m	出口流速 v_s 范围/(m/s)	出口角度 θ_0/(°)	掺气量 Q_a 范围 /($\times10^{-2}$L/s)	参考文献
0.005	0.15	2.0	45，60	0.50～1.30	Bagatur (2014)
0.008	0.15	2.0	45，60	1.90～3.50	

续表

出口直径 D_s /m	射流长度 L_j /m	出口流速 v_s 范围/(m/s)	出口角度 θ_0 /(°)	掺气量 Q_a 范围 /($\times10^{-2}$ L / s)	参考文献
0.007	0.025	3.1～14.3	90	1.22～20.50	Ohkawa 等 (1986)
0.007	0.050	3.1～14.3	90	1.89～30.30	
0.007	0.100	3.1～14.3	90	2.31～39.60	
0.007	0.200	3.1～14.3	90	3.05～52.60	
0.007	0.300	2.2～6.7	90	1.84～18.70	
0.007	0.400	2.2～4.5	90	2.21～10.40	
0.007	0.500	2.2～3.1	90	2.40～6.30	
0.007	0.750	2.2	90	2.61	
0.011	0.026～0.400	5.3	90	7.12～36.70	
0.013	0.026～0.400	3.8	90	4.74～20.00	
0.010	0.025～0.550	3.2	90	2.36～12.20	
0.010	0.025～0.300	6.4	90	8.30～35.20	
0.010	0.025～0.300	8.5	90	13.20～48.80	
0.007～0.013	0.050	9.0	90	12.30～27.70	
0.007～0.013	0.100	9.0	90	17.80～43.50	
0.007～0.013	0.400	9.0	90	8.42～22.10	

表 3-7　射流紊动区掺气量公式验证采用的数据汇总表

出口直径 D_s /m	射流长度 L_j /m	出口流速 v_s 范围/(m/s)	出口角度 θ_0 /(°)	掺气量 Q_a 范围 /($\times10^{-2}$ L / s)	参考文献
0.005	0.15	2.4～4.8	45	1.9～10.3	Bagatur (2014)
0.005	0.15	2.4～4.8	60	1.1～9.4	
0.008	0.15	3.5	45，60	11.6～13.3	
0.008	0.15	4.4	60	19.2	
0.014	0.48～2.33	10.0	90	102.0～277.0	Mckeogh 和 Ervine (1981)
0.025	0.97～2.97	3.2	90	139.0～374.0	
0.014	0.97～2.97	3.2	90	53.0～147.0	
0.006	1.01	3.2	90	22.0	
0.007	0.30	8.8～14.5	90	29.2～62.9	Ohkawa 等 (1986)
0.007	0.40	6.7～14.4	90	22.4～74.7	
0.007	0.50	4.5～12.9	90	12.3～75.8	
0.007	0.75	3.1～14.3	90	7.7～68.8	
0.011	0.57～0.75	5.3	90	46.0～50.8	
0.013	0.57～0.75	3.8	90	22.5～27.4	
0.010	0.75	3.2	90	15.1	
0.010	0.40～0.75	6.4	90	40.8～55.5	

续表

出口直径 D_s /m	射流长度 L_j /m	出口流速 v_s 范围/(m/s)	出口角度 θ_0/(°)	掺气量 Q_a 范围 /(×10^{-2}L/s)	参考文献
0.010	0.40～0.75	8.5	90	56.8～79.3	Ohkawa 等 (1986)
0.007～0.013	0.40	4.0	90	22.4～48.7	
0.007～0.013	0.40	7.0	90	34.5～89.2	
0.007～0.013	0.40	9.0	90	27.1～72.4	
0.004	0.25	3.5～5.0	30	5.0～11.9	Roy 和 Kumar (2018)
0.004	0.19	3.5～5.0	40	2.7～6.3	
0.004	0.16	3.5～5.0	50	3.5	
0.004	0.16	3.5～5.0	50	1.7～3.5	
0.004	0.14	3.5～5.0	60	1.0～2.1	
0.004	0.13	3.5～5.0	70	0.9～1.8	
0.004	0.13	3.5～5.0	80	0.8～1.6	

表 3-8 射流破碎区掺气量公式验证采用的数据汇总表

出口直径 D_s /m	射流长度 L_j /m	出口流速 v_s 范围/(m/s)	出口角度 θ_0/(°)	掺气量 Q_a 范围 /(×10^{-2}L/s)	参考文献
0.010	0.30	2.5～15.1	45	69.5～275.0	Baylar 和 Emiroglu (2004)
0.015	0.30	2.5～15.0	45	91.2～525.0	
0.020	0.30	2.5～15.1	45	94.3～670.0	
0.005	0.15	7.2～18.3	45	19.0～70.0	Bagatur (2014)
0.005	0.15	7.2～18.3	60	18.2～69.1	
0.008	0.15	4.4～17.5	45	20.4～150.0	
0.008	0.15	6.1～17.5	60	32.0～148.0	
0.014	4.60～5.50	10.0	90	422.0～433.0	Mckeogh 和 Ervine (1981)
0.025	4.00	3.2	90	428.0	

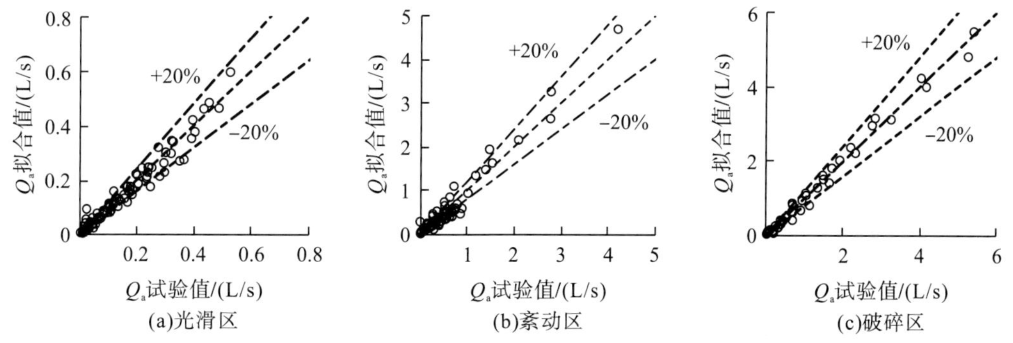

图 3-24 掺气量计算结果与试验结果对比

3. 掺气水流气泡粒径分布的图像处理方法

气泡粒径分布是影响气液界面传质过程的关键参数。本节探索数字图像处理方法在掺气水体气泡粒径分布分析中的应用，为过饱和 TDG 生成预测提供基础数据和科学依据。

1) 试验装置及图像采集

实验装置主体为钢化玻璃水箱及其内部曝气系统，如图 3-25 所示。水箱尺寸为 2.4m×1.3m×2.3m。曝气设备采用橡胶膜式微孔曝气盘，曝气盘直径为 200mm，孔隙为 80～100μm。试验采用活塞式空压机供气，空压机功率为 1.8kW，排气量为 6m^3/h。

采用普通白炽灯作为光源。在气泡侧面，沿气泡上升方向按顺序布置四盏 200W 的白炽灯泡。为提高气泡图像的拍摄效果，在气泡背景壁面设置黑布以增强图像背景(水体)与图像前景(气泡)的对比度。

拍摄得到的气泡原始图像如图 3-26 所示。由于 MATLAB 在对图像进行处理时，所得出的几何尺寸等参数都是以像素为单位，因此必须对图像的像素进行标定，以求得实际的几何尺寸。像素标定的方法是将定标直尺放入预定的拍摄区域，确定直尺刻度的像素范围。试验得到 20cm 的标定长度对应的图像像素为 1297。

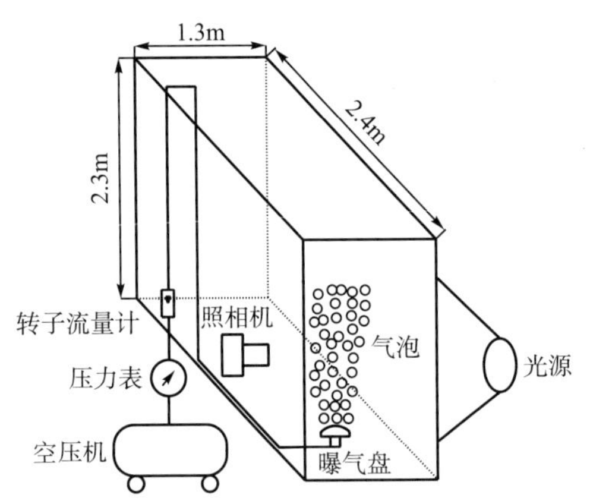

图 3-25 气泡图像采集试验装置示意图

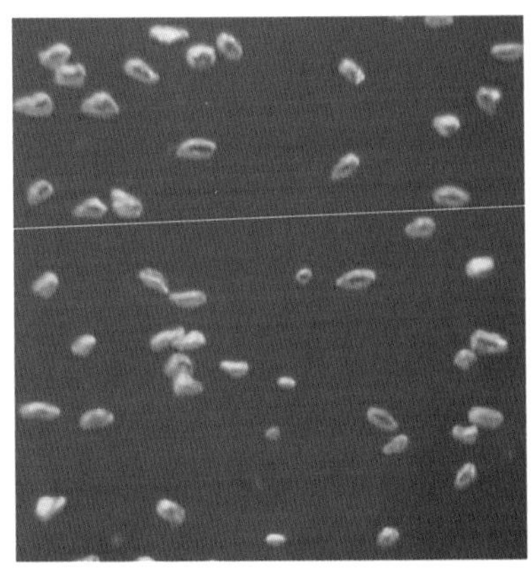

图 3-26 气泡原始图像

2) 图像预处理

图像预处理方法包括图像去噪、灰度变换、直方图处理和静态背景析出法等多种。这里采用直方图均衡化方法对原始气泡图像进行预处理。

图 3-27 为采用直方图均衡化方法处理前后的气泡图像及其直方图。从图 3-27 可以看出，直方图均衡化处理后，气泡图像的灰度级从 50～200 扩展至 0～250，同时分布更为均匀，气泡图像和背景的对比度得到加强，能更好地保留气泡的亮度信息，从而为气泡信息的进一步提取提供保障。

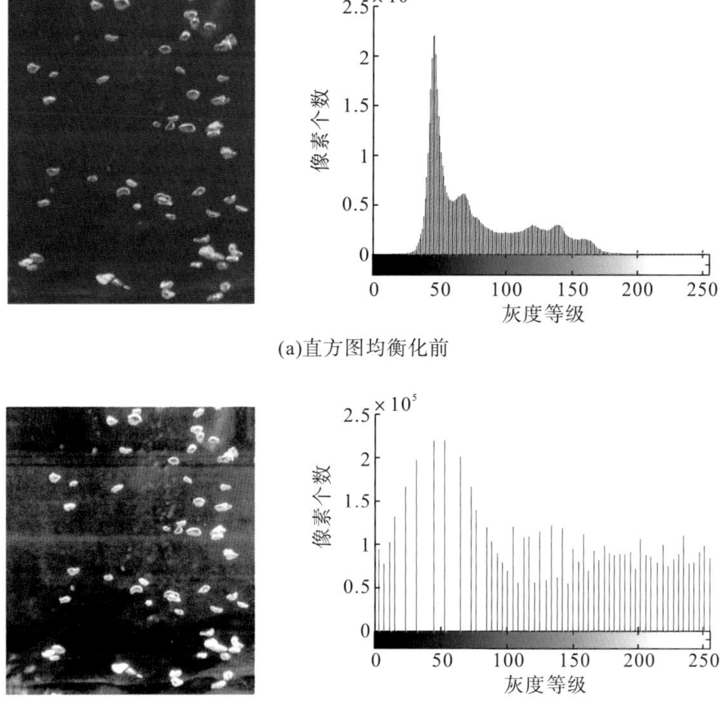

(a)直方图均衡化前

(b)直方图均衡化后

图 3-27 直方图均衡化前后气泡图像及其直方图对比(曝气流量 300L/h)

3) 图像分割

直方图均衡化后的二值化图中，气泡和图像背景之间灰度值差异更加明显，因此可以采用阈值(门限)法进行气泡与图像背景间的分割。气泡图像的分割方法主要有双峰法、最大类间方差阈值分割法(Otsu 方法)和迭代取阈法等。图 3-28 给出了使用不同阈值分割法对气泡灰度图像进行二值化处理后的对比图。

根据图像效果可以看出，迭代取阈法未能消除图像中非气泡杂质(图 3-28 中红色椭圆所标示的亮点)，为此，推荐采用最大类间方差阈值分割法对气泡图像进行阈值处理。

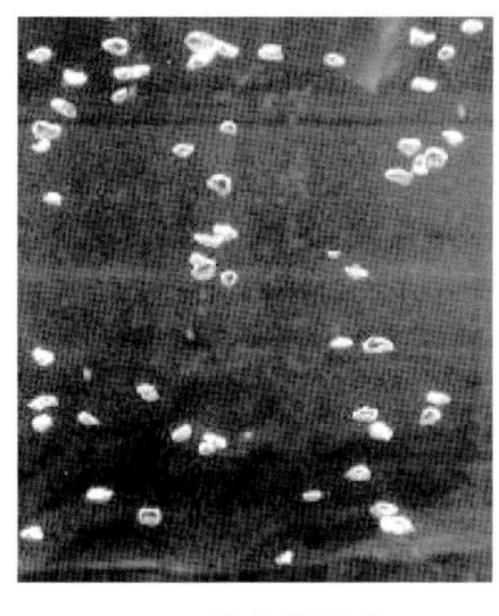

(a)二值化前图像

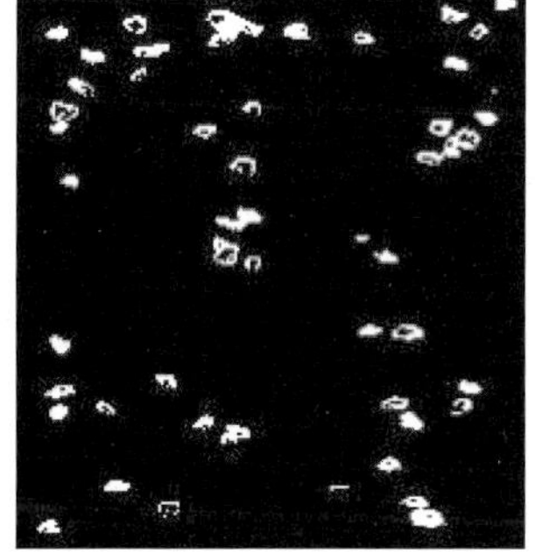

(b)最大类间方差阈值法二值化图像

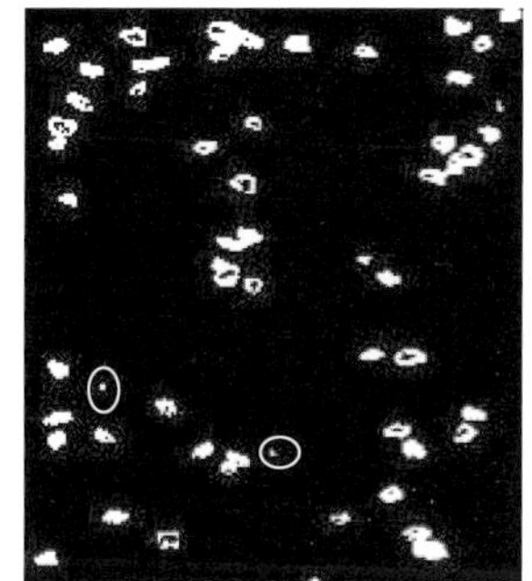

(c)迭代取阈法二值化图像

图 3-28 气泡二值化前后图像对比

4) 基于数学形态学方法的气泡填充

运用数学形态学法对气泡内部中心区域进行填充，图 3-29 为填充后的二值化图像。由图 3-29 可以看出，气泡中心的黑色空洞大部分消失。

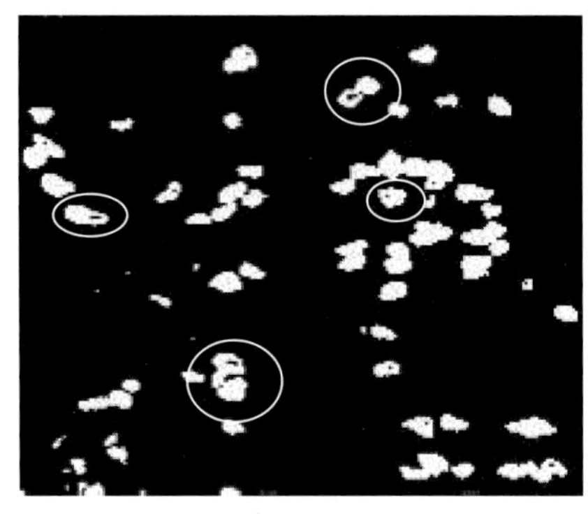

(a)填充前

(b)填充后

图 3-29 二值化图及形态学区域填充后的气泡图像对比

5) 距离加分水岭变换方法在粘连气泡分割中的应用

在所获取的气泡图像中，存在气泡的重叠和粘连，必须对粘连气泡进行分割，以利于气泡的识别和分析。

采用距离加分水岭变换方法对粘连气泡进行分割。根据得到的分割图像，利用形态学开闭运算达到使气泡边缘光滑的目的。图 3-30 为粘连气泡分割前后的对比图。

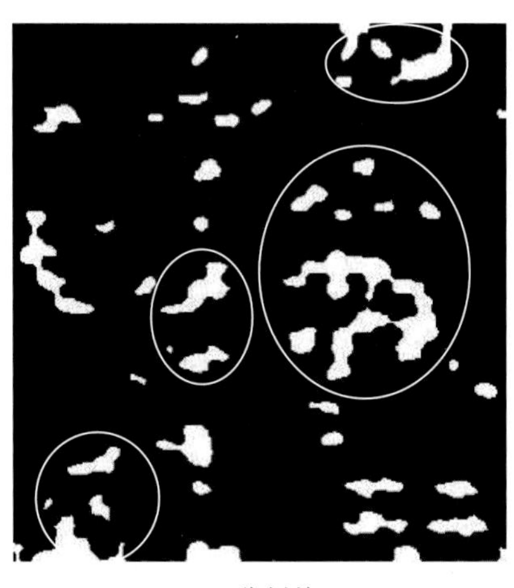

(a)分割前

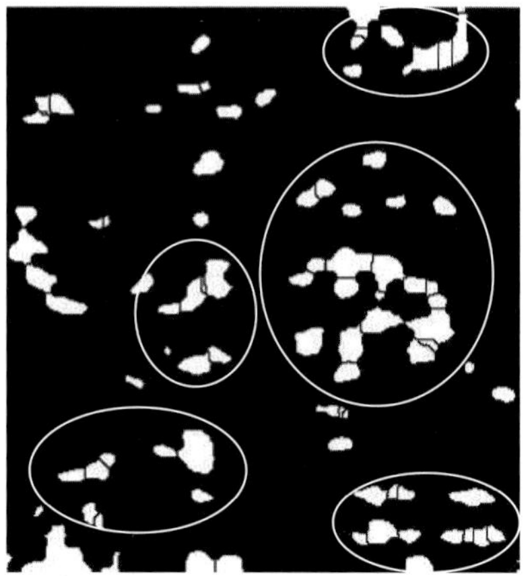

(b)分割后

图 3-30 粘连气泡分割前后图像对比

6) 气泡标记

经过上述填充、分割处理得到气泡图像的目标区域，将这些目标区域进行标记，统计相应的气泡数量、粒径和面积等特征参数。在对气泡连通区域进行标记时，将属于同一个区域的不同连通分量标记为不同的编号，使二值图像中每一个气泡的连通分量都对应一个标记编号。

为直观显示气泡标记的结果，用 RGB 伪彩色索引图像来显示被标记的气泡，不同标号的气泡用不同的颜色表示。图 3-31 给出了气泡二值化图像及对应的 RGB 伪彩色图像。从 RGB 伪彩色图像中可以看出，每个独立编号的气泡都用一种颜色进行了标记，对每个气泡成功地进行了编号。

(a)二值化图像

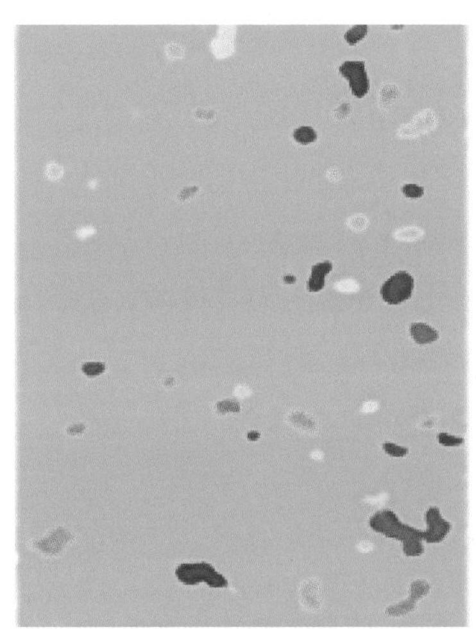

(b)RGB伪彩色图像

图 3-31 气泡二值化图像及对应的 RGB 伪彩色图像

7) 气泡特征参数统计

定义具有相同表面积的圆形的直径为气泡的等效粒径。根据分割处理后的气泡图像，利用 MATLAB 编写程序，逐一分析计算得到每个标记气泡的等效粒径，统计得到各通气量工况下气泡等效粒径的分布特征如图 3-32 所示。可以看出，大部分气泡粒径为 0～10mm，占气泡总数的 92%，大于 10mm 的仅占 8%，整体接近正态分布，中值粒径为 5.4mm，方差 2.6mm。

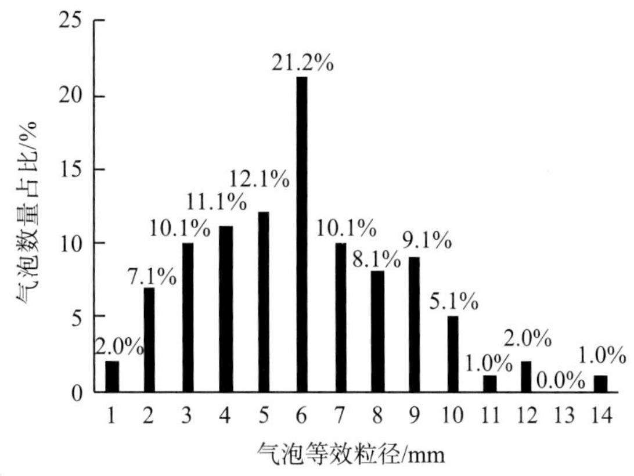

图 3-32 气泡等效粒径分布统计结果

3.3.2 承压对过饱和溶解气体生成影响的试验研究

1. 高压条件下氧气溶解度与压力关系试验

高坝泄水水头高、流量大，水垫塘内水流压力远远高于大气压，达到几个甚至十个以上大气压。在这样高承压环境下的气体溶解是否符合亨利定律呢？针对这一问题，本节设计高压条件下氧气在水中的溶解试验，探讨高压环境下气体在水中的溶解度与压力的关系。

1）试验装置

自主设计制作的试验装置如图 3-33 所示。试验中高压反应釜容积为 4L，采样釜容积为 400mL。

试验开始前，高压反应釜内预先装入约 3L 的蒸馏水，采样釜中预先放入溶解氧的碘量分析法所需的化学试剂（1.6mL 二价硫酸锰溶液和 3.2mL 碱性试剂）。关好高压反应釜，打开进气阀门 1，将高压反应釜与高压压缩空气接通，高压气体进入高压反应釜，其中一部分气体在高压下溶解成为溶解气体。待高压反应釜内压力达到预定压力即关闭进气阀门 1，记录高压反应釜的压力表读数。打开采样釜进水阀门 9 和进气阀门 8，水样由于重力作用进入采样釜 12。采样釜内采满水样后，关闭阀门，取下采样釜。打开取样釜，继续采用碘量法完成水样中已固定的溶解氧的滴定分析。

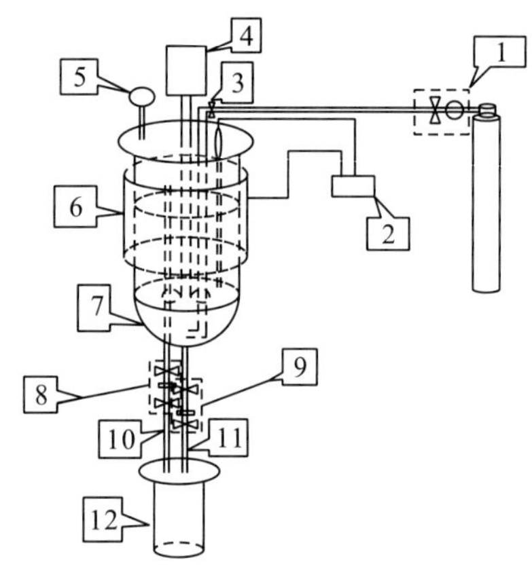

图 3-33 氧气溶解度与压力关系试验装置图

1. 高压空气瓶控制阀门；2. 控温仪；3. 反应釜进气阀门；4. 磁力搅拌器；5. 压力表；6. 加热套；7. 高压反应釜；8. 采样釜进气阀门；9. 采样釜进水阀门；10. 采样釜进气管；11. 采样釜进水管；12. 采样釜

为促进试验条件下气体快速达到溶解平衡，高压反应釜内设置磁力搅拌器，搅拌器转速可调。试验温度均为 20℃。

2）试验结果分析

试验得到在温度为 20℃情况下氧气溶解度随压力的变化趋势，如图 3-34 所示。可以看出，当试验压力在 0.9MPa（约 9 个工程大气压）以下时，氧气的溶解浓度与压力呈较好的线性关系，与本书 2.1 节利用亨利定律计算的结果较为接近。分析认为，在试验压力(9 个工程大气压)范围内，氧气的溶解度符合亨利定律，即在温度一定的情况下，溶解度与压力成正比。

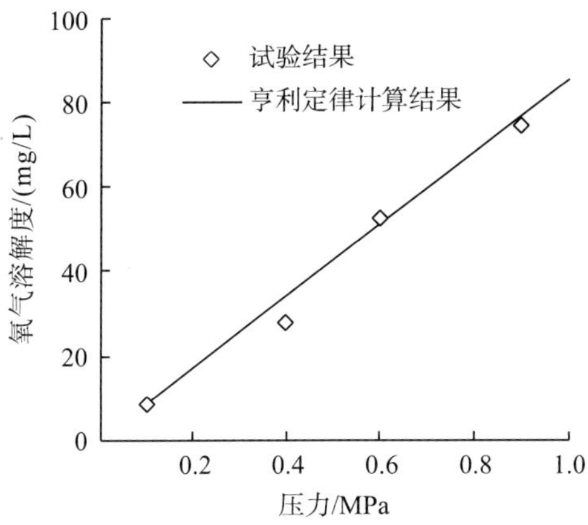

图 3-34 高压条件下氧气溶解度与压力关系图

2. 承压环境下掺气射流的 TDG 生成试验

承压环境下掺气射流试验装置如图 3-35 所示。装置主要由试验水容器、储水容器以及辅助的供水系统和供气系统组成(李然等，2012)。试验水容器内水深恒定为 108cm，多余水流自溢流口进入旁侧的储水容器。试验气源由空气压缩机提供，空气压缩机工作压强为 3 个大气压。空气压缩机产生的气流与水泵产生的水流混合后形成掺气射流。开展承压环境淹没出流(射流出口位于水面下 50cm)和非承压环境自由射流(射流出口位于水面上 50cm)两种条件下的试验并进行对比。在靠近试验水容器底部的位置布置 TDG 监测点。

图 3-36 为两种试验条件下 TDG 饱和度随时间变化过程图。试验结果表明，非承压环境自由射流时水体 TDG 过饱和度变化较小，接近正常饱和度，这是由于自由射流中的气

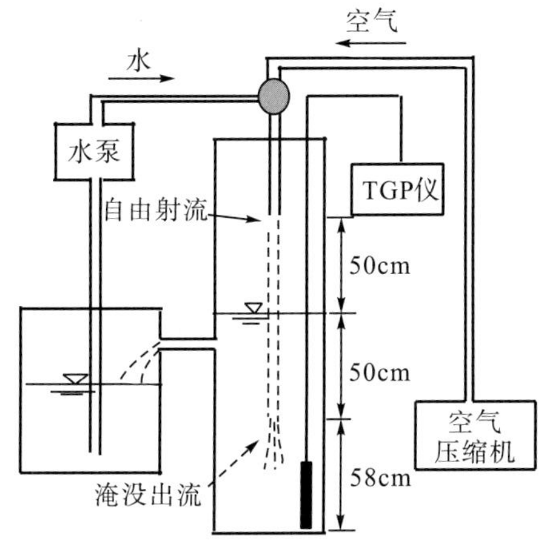

图 3-35 掺气射流承压试验装置图

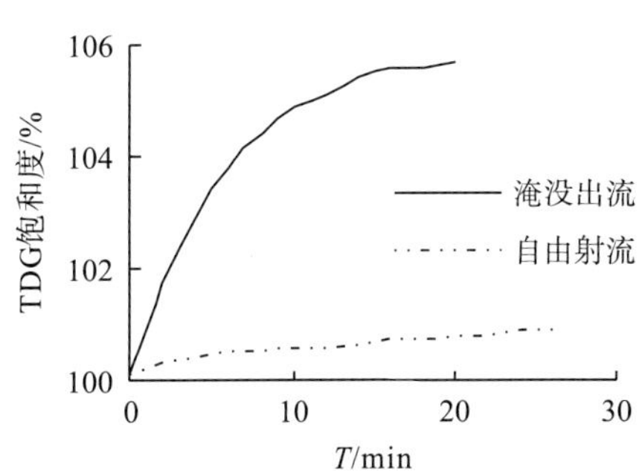

图 3-36 掺气射流 TDG 饱和度随时间变化过程

体因缺乏足够的动力不能进入深层高承压区域，因而气体溶解量较少。而在淹没出流情况下，射流中的气体在水压作用下与水体充分接触并溶解，TDG 饱和度可达到该深度静水压强对应的水平。结果表明，承压(水深)是 TDG 过饱和形成的必要条件。

3.3.3 高压掺气条件下过饱和溶解气体生成过程研究

1. 试验方法与工况设置

试验装置包括承压钢管、透明观测窗、出水阀门、蓄水池、水泵、空压机以及压力表等部件，如图 3-37 所示。试验水流通过水泵压入进水管，再进入承压管。空压机将空气鼓入压力管内使其与清水迅速掺混。压力管道内的气体在高承压条件下溶解形成过饱和 TDG。试验中承压条件通过调节水泵和空压机压力实现，不同掺气量工况通过调节空压机压力得到。承压管沿程布置 8 个出水口，用于取样测定水体 TDG 水平。不同出水口位置代表了气体在高承压环境下的不同滞留时间。

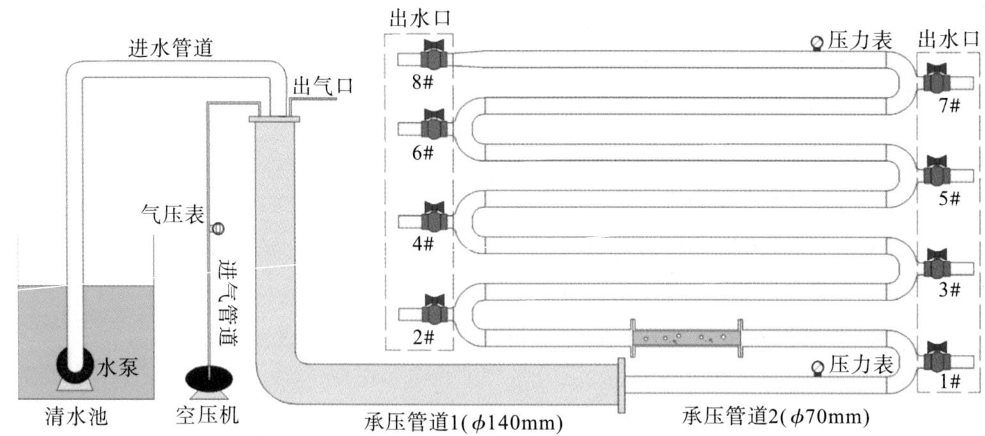

图 3-37 承压、掺气和滞留时间对 TDG 生成影响试验装置示意图

承压管内的压力通过承压管上安装的压力表监测得到，气体掺气量 Q_a 通过气压表监测得到，计算得到掺气比：

$$\phi_a = \frac{Q_a}{Q_s + Q_a} \tag{3-12}$$

式中，ϕ_a 为掺气比；Q_a 为气体掺气量(m^3/s)；Q_s 为水流流量(m^3/s)。

承压管内的水流平均滞留时间：

$$t_R = \frac{L_{p1}A_{p1} + L_{p2}A_{p2}}{Q_s} \tag{3-13}$$

式中，t_R 为水流滞留时间(s)；L_{p1} 和 L_{p2} 分别为水体流过的承压管 1 与承压管 2 的长度(m)；A_{p1} 和 A_{p2} 分别为承压管 1 和承压管 2 的横截面积(m^2)。

试验共设置 16 组掺气和压强工况，其中流量设置为 4.1L/s、5.5L/s、7.0L/s 和 8.1L/s

四个梯度，对应的掺气量分别为 0L/s、0.3L/s、0.8L/s 和 1.6L/s，掺气比范围为 0～0.26，滞留时间为 4.0～24.0s。每个流量共设置四个压强工况，分别为 42kPa、46kPa、60kPa 和 65kPa。

2. 过饱和 TDG 传质动力学方程的建立

不同掺气条件下承压管内气泡分布如图 3-38 所示。可以看出，随着掺气量的增加，管内气泡的密度也显著增加，这将直接增大水体内气液接触面积，促进 TDG 传质作用。

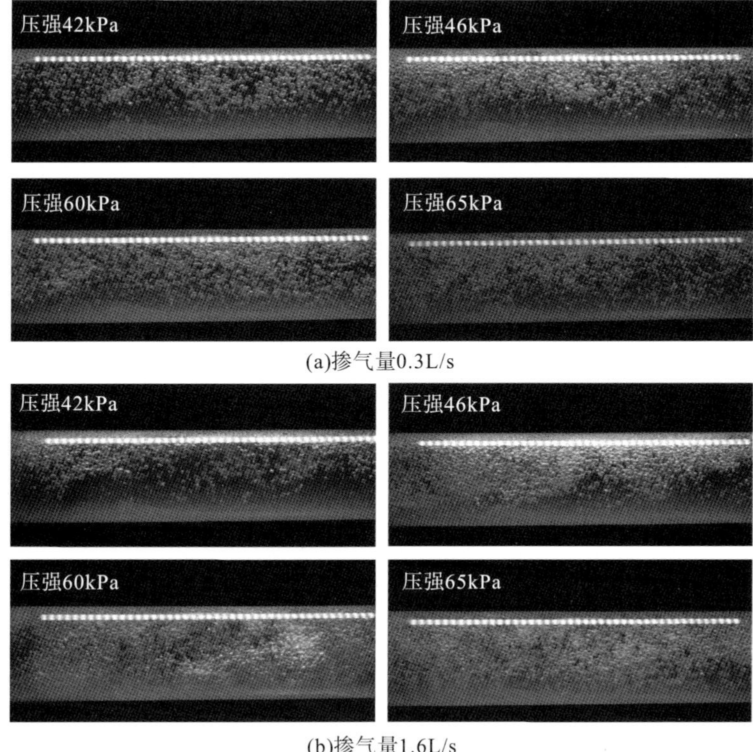

(a)掺气量0.3L/s

(b)掺气量1.6L/s

图 3-38 不同掺气条件下承压管内气泡分布照片

不同压强工况下，TDG 饱和度与掺气比的关系如图 3-39 所示。可以看出，在特定压强和滞留时间条件下，生成的 TDG 饱和度随着掺气比的增加而增大，但增加幅度逐渐减小，呈近似指数的变化关系。分析认为，掺气比的升高使得水体内的气泡密度增加，单位体积内的气液传质面积随之增加，进而导致更高的 TDG 传质速率。而在掺气比升高到一定程度时，气液传质较充分，TDG 饱和度接近于对应压强下的平衡饱和度，TDG 变化减缓。

不同掺气量工况下，TDG 饱和度与压强的关系如图 3-40 所示。试验结果表明，在无掺气条件下，水流的 TDG 饱和度未出现过饱和态，可见掺气是 TDG 生成的不可缺少的因素之一。各掺气工况下 TDG 饱和度与压强均呈现显著的线性关系。

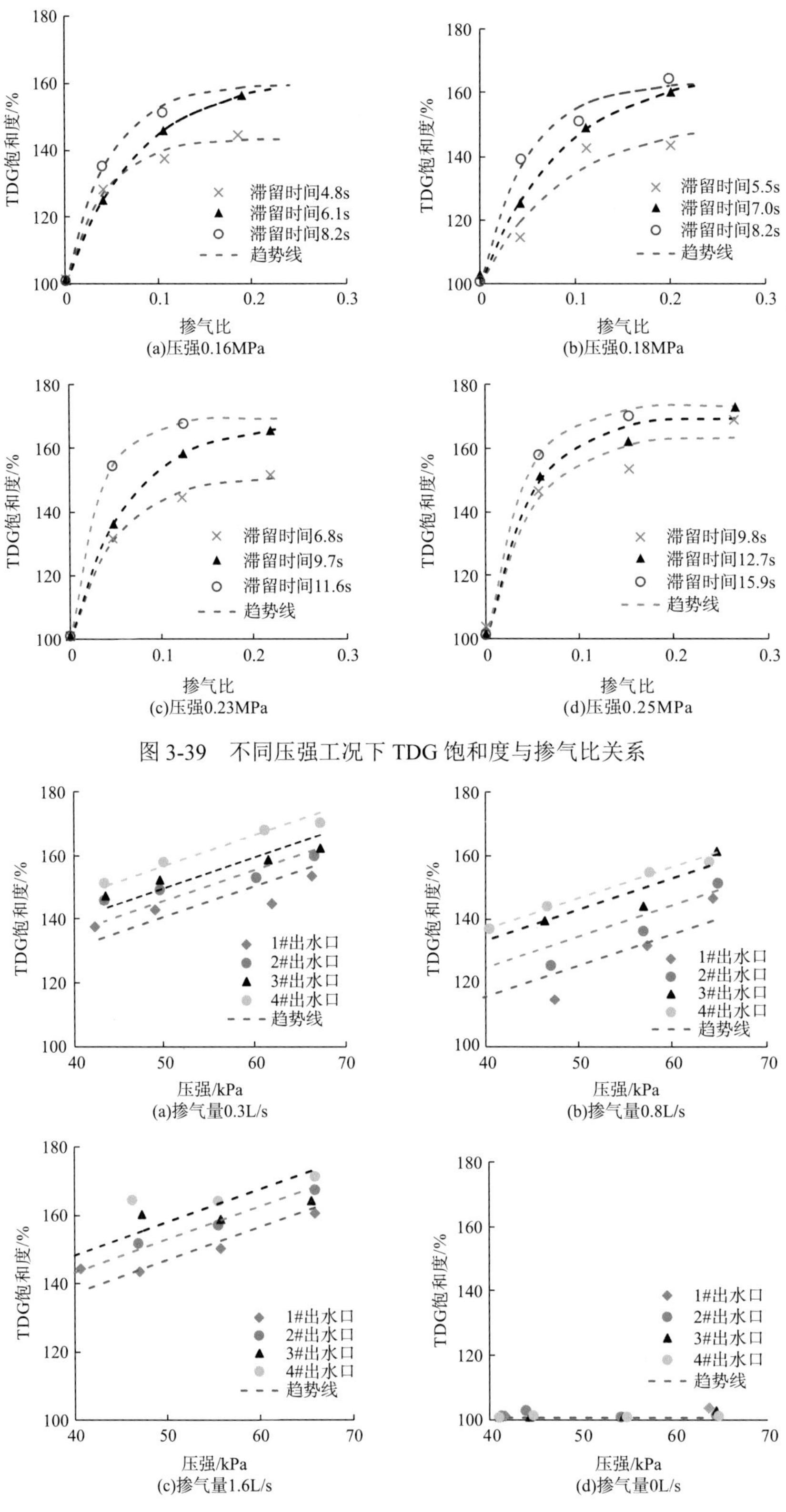

图 3-39 不同压强工况下 TDG 饱和度与掺气比关系

图 3-40 不同掺气量工况下 TDG 饱和度与压强关系

不同掺气量工况下，TDG 饱和度与滞留时间的关系如图 3-41 所示。可以看出，TDG 饱和度随水流在承压管内的滞留时间呈指数增长。

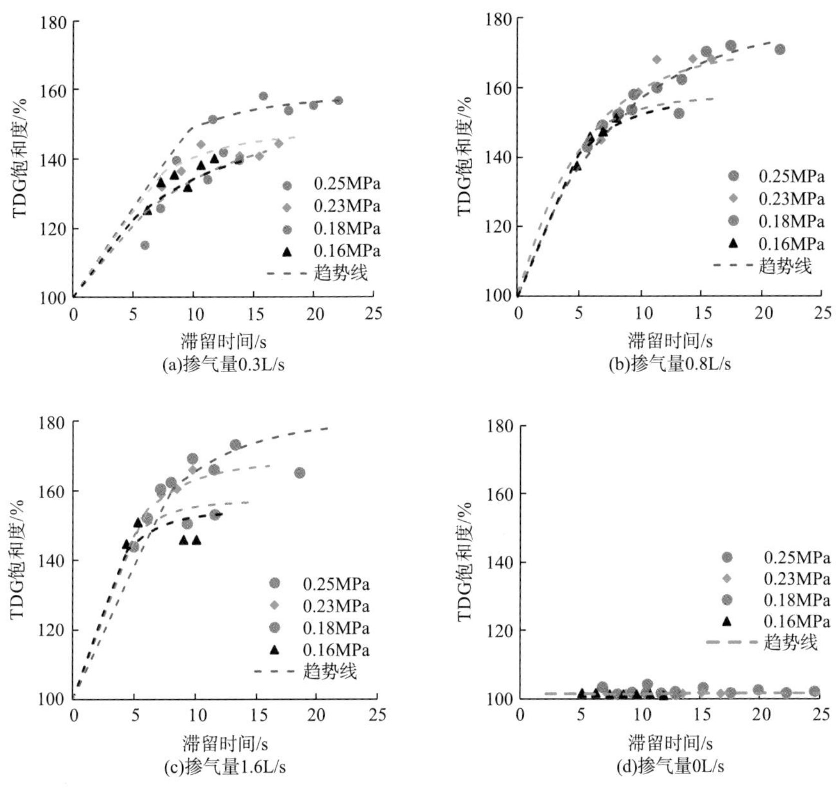

图 3-41　不同掺气量工况下 TDG 饱和度与滞留时间关系

根据前述 TDG 生成与承压、滞留时间和掺气比的定量分析，按照一级动力学方程拟合得到 TDG 传质表达式，表示为

$$G_b - G_j = \frac{\Delta P}{P_B} G_{eq}[1 - \exp(-3.79\phi_a t_R)] \quad (3\text{-}14)$$

式中，G_b 为末时刻 TDG 饱和度(%)；G_j 为初始时刻的 TDG 饱和度(%)；G_{eq} 为平衡态饱和度(%)，即 100%；P_B 为当地大气压(Pa)；ΔP 为掺气水流的相对压强(Pa)；ϕ_a 为掺气比；t_R 为滞留时间(s)。

TDG 传质动力学公式拟合值与试验值对比结果如图 3-42 所示。两者的相关系数平方值为 0.84，绝对误差的平均值为 5.4%，在可接受范围内，由此认为建立的拟合公式具有可靠性。

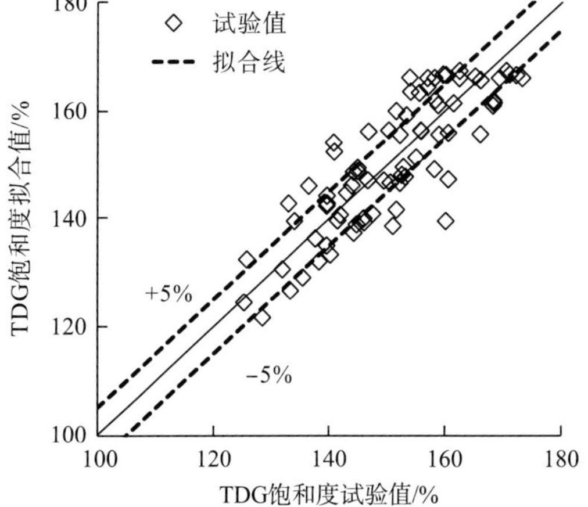

图 3-42　TDG 传质动力学公式拟合结果与试验结果对比

3. 消力池内滞留时间的计算方法

前述研究表明，滞留时间是影响过饱和溶解气体生成的重要参数[式(3-14)]，因此，本书以 1∶50 的杨房沟电站物理模型和松塔电站 1∶80 物理模型为例，研究水坝泄水下游水垫塘/消力池内滞留时间的确定方法。

1) 试验装置与试验方法

利用物理模型确定滞留时间的方法分为浮标法和盐度电导法两种。鉴于浮标在掺气水流中的跟随性较差，本书采用盐电导法。即每个工况的泄水稳定后，在泄水建筑物泄流出口一次性加入高浓度 NaCl 盐水脉冲，监测二道坝出口断面电导率随时间变化过程，直至电导率恢复至稳定状态。电导率随时间的变化过程即代表掺气水流的滞留时间分布，电导率随时间变化过程的统计平均值即代表各特定工况的滞留时间。

杨房沟水电站主要由混凝土双曲拱坝、泄洪消能建筑物和引水发电系统等组成。拱坝坝顶高程 2102m，最大坝高 155m。泄洪建筑物为坝身的 3 个生态泄放表孔(12m×14m)和 4 个泄洪中孔(5.5m×7.0m)。消能建筑物为坝下水垫塘和二道坝。杨房沟水电站水工建筑物模型采用正态模型(图 3-43)，整体模型几何比尺为 1∶50，根据流速比尺(1∶7.071)推算得到水流运动时间比尺为 1∶7.071。

(a)中孔泄水

(b)表孔泄水

图 3-43 杨房沟水电站物理模型

松塔水电站为混凝土双曲拱坝，坝顶高程为 1928m，最大坝高 295m，坝顶轴线长度 680.3m，水库正常蓄水位 1925m。坝身泄水建筑物由 4 个 12m×15m(宽×高)的表孔和 5 个 5m×6m(宽×高)的深孔组成。表孔和深孔的出流为挑流或跌流，坝下设水垫塘。松塔水电站水工模型为正态模型(图 3-44)，整体模型几何比尺为 1∶80，根据模型的流速比尺(1∶8.94)推算得到水流运动时间比尺为 1∶8.94。

2) 试验工况

针对不同泄水建筑物以及不同泄水流量，共设置 66 组试验工况，见表 3-9。

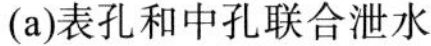
(a)表孔和中孔联合泄水

(b)中孔泄水

图 3-44 松塔水电站物理模型

表 3-9 松塔及杨房沟滞留时间试验工况设置表

工况编号	水电站	泄水方式	坝前水位/m	下游水位/m	原型流量/(m^3/s)
1～10	松塔	4 个表孔+5 个中孔	1922～1925	1714～1716	8968～10804
11～18		5 个中孔	1919～1924	1706～1707	4947～5100
19～28		4 个表孔	1923～1930	1710～1713	4982～8745
29～41	杨房沟	3 个表孔	2095～2100	1986～1989	4365～6554
42～56		4 个中孔	2093～2099	1986～1988	4568～4771
57～66		4 个中孔+3 个表孔	2092～2095	1990～1992	7384～8821

3) 试验结果分析

根据杨房沟和松塔模型试验，得到泄水下游电导率随时间变化情况如图 3-45 所示。试验结果表明，二道坝出口断面电导率随时间呈迅速增大而后缓慢减小的变化过程，近似为泊松分布。

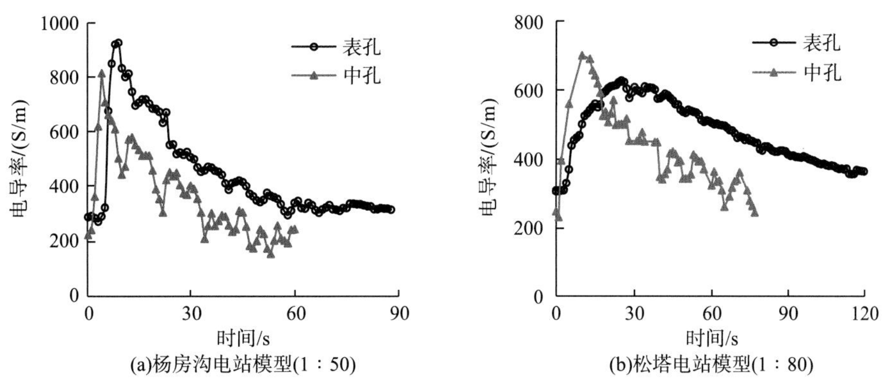

(a)杨房沟电站模型(1：50)　　(b)松塔电站模型(1：80)

图 3-45 泄水下游二道坝出口断面电导率随时间变化示意图

4)消力池内泄流滞留时间的估算方法

分析认为，影响水流在水垫塘内滞留时间的主要因素有泄流挑距、水垫塘长度、水垫塘水深、二道坝坝高和二道坝坝顶流速等(图 3-46)，可表示为

$$f(t_{\mathrm{R}},L,L_0,v_{\mathrm{r}},h_{\mathrm{t}},g)=0 \tag{3-15}$$

式中，t_{R} 为水流在水垫塘内滞留时间(s)；L 为水垫塘长度(m)；L_0 为挑距(m)；v_{r} 为二道坝坝顶流速(m/s)；h_{t} 为水垫塘水深(m)；g 为重力加速度($\mathrm{m^2/s}$)。

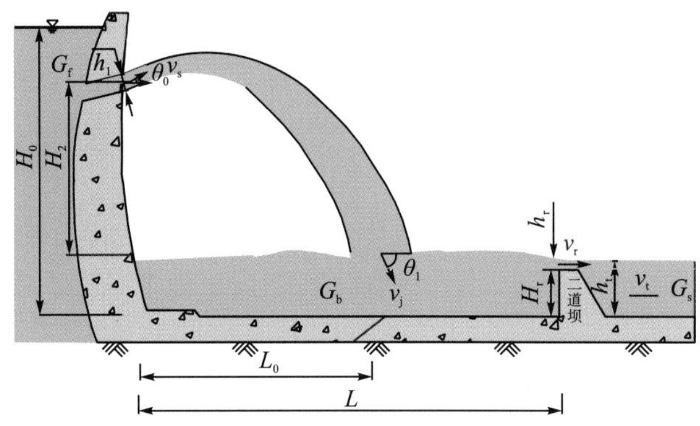

图 3-46 挑射水流示意图

采用量纲分析方法，可以进一步得到：

$$t_{\mathrm{R}}=\sqrt{\frac{h_{\mathrm{t}}}{g}}f\left(\frac{L_0}{L},\frac{v_{\mathrm{r}}}{\sqrt{gh_{\mathrm{t}}}}\right) \tag{3-16}$$

考虑挑射水流入水角度 θ_1 对滞留时间的影响，引入无量纲数：

$$\lambda=\cot\theta_1\frac{v_{\mathrm{r}}}{\sqrt{gh_{\mathrm{t}}}} \tag{3-17}$$

式中，θ_1 为挑射水流入水角度。

进一步分析得到：

$$t_{\mathrm{R}}=\sqrt{\frac{h_{\mathrm{t}}}{g}}f\left(\frac{L_0}{L},\lambda\right) \tag{3-18}$$

挑射水流的挑距 L_0 可根据泄流挑坎位置和挑坎处的流速估算(刘沛清，2010)：

$$L_0=\frac{v_{\mathrm{s}}^2\cos\theta_0\sin\theta_0}{g}\left[\pm1+\sqrt{1+\frac{2g(H_2+0.5h_1\cos\theta_0)}{v_{\mathrm{s}}^2\sin^2\theta_0}}\right] \tag{3-19}$$

式中，v_{s} 为泄流挑坎出口流速(m/s)；H_2 为出坎高程与坝下入水点间的高程差(m)；θ_0 为泄流出坎角度(°)；h_1 为出坎水深(m)。

二道坝坝顶流速 v_{r} 计算公式如下：

$$v_{\mathrm{r}}=\frac{Q_{\mathrm{s}}}{h_{\mathrm{r}}B} \tag{3-20}$$

式中，Q_{s} 为泄水流量($\mathrm{m^3/s}$)；h_{r} 为二道坝坝顶水深(m)；B 为水垫塘出口宽度(m)。

挑射水流入水角度 θ_1 与泄水挑距、挑射水流出坎位置等相关，计算方法如下：

$$\tan\theta_1=\sqrt{\tan^2\theta_0+\frac{2g(H_2+0.5h_1\cos\theta_0)}{v_s^2\cos^2\theta_0}} \tag{3-21}$$

式中，v_s 为泄流挑坎流速(m/s)；H_2 为出坎高程与坝下入水点间的高程差(m)；θ_0 为泄流出坎角度(°)；h_1 为出坎水深(m)。

图 3-47 为试验得到的滞留时间与式(3-18)中各泄水特征变量间的相关关系图。试验结果表明，在同一种泄水方式下滞留时间的对数值会随着 L_0/L 的对数值的增大而减小，而随着 λ 的对数值增大而增大，呈一定的线性关系。

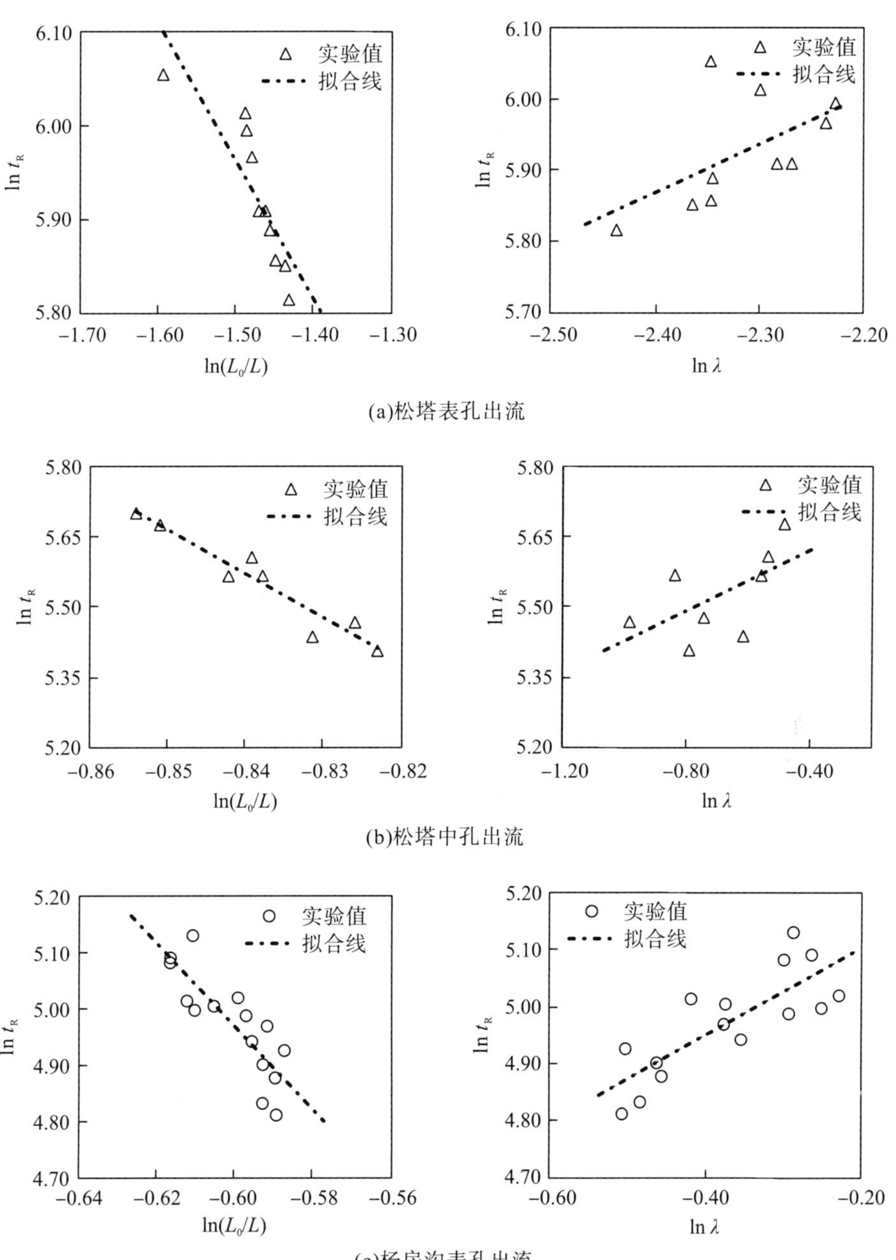

(a)松塔表孔出流

(b)松塔中孔出流

(c)杨房沟表孔出流

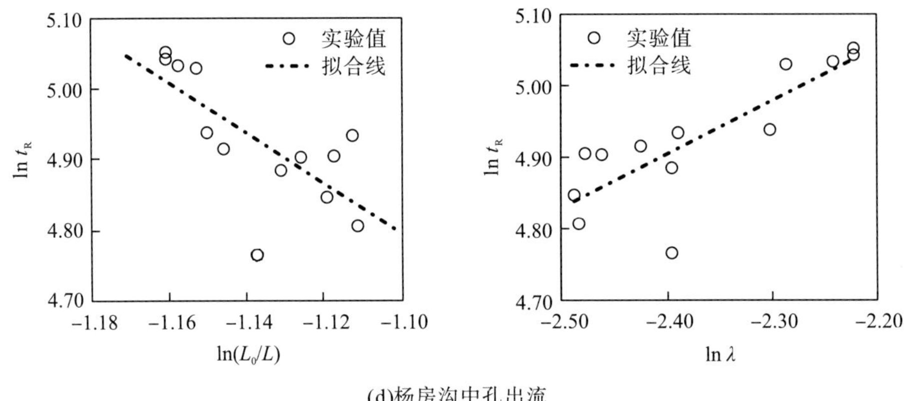

(d)杨房沟中孔出流

图 3-47 不同泄水工况滞留时间与挑距和无量纲数 λ 的关系

可以得到滞留时间 t_R 与各泄水特征参数的关系如下：

$$\ln t_R = \ln b_0 + b_1 \ln \frac{L_0}{L} + b_2 \ln \lambda + \ln \sqrt{\frac{h_t}{g}} \tag{3-22}$$

采用多元非线性回归方法拟合得到式(3-22)中的待定系数 $b_0 = 27.73$， $b_1 = -1.82$， $b_2 = 0.49$。由此得到滞留时间的计算公式为

$$t_R = 27.73 \lambda^{0.49} \left(\frac{h_t}{g}\right)^{0.5} \left(\frac{L_0}{L}\right)^{-1.82} \tag{3-23}$$

采用叶巴滩电站 1∶80 物理模型和黄登电站 1∶50 物理模型试验得到的不同泄水条件下的滞留时间数据，对滞留时间预测公式(3-23)进行验证。预测结果与试验结果对比如图 3-48 所示。对比结果表明，因为叶巴滩 L_0/L 较大，无量纲系数 λ 较小，故叶巴滩水垫塘内滞留时间明显小于黄登的滞留时间。在黄登水工模型试验中，表孔泄水的滞留时间约为 600s，而底孔泄水的滞留时间为 180～380s，这一差距的主要原因是表孔和底孔泄水的挑距不同。将预测结果与试验结果进行对比，最大绝对误差为 52.1s，对应工况为黄登底孔泄水，试验值为 229.8s；平均相对误差为 8.5%，相关系数平方(R^2)为 0.97。

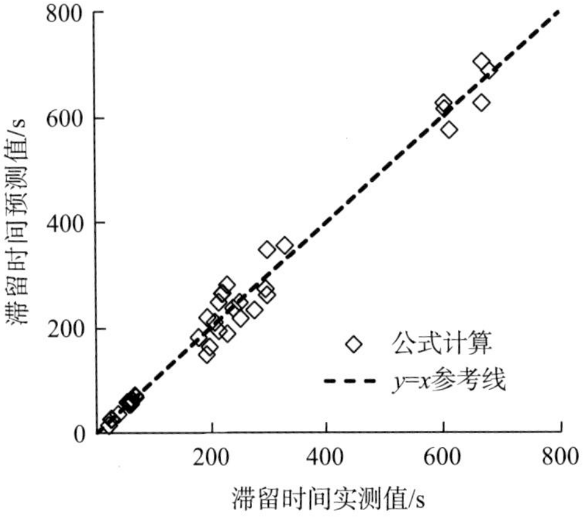

图 3-48 滞留时间预测值与实测值对比图

3.3.4 含沙量对过饱和 TDG 生成影响的试验研究

由于高坝泄洪常伴随水库冲沙进行，加之洪水期间水流含沙量通常较高，因此高坝 TDG 过饱和水流常为高含沙水流。关于水体中的悬浮泥沙是否对 TDG 过饱和的生成产生影响，可通过以下模拟试验得以说明。

1. 试验装置及方法

TDG 过饱和生成与含沙量关系试验装置如图 3-49 所示。装置主体为高 6.0m、直径 0.2m 的 PVC 圆柱形水容器，上端敞开。容器侧壁设有有机玻璃观测窗和用来测量水深的直尺，沿水深方向布置有多个测压计。装置下端开孔，接三通管。三通管一端通过塑料管与空气压缩机连接，另一端接放水阀门。

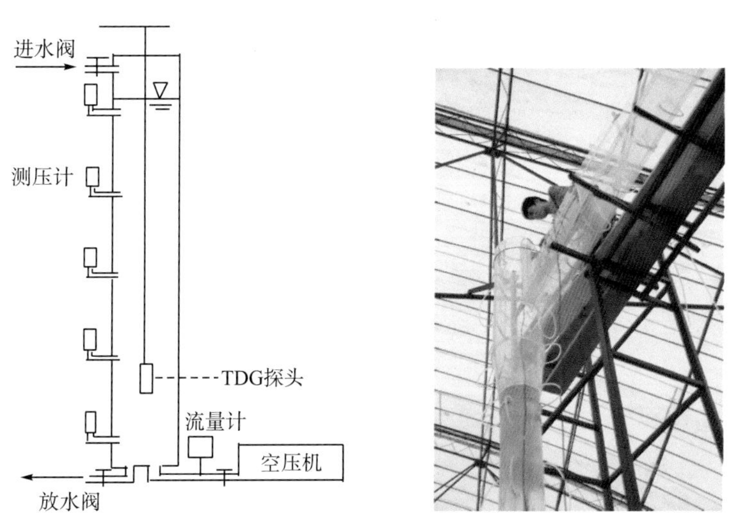

图 3-49 TDG 过饱和生成与含沙量关系试验装置

试验用水采用自来水，测量得到 TDG 初始饱和度为 98%。试验装置内充水到预定高度后，加入试验用泥沙，开启空气压缩机向水中掺气，气泡在水压作用下溶解形成过饱和 TDG，待充气和溶解稳定后，测量水柱内不同水深处的 TDG 饱和度。

2. 试验工况

试验共采用两种泥沙，一种是天然河流提取的天然均匀粒径沙，另一种是悬浮较好的粉煤灰。表 3-10 为试验的 6 组工况。分别对每个工况下 0.5m、1.0m、2.0m、3.0m 和 4.0m 水深处的 TDG 饱和度进行测量。

表 3-10 过饱和 TDG 生成与含沙量关系试验工况表

工况编号	沙种类	加沙量/kg	粒径/μm	含沙量/(kg/m³)	鼓气前水深/m	鼓气后水深/m
1	—	0	—	0	4.86	5.51
2	—	0	—	0	5.08	5.85
3	天然沙	0.5	0.10	3.28	4.86	5.51
4	天然沙	1.0	0.10	6.55	4.86	5.51
5	天然沙	0.3	0.05	2.55	5.01	5.77
6	粉煤灰	0.3	0.08	1.88	5.08	5.85

3. 试验结果与分析

各工况 TDG 饱和度与水深关系如图 3-50 所示。图 3-50 显示，水深 0.5m 处含沙水体与清水中生成的 TDG 过饱和度最大差值为 0.3%；水深 1m 处含沙水体与清水中生成的 TDG 饱和度最大差值为 1.5%；水深 2m 处含沙水体与清水中生成的 TDG 饱和度最大差值为 1.5%；水深 3m 处含沙水体与清水中生成的 TDG 饱和度最大差值为 1.6%；水深 4m 处含沙水体与清水中生成的 TDG 饱和度最大差值为 0.6%。可以看出，含沙水体 TDG 饱和度与清水没有显著差别，表明含沙量对水体中过饱和 TDG 的生成没有显著影响。

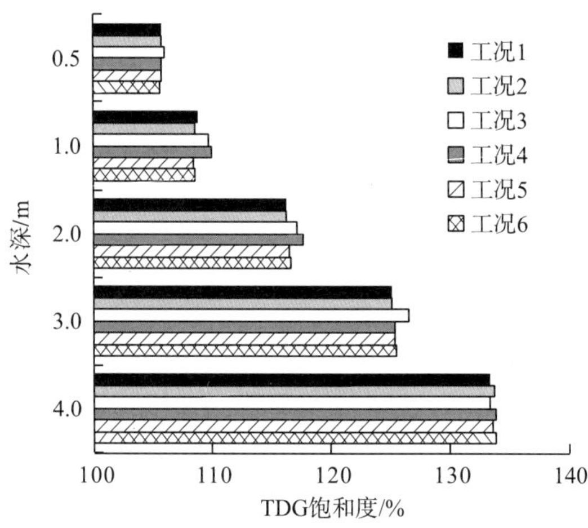

图 3-50 不同含沙量的水体中过饱和 TDG 对比图

3.4 TDG 过饱和水流的生成装置

通常情况下，天然水体中溶解气体饱和度接近正常饱和态 100%，不能满足过饱和 TDG 试验要求的 TDG 过饱和水平，为此，基于对过饱和 TDG 生成机制的认识，设计制作 TDG 过饱和水流的生成装置，以解决实验室条件下 TDG 过饱和水流的供给问题。

亨利定律表明，通过升温和增压均可产生溶解气体过饱和的水体。由于单纯升温无法应用在对水温有特殊要求的试验中，因此实验室通常采用增压的方法生成 TDG 过饱和水体。以下主要介绍四川大学水力学与山区河流开发保护国家重点实验室自主研发的两种 TDG 过饱和生成装置。

3.4.1 产生 TDG 过饱和水流的高压釜装置

生成 TDG 过饱和水流的高压釜如图 3-51 所示。装置主要包括高压釜、供气系统、进水系统和出水系统等。进水系统通过水泵供给水流，通过空压机掺入压缩空气。水流和空气在高压釜内掺混，气体在高压条件下溶解形成 TDG 过饱和水流。通过调节空压机供气功率和系统进出水流的流量，可产生特定饱和度的 TDG 过饱和水流。由于高压釜可承受较大压力，因而该装置可以产生较高饱和度的水流，但受高压釜容量限制以及供气和供水压力影响，该装置出水流量较小。

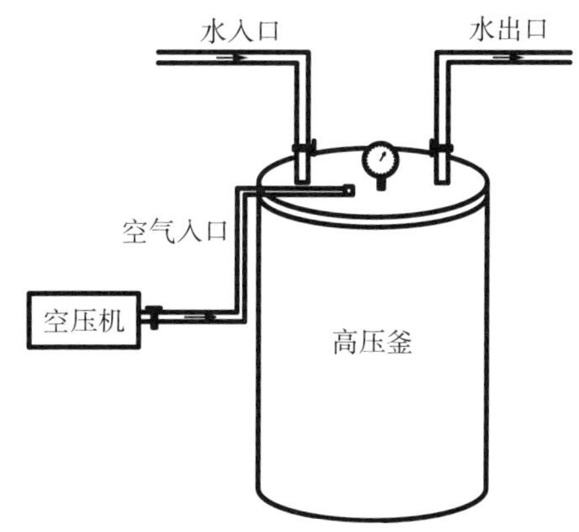

图 3-51 生成 TDG 过饱和水流的高压釜试验装置图

3.4.2 水体总溶解气体过饱和生成及其对鱼类影响研究的装置

水体总溶解气体过饱和生成及其对鱼类影响研究的装置(李然等，2011)主要由供水装置、供气装置、压力钢管、出水装置以及试验鱼池等部分组成，如图 3-52 和图 3-53 所示。装置用水为水泵提供的正常饱和度的清水，水流的掺气通过空压机向压力钢管内输入压缩空气实现。为增加滞留时间，保证气体在高承压条件下的充分溶解，压力钢管采用回形布置方式。通过调节压力钢管出水口阀门和空压机运行功率，可实现出流 TDG 饱和度的控制。装置产生的 TDG 过饱和水流可直接用于过饱和 TDG 及其对鱼类影响的相关试验研究，亦可进一步与清水进行不同比例的混合，实现不同流量下 TDG 饱和度的稳定控制。

本装置产生的 TDG 饱和度可稳定达到 150%以上，供水流量达到 15L/s 以上。利用该装置不仅可同时得到不同 TDG 饱和度的水流，还可以实现流量的稳定控制，为研究过饱和 TDG 生成和释放规律以及过饱和 TDG 对鱼类的影响提供了可能。

图 3-52　总溶解气体过饱和生成及其对鱼类影响研究的试验装置照片(图片来源：四川大学)

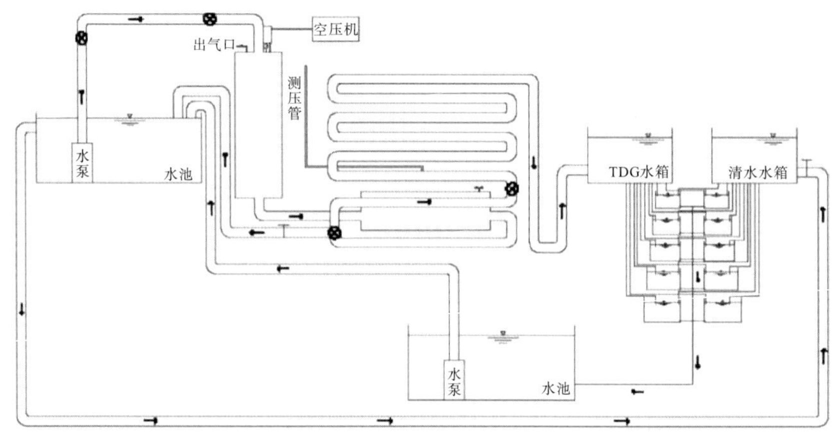

图 3-53　水体总溶解气体过饱和生成及其对鱼类影响研究的装置示意图

3.5　小　　结

试验研究表明，掺气和承压是产生过饱和 TDG 的必要条件。水坝泄水过饱和 TDG 的生成过程属于高承压条件下的气体传质动力学过程，其生成水平与挑流泄水掺气量及气泡分布、承压大小和滞留时间等条件密切相关。

4 泄水过饱和 TDG 生成模型

目前，国内外关于水坝泄水过饱和 TDG 的生成预测方法主要有经验公式、水动力学解析模型和紊流数值模型。

4.1 泄水过饱和 TDG 经验关系

经验关系通常是根据特定水坝泄水的原型观测成果，以泄水流量、水头等物理量为自变量拟合得到的过饱和 TDG 经验表达式。美国陆军工程兵团根据哥伦比亚河及其支流上的 TDG 饱和度监测结果总结得到基于泄洪流量的三类经验关系，其中包括线性关系式、指数关系式和曲线关系式(Anderson et al.，2000)。程香菊等(2005，2009)根据三峡电站泄水总结得到饱和度和单宽流量的经验关系。四川大学根据溪洛渡、乌东德电站等泄水监测结果提出了溶解气体过饱和与流量和水头的经验关系。总结各类经验关系，见表 4-1。

表 4-1 水坝泄水溶解气体过饱和经验关系

编号	公式类型	公式	适用工程	文献来源
1	线性函数	$G=a\cdot Q_s+b$	邦纳维尔(Bonneville)坝；约翰迪(John Day)坝	Anderson 等(2000)
		$G=0.0022q+0.5875$	三峡工程	程香菊等(2005)
2	指数函数	$G=a+b\cdot\exp(c\cdot Q_s)$	约翰迪(John Day)坝；冰港(Ice Harbor)坝；罗玛门特(Lower Monumental)坝	Anderson 等(2000)
		$G=a+b\cdot\exp(c\cdot q_s)$	达尔斯(The Dalles)坝；下格拉尼特(Lower Granite)坝	Anderson 等(2000)
3	双曲函数	$G=bQ_s+aQ_s/(d+Q_s)$	约翰迪(John Day)坝	Anderson 等(2000)
4	幂函数	$G=G_f^{0.8955}H_0^{0.3084}Q_s^{-0.1015}$	溪洛渡电站深孔	四川大学原型观测
5		$G=220.5134G_f^{-0.2540}H_0^{-0.0343}Q_s^{0.1103}$	乌东德电站中孔	
6		$(G-G_f)/G_f=2.09q^{0.033}h^{0.032}E^{0.014}-2.43$	溪洛渡，大岗山	LU 等(2021)

注：G 为 TDG 饱和度(%)；G_f 为坝前 TDG 饱和度(%)；Q_s 为泄水流量(m³/s)；q_s 为单道泄流量(m³/s)；q 为单宽泄流量(m²/s)；H_0 为泄水总水头(m)；a、b、c、d 为经验系数，根据特定工程原型观测数据率定得到；h 为尾水水深(m)；E 为消能效率。

表 4-1 中经验关系使用方便，但是多根据单个水坝得到，考虑因素较为单一，且缺少对物理机制的分析。由于经验系数需要依赖于特定工程原型观测资料率定得到，普适性较差，预测精度常常难以保证。

4.2 泄水过饱和 TDG 水动力学解析模型

水动力学解析模型是在对掺气水流水动力学特征、气液界面传质过程等进行深入分析的基础上，基于对过饱和溶解气体产生的物理过程解析提出的过饱和 TDG 生成预测方法。

4.2.1 Roesner 坝面溢流溶解氮气解析模型

Roesner 等 1972 年首次根据菲克定律，针对坝面溢流的气体传质过程，建立了底流消能过饱和溶解氮气的预测模型(Roesner et al.，1972)，并用于华盛顿大学(University of Washington)开发的软件 CRiSP1(Columbia River Salmon Passage Model)中(Anderson et al.，2000)。

1. 模型的建立

典型溢流坝泄水的底流消能型式如图 4-1 所示。

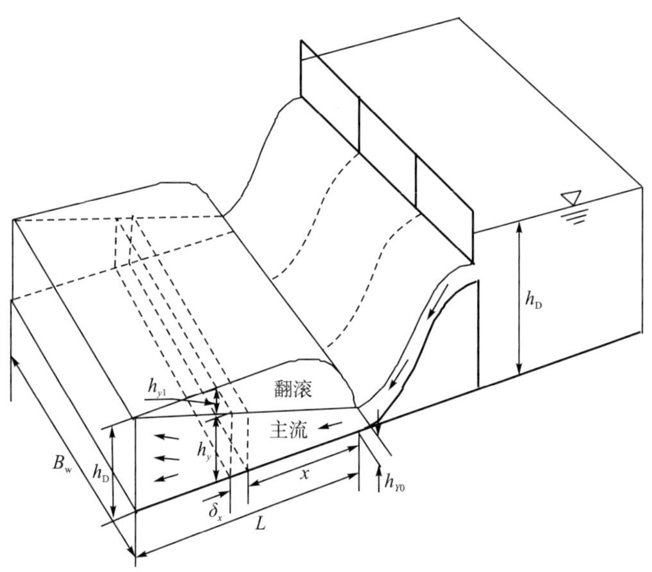

图 4-1 底流消能示意图

掺气水体中过饱和氮气自气泡传递进入水体的速率服从菲克定律，表示为

$$\frac{\mathrm{d}M}{\mathrm{d}t}=K_{\mathrm{L}}A_{\mathrm{b}}\left(C_{\mathrm{eq}}-C\right) \tag{4-1}$$

式中，M 为通过界面传递的气体质量(mg)；t 为时间(s)；K_{L} 为传质系数(m/s)；A_{b} 为卷吸气泡的界面面积(m^2)；C_{eq} 为当地水深对应的气体溶解度(mg/L)；C 为水体中溶解气体浓度(mg/L)。

将式(4-1)应用于消力池内的微元体中，得

$$M=\left(B_{W}h_{y}\delta_{x}\right)C \tag{4-2}$$

式中，B_W为消力池宽度(m)；h_y为微元体高度(m)；δ_x为微元体厚度(m)。

根据亨利定律可以得到当地水深对应的平衡饱和浓度C_{eq}与水体平均压力(平均深度)成正比，即

$$C_{eq}=P_{D}C_{S,0} \tag{4-3}$$

式中，$C_{S,0}$为当环境空气压力为1个标准大气压时气体溶解度(mg/L)；P_D为当地水深对应的压强(atm)。

将单元水体概化为上下两层。微元体深度中心M点的水深h_M可表示为

$$h_{M}=h_{y_1}+\frac{1}{2}h_{y} \tag{4-4}$$

考虑上层翻滚区与下层主流区由于掺气量不同引起的水体密度差异，深度中心D点的压力表示为

$$P_{D}=P_{B}+\alpha_{0}h_{y_1}+\frac{\alpha}{2}h_{y} \tag{4-5}$$

式中，α为下层主流区单位深度水体的静水压强(atm/ft①)，一般取值0.0295atm/ft，相当于0.0968atm/m；α_0为上层翻滚区单位深度水体的静水压强(atm/ft)。

将式(4-5)代入式(4-3)中，得

$$C_{eq}=P_{D}C_{S,0}=\left(P_{B}+\alpha_{0}h_{y_1}+\frac{\alpha}{2}h_{y}\right)C_{S,0}=\left[P_{B}+\alpha_{0}h_{D}-\left(\alpha_{0}-\frac{\alpha}{2}\right)h_{y}\right]C_{S,0} \tag{4-6}$$

式中，h_D为水垫塘水深(m)。

考虑气体的可压缩性导致的气泡表面积随水深的非线性变化，微元体内气泡表面积可表示为

$$A=\left(B\delta_{x}\right)K_{A}\left\{\left[P_{B}+\alpha_{0}h_{D}+\left(\alpha-\alpha_{0}\right)h_{y}\right]^{1/3}-\left(P_{B}+\alpha_{0}h_{D}-\alpha_{0}h_{y}\right)^{1/3}\right\} \tag{4-7}$$

式中，K_A为与气体卷吸特性相关的系数，此处简称气泡卷吸系数。

将各变量代入式(4-1)中，可得

$$\begin{aligned}\frac{\mathrm{d}C}{\mathrm{d}t}=&\frac{K_{E}}{h_{y}}\left\{\left[P_{B}+\alpha_{0}h_{D}+\left(\alpha-\alpha_{0}\right)h_{y}\right]^{1/3}-\left(P_{B}+\alpha_{0}h_{D}-\alpha_{0}h_{y}\right)^{1/3}\right\}\\&\times\left\{\left[P_{B}+\alpha_{0}h_{D}-\left(\alpha_{0}-\frac{\alpha}{2}\right)\right]C_{S,0}-C\right\}\end{aligned} \tag{4-8}$$

式中，$K_E=K_L K_A$。

进一步求解方程得到溢洪道泄水的氮气饱和度计算模型：

$$C_{out}=\overline{P}C_{S,0}-\left(\overline{P}C_{S,0}-C_{f}\right)e^{-\frac{K_{E}}{q_{s}}L\overline{\Delta P^{1/3}}} \tag{4-9}$$

式中，C_{out}为流出消力池的溶解氮气浓度(mg/L)；C_f为坝前溶解氮气浓度(mg/L)；$C_{S,0}$为当环境空气压力为1个标准大气压时的氮气溶解度(mg/L)；K_E为与传质相关的经验系

① $1atm=1.01325\times10^{5}Pa$；$1ft=3.048\times10^{-1}m$。

数$[\mathrm{ft}/(\mathrm{s}\cdot\mathrm{atm}^{1/3})]$；$L$ 为消力池长度(ft)；q_s 为溢流坝单宽流量(m^2/s)；$\overline{P}$ 为消力池主流平均静水压力(atm)。

$$\overline{P}=P_B+\frac{\alpha_0}{2}\left(h_D-h_{Y_0}\right)+\frac{\alpha}{4}\left(h_D+h_{Y_0}\right) \tag{4-10}$$

式中，P_B 为坝址处大气压（atm）。

$$\overline{\Delta P^{1/3}}=\left[\overline{P}+\frac{\alpha}{4}\left(h_D+h_{Y_0}\right)\right]^{1/3}-\left[\overline{P}-\frac{\alpha}{4}\left(h_D+h_{Y_0}\right)\right]^{1/3} \tag{4-11}$$

式中，$h_{Y_0}=q_s\big/\sqrt{2gH_0}$ (m)；H_0 为泄水总水头(ft)。

由溢洪道泄水的氮气饱和度计算模型[式(4-9)]可以看出，如果坝前浓度 C_f 小于消力池压力对应的浓度 $\overline{P}C_{S,0}$，则当水流流过消力池时，掺入空气中的氮气趋于溶解成为溶解氮气；当 C_f 大于消力池压力对应的平衡浓度 $\overline{P}C_{S,0}$ 时，则在水流流过消力池时，水中的溶解氮气趋于向空气中释放。

以下对模型中的系数进行简单讨论。

1) 经验系数 α_0

与主流静水压力相比，上部掺气水流的静水压力较小。由于缺乏实测资料，根据对 α_0 不同取值条件下的模拟结果分析，Roesner 等(1972)建议取值如下：

$$\begin{cases}\alpha_0=\alpha, & \text{淹没水跃}\\ \alpha_0=0, & \text{非淹没水跃}\end{cases} \tag{4-12}$$

2) 经验系数 K_E

这里，经验系数 K_E 为传质系数 K_L 与卷吸系数 K_A 的乘积。Roesne 等(1972)根据哥伦比亚河上一些溢流坝消力池的研究得到：

$$K_E=K_{20}1.028^{T-20} \tag{4-13}$$

$$K_{20}=aE^b \tag{4-14}$$

式中，E 为单位时间内的能量损失(ft/s)；K_{20} 为 20℃条件下的传质系数$[\mathrm{ft}/(\mathrm{s}\cdot\mathrm{atm}^{1/3})]$。

式(4-14)中经验常数 a 和 b 的取值见表 4-2。

表 4-2 Roesner 坝面溢流溶解氮气模型经验系数取值统计表

编号	水坝名称	a	b
1	邦纳维尔(Bonneville)	1.50	1.23
2	达尔斯(The Dalles)	2.60	2.51
3	约翰迪(John Day)	0.83	1.34
4	冰港(Ice Harbor)	0.30	3.21

Roesner 坝面溢流溶解氮气解析模型[式(4-9)]最早在约翰迪和达尔斯等水坝应用，后期

用于对哥伦比亚河一些电站溢流设计和运行方式的溶解氮气过饱和控制效果评价中。

2. 模型应用

铜街子水电站是大渡河流域梯级开发的最后一级电站。工程以发电为主，兼顾漂木和下游通航。正常蓄水位 474m，汛期限制水位 469m，死水位 469m，总库容 2.0 亿 m^3，调节库容 0.3 亿 m^3，装机总容量为 60 万 kW。工程主体包括挡水建筑物、溢流坝段和厂房坝段。大坝为混凝土重力坝，最大坝高 82m。溢流坝段全长 105m，布置 5 个开敞式溢流表孔，孔口净宽 14m，每孔两侧墩厚 3.5m，采用底流泄流消能。护坦底板高程为 420m，护坦净宽 105m，在桩号(坝)0+160.0m 处设置消力坎，坎高 6.0m，顶宽 1.5m。护坦左右导墙末端桩号分别为(坝)0+230.0m 和(坝)0+300.0m，为斜线布置，并在护坦末端设置差动式尾坎，起二次消能的作用。铜街子电站泄水照片如图 4-2 所示。

2009 年 8 月 3～7 日，四川大学对铜街子电站泄水过饱和 TDG 开展了原型观测。观测点布置情况如图 4-3 所示。

图 4-2　铜街子水坝泄水照片

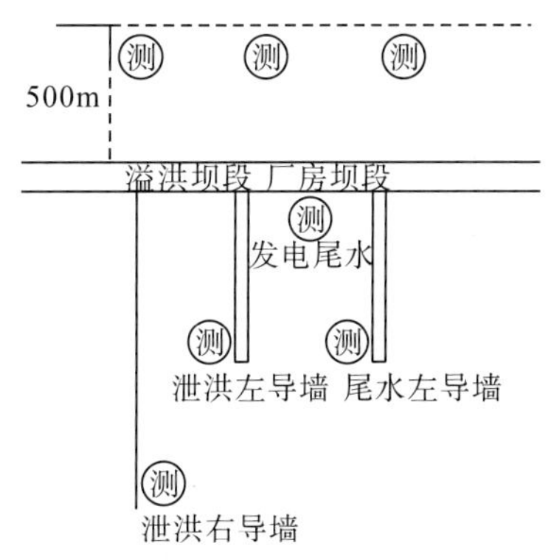

图 4-3　铜街子水坝 TDG 测点布置图

3. 参数率定与模型验证

采用铜街子电站原型观测结果对 Roesner 溶解氮气模型[式(4-9)]进行参数率定。率定得到式(4-9)中气泡卷吸系数 K_E 为 $0.75\,\mathrm{ft/(s\cdot atm^{1/3})}$。模型计算结果与原型观测结果对比见表 4-3 和图 4-4。结果显示，绝大多数工况预测值与原型观测结果差值小于 5%，四个工况预测值与原型观测结果的差值大于 5%，考虑到消力池出口水体强烈紊动等因素，公式计算出的 TDG 饱和度与原型 TDG 饱和度的差值在可以接受的范围内。

表 4-3　Roesner 溶解氮气模型在铜街子电站的验证结果

工况编号	泄水流量 /(m^3/s)	发电流量 /(m^3/s)	上游水位 /m	下游水深 /m	TDG 饱和度监测值/%	TDG 饱和度预测值/%	TDG 预测结果与原型观测结果绝对差值/%
1	725.0	2160	470.23	16.70	139.1	145.2	6.1
2	762.2	2160	470.24	16.74	145.0	145.6	0.6
3	742.9	2170	470.18	16.73	143.4	145.3	1.9

续表

工况编号	泄水流量/(m³/s)	发电流量/(m³/s)	上游水位/m	下游水深/m	TDG 饱和度监测值/%	TDG 饱和度预测值/%	TDG 预测结果与原型观测结果绝对差值/%
4	934.5	2110	470.62	16.87	146.6	142.2	−4.4
5	1000.5	2120	470.59	16.95	145.7	141.4	−4.3
6	1144.7	2150	470.47	17.69	136.7	143.4	6.7
7	1299.3	2150	470.41	17.11	142.1	141.2	−0.9
8	1318.7	2150	470.41	17.58	144.8	141.7	−3.1
9	437.5	2130	470.43	16.35	147.4	156.3	8.9
10	1079.4	2100	470.41	17.69	147.2	144.1	−3.1
11	628.8	1930	469.99	16.34	142.7	149.2	6.5
12	354.8	2030	471.59	16.00	154.8	157.4	2.6
13	560.0	2060	471.35	16.41	150.0	149.2	−0.8

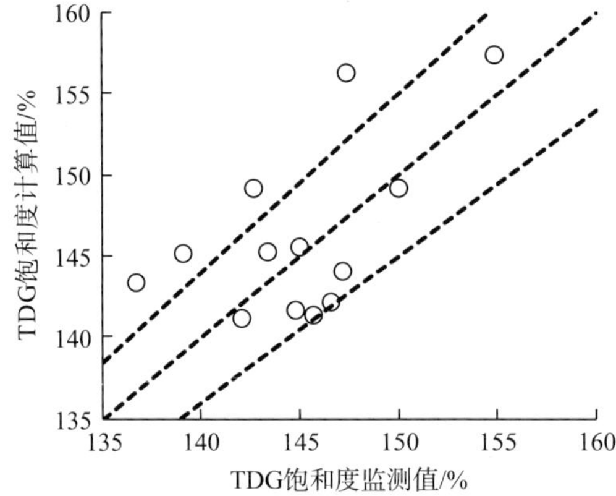

图 4-4 Roesner 坝面溢流溶解氮气解析模型在铜街子电站的验证结果

4. 模型适用性分析

Roesner 坝面溢流溶解氮气解析模型[式(4-9)]最初是针对溶解氮气建立的，但基于各溶解气体组分均服从亨利定律的假定，该模型后来亦被推广用于总溶解气体及各组分饱和度的预测中，但模型中平衡饱和浓度以及气泡卷吸系数、静水压力等经验参数会随气体组分不同发生改变。

Roesner 坝面溢流溶解氮气解析模型考虑了消力池结构形式和泄流水头的影响，并引入消力池内平衡浓度的概念，采用气泡卷吸系数等对水体传质公式进行修正。但模型未考虑消力池内气体未达到溶解平衡即流出水垫塘的情况，对掺气的影响仅通过卷吸系数反映，较为粗糙。

模型应用的最大难点在于模型参数确定的经验性较大。尽管模型对哥伦比亚河水坝的传质系数取值进行了一些研究，但不同工程差异较大，影响了模型普适性和预测精度。

4.2.2 Johnson 坝面溢流动力学解析模型

Johnson 坝面溢流动力学解析模型是美国垦务局于 1984 年根据对气体传质过程的分析，基于对 24 座不同泄水建筑物 49 种运行工况的观测结果总结提出的模型(Johnson，1984)。

1. 模型的建立

典型消力池水流结构如图 4-5 所示。

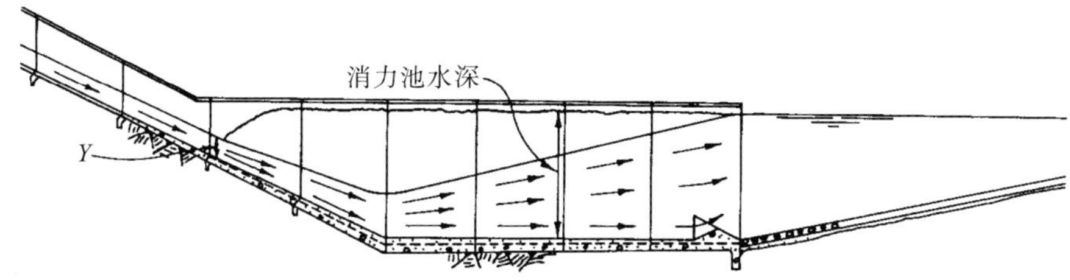

图 4-5 典型消力池水流结构示意图

水体中气体传质的一级动力学过程为

$$\mathrm{d}C_{\mathrm{t}}=k\left(C_{\mathrm{s}}-C_{\mathrm{t}}\right)\mathrm{d}t \tag{4-15}$$

式中，C_{t}为 t 时刻溶解气体浓度(mg/L)；C_{s}为气体在当地压力条件下的饱和浓度，即溶解度(mg/L)；k为与特定流动和传质条件相关的传质系数(s)。

式(4-15)可以改写为

$$\ln\left(C_{\mathrm{t}}-C_{\mathrm{s}}\right)+A_1=-kt+A_2 \tag{4-16}$$

式中，A_1和A_2为积分常数。

对式(4-16)进一步变化，得

$$C_{\mathrm{t}}-C_{\mathrm{s}}=\mathrm{e}^{-kt+b} \tag{4-17}$$

当t=0 时，有

$$C_{\mathrm{t}}=C_0 \tag{4-18}$$

式中，C_0为泄水的初始入流浓度(mg/L)。

进一步得到：

$$C_{\mathrm{t}}=C_{\mathrm{s}}+\left(C_0-C_{\mathrm{s}}\right)\mathrm{e}^{-kt_{\mathrm{R}}} \tag{4-19}$$

由式(4-19)可以看出，泄水建筑物下游溶解气体浓度与泄水来流浓度C_0(坝前浓度)、消力池内承压条件下气体溶解度C_{s}、消力池内气体滞留时间t_{R}以及传质系数k相关。传质系数k与特定建筑物及其运行条件相关。通常，初始浓度已知，其他三个参数的确定依赖于泄水建筑物的布置、运行条件、水温以及大气压。因此模型的主要工作在于消力池内气体溶解度C_{s}、消力池内气体滞留时间t_{R}和传质系数k的确定。

2. 模型参数确定

1) 消力池内气体溶解度 C_s 的确定

消力池内气体浓度与消力池内压力、水温和大气压相关。消力池内的压力分布依赖于消力池水深和流场分布，泄水水温取决于坝前水温、泄水口位置和泄水流量等，大气压与海拔相关，其中最主要在于消力池内压力的确定。

掺气水流在消力池内流动翻滚，同时发生气泡的输运与紊动扩散。气泡所承受的压力与所处位置有关。对特定泄流而言，消力池内压力分布的预测较为困难，因此在过饱和TDG 预测中，可假定坝面溢流形成的自由射流呈线性扩散，即水流自消力池底部向水面扩散，由此形成三角形压力分布，这一假定意味着消力池内平均压强等于消力池内 2/3 水深处对应的压强。

在一些泄流工况下，自由射流并不到达消力池底板，此时有效水深的取值需根据泄流入水滞点的水深进行计算。Hibbs 和 Gulliver(1997)通过分析不同入水条件下气泡团分布特征与水舌滞点水深和尾水水深的关系，建立了有效饱和浓度计算公式：

$$C_{se} = C_s\left(1+\frac{h_{eff}\gamma}{P_B}\right) \tag{4-20}$$

式中，C_{se} 为当地水深对应的有效 TDG 饱和浓度(mg/L)；C_s 为当地大气压对应的 TDG 饱和浓度(mg/L)；γ 为水体容重(N/m^3)；P_B 为当地大气压(Pa)；h_{eff} 为气泡有效深度(m)，与泄流入水滞点的水深有关。

2) 消力池内气体滞留时间 t_R 的确定

滞留时间 t_R 代表消力池内气体溶解的时间，t_R 的大小取决于消力池形状和入流特征。Johnson(1984)引入特征滞留时间估算公式：

$$t^* = H_Y V \tag{4-21}$$

式中，t^*为特征滞留时间(m^2/s)；H_Y 为射流的垂向厚度(m)；V 为射流初始速度(m/s)。

由此可以得到：

$$C_t = C_s + \left(C_0 - C_s\right)e^{-\alpha k t^*} \tag{4-22}$$

3) 传质系数 k 的确定

传质系数 k 取决于泄流的水力作用，与能量梯度系数和射流紧密系数相关。

Johnson(1984)提出采用能量梯度系数 I_L 反映能量耗散效率，流程长度 L_P 内耗散的水流能量为 H_V，于是可表示为

$$I_L = H_V / L_P \tag{4-23}$$

式中，L_P 为流程长度(m)；H_V 为流程长度内耗散的速度水头(m)。式(4-23)表明，能量梯度越大，消力池内紊动越强，k 越大。Johnson(1984)根据原型观测数据，建立了不同射流条件下传质系数 k 与能量梯度系数 I_L 的经验关系。

影响传质系数 k 的另一个变量是射流紧密系数。射流紧密系数表示尾水断面射流剪切

周长(shear perimeter)与射流断面面积的比，一方面代表了射流的紧密程度，另一方面也反映了射流破碎程度。剪切周长定义为射流与消力池内水体间剪切力的作用长度，因此一个自由射流入水的剪切周长等于射流与周围水体间的接触长度。对于更为复杂的射流，还需要考虑消力池形状等对射流紧密系数的影响。

3. 模型应用

大古力水坝位于美国哥伦比亚河，如图 4-6 所示。当地大气压 P_B 为 734mmHg (97.86kPa)，大古力水库内水温 23.5℃，溶解氮气浓度 14.85mg/L。水库水位 1274ft (388.31m)，尾水水面 955ft(291.08m)，泄流水头 319ft(97.23m)。溢洪道 4#～6#闸门运行，泄流量 12800ft^3/s(362.46m^3/s)，泄水射流宽度 450ft(137.16m)，射流初始断面面积 89.32ft^2 (8.30m^2/s)，初始射流速度 143.3 ft/s(43.68m/s)，射流角度 51°，消力池深 85 ft(25.90m)，射流厚度 0.198ft(0.060m)。

图 4-6 美国哥伦比亚河大古力水坝

采用消力池水深的 2/3 为有效深度，对应的平均压力为

$$P = 97.86 + \frac{2}{3} \times 25.90 \times 9.8066 = 267.19\text{kPa} \tag{4-24}$$

根据压力和温度得到消力池内饱和浓度：

$$C_s = \frac{267.19}{101.325} \times 13.98 = 36.86\text{mg/L} \tag{4-25}$$

根据式(4-21)计算特征滞留时间：

$$t^* = 0.060/\cos 51^\circ \times 43.68 = 4.164\text{m}^2/\text{s} = 44.81\text{ft}^2/\text{s} \tag{4-26}$$

射流宽深比：

$$L_0/B_0 = 137.16/0.060 = 2286 \tag{4-27}$$

根据不同射流宽深比，从经验关系图中可查得流程长度(Johnson，1984)：

$$L_P = 11.46\text{m} \tag{4-28}$$

据此计算得到能量梯度：

$$I_{\mathrm{L}}=H_{\mathrm{V}}/L_{\mathrm{P}}=97.23/11.46=8.48 \tag{4-29}$$

射流紧密系数：

$$s=\frac{137.16+0.060\times 2}{137.16\times 0.060}=16.68\ \mathrm{m}^{-1} \tag{4-30}$$

根据 k - H_{V}/P 的经验关系图(Johnson，1984)，查得 $k=0.11$。

代入式(4-22)得到溶解氮气的浓度：

$$C_{\mathrm{t}}=C_{\mathrm{s}}+\left(C_0-C_{\mathrm{s}}\right)\mathrm{e}^{-\alpha k t^*}=36.86+(14.85-36.86)\mathrm{e}^{-0.04\times 44.81\times 0.11}=18.79\mathrm{mg/L} \tag{4-31}$$

由此得到氮气饱和度：

$$\frac{18.79\mathrm{mg/L}}{13.98\mathrm{mg/L}}\times 100\%=134.40\% \tag{4-32}$$

4. 模型适用性分析

Johnson 坝面溢流动力学解析模型考虑了泄流水力学条件、消力池结构形式与池内水体特征对 TDG 过饱和生成的影响，分析泄流初始饱和度、掺气水流滞留时间对传质的影响，提出气体溶解的有效水深的概念，其普适性和准确度较 Roesner 模型有所提高。但是，模型中传质系数 k 的确定依赖于原型观测数据的拟合结果，而其原型观测数据均来源于低水头电站，限制了其在高水头电站的推广应用。

4.2.3 挑流泄水过程解析模型

挑流消能作为高坝泄流消能中最为常见的泄流消能方式，其泄流消能特点与底流消能存在显著差别，导致过饱和 TDG 的产生亦呈现独特的规律。Li 等(2009)基于对挑流泄水传质过程的解析，提出挑流泄水双过程解析模型，并在白鹤滩、乌东德等电站 TDG 过饱和预测中得到应用。

根据挑流泄水下游消能工的布置，挑流消能又可分为水垫塘消能和冲坑消能。当泄流入水点距坝址较近时，为保证坝基稳定，在水流入水处布置有水垫塘，为增加消能效果，同时在水垫塘出口修建二道坝，如图 4-7 所示。当泄洪出口距坝基较远时，一般采用自然冲坑形成水垫以达到消能目的，如图 4-8 所示。

图 4-7 乌东德电站中孔泄水(水垫塘消能)

图 4-8 漫湾电站溢洪洞泄水(冲坑消能)

1. 过饱和 TDG 产生过程分析

由于水垫塘消能和冲坑消能的过饱和 TDG 产生过程较为相似，因此以水垫塘为例开展过饱和 TDG 产生过程的分析。

根据美国陆军工程兵团(the U.S.Army Corps of Engineers)，2005 年对哥伦比亚河及其支流斯内克河上水坝泄水过饱和总溶解气体产生过程的分析认为，水坝泄水时，总溶解气体的迅速溶解过程通常发生在水垫塘内。这主要是因为水垫塘内水流深度(反映静水压强)、气体浓度、流速和紊流强度都很高。而当水流流出水垫塘后，质量传递过程则相反，气体主要由水体向大气中释放。为此，高坝下游过饱和 TDG 的生成可概化为两个过程，如图 4-9 所示。

第一过程：水垫塘内掺气水流中气体在高压条件下的传质过程。

第二过程：水流流经水垫塘出口时，由于压力和水深突然减小导致的水垫塘内过饱和 TDG 的瞬间快速释放过程。

以下分别对这两个过程中的 TDG 变化进行分析。

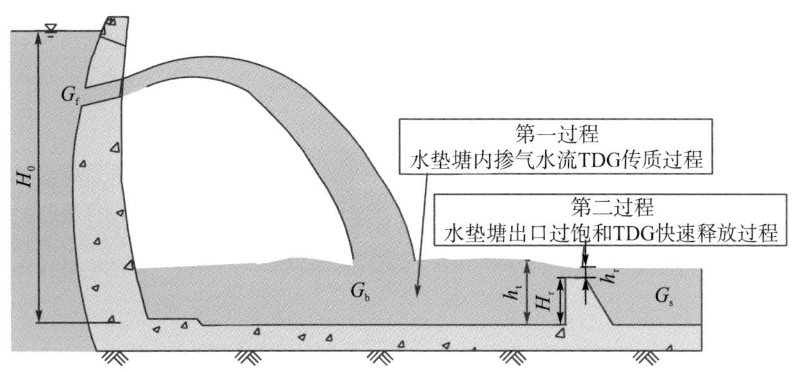

图 4-9　挑流消能过饱和 TDG 生成的两过程概化示意图

1) 水垫塘内掺气水流 TDG 传质过程

3.3.2 节高压条件下的氧气溶解试验表明，通常高坝泄水下游水垫塘压力范围内，气体的溶解度仍然符合亨利定律，即在温度一定的情况下，气体溶解度与压力成正比。考虑到掺气水流在水垫塘内滞留时间较短，气体溶解尚不能达到平衡状态，为此引入考虑滞留时间影响的参数 ϕ，水垫塘内 TDG 过饱和度表示为

$$\Delta G_{\mathrm{b}}=\phi\frac{\Delta\overline{P}}{P_{\mathrm{B}}}G_{\mathrm{eq}} \tag{4-33}$$

式中，ΔG_{b} 为水垫塘内 TDG 过饱和度(%)；G_{eq} 为当地大气压相应的平衡饱和度(%)，取 100%；$\Delta\overline{P}$ 为水垫塘内平均压强(Pa)；P_{B} 为当地大气压(Pa)；ϕ 为考虑滞留时间等因素对气体溶解过程影响的修正系数，取值范围为 0～1.0，如果水垫塘内气体滞留时间足够长，气体溶解达到对应压力下的平衡状态，则 ϕ 取最大值 1.0。

ΔG_b 表示为

$$\Delta G_b = G_b - 100\% \tag{4-34}$$

式中，G_b 为水垫塘内 TDG 饱和度(%)。

假定水垫塘内动水压强沿水深方向近似呈线性分布，得到冲坑内平均压强为

$$\Delta\bar{P} = \frac{1}{2}\Delta\bar{P}_d \tag{4-35}$$

可进一步得到：

$$\Delta G_b = \frac{1}{2}\frac{\Delta\bar{P}_d}{P_B}\phi G_{eq} \tag{4-36}$$

式中，$\Delta\bar{P}_d$ 为冲坑底部平均相对压强(Pa)，具体可根据相关规范导则及水力模型试验确定。

2) 二道坝跌水的溶解气体突然释放过程

水垫塘出口溶解气体的突然释放主要来自水流在经过二道坝流出水垫塘时，压力和水深突然减小形成跌水(图 4-10)，导致已溶解的过饱和 TDG 快速释放。

(a)乌东德电站

(b)小湾电站

图 4-10 挑射水流过二道坝时产生跌水

美国陆军工程兵团的研究认为，过饱和 TDG 释放过程符合一级动力学过程(Anderson et al., 2000)：

$$\frac{d\left(G - G_{eq}\right)}{dt} = -k_{TDG}\left(G - G_{eq}\right) \tag{4-37}$$

式中，k_{TDG} 为天然河道中过饱和 TDG 释放系数(1/s)。

根据美国华盛顿大学关于释放系数的研究成果(University of Washington, 2000)，天然河道中过饱和 TDG 释放系数 k_{TDG} 与当地水深的 −3/2 次方成正比，相关关系可表示为

$$k_{TDG} = 700.75\sqrt{\frac{D_m u}{h^3}} \tag{4-38}$$

式中，D_m 为 TDG 的分子扩散系数(m^2/s)；u 为速度(m/s)；h 为当地水深(m)。

参考式(4-38)，水垫塘出口溶解气体的释放量可表示为

$$\Delta G_s = \Delta G_b \exp\left(-k'\right) \tag{4-39}$$

式中，ΔG_b 为二道坝上游 TDG 过饱和度(%)；ΔG_s 为二道坝下游 TDG 过饱和度(%)；k' 为综合释放系数。

考虑二道坝坝高 H_r 与水垫塘内水深 h_r 对综合释放系数的影响，引入无量纲物理量 H_r/h_r，得

$$k'=k_d\left(\frac{H_r}{h_r}\right)^{3/2} \tag{4-40}$$

式中，k_d 为水流流过二道坝时的过饱和 TDG 释放系数。

将式(4-40)代入式(4-39)，可得

$$\Delta G_s=\Delta G_b\exp\left[-k_d\left(\frac{H_r}{h_r}\right)^{3/2}\right] \tag{4-41}$$

2. 过饱和 TDG 生成预测模型的建立

根据对过饱和 TDG 产生过程的分析，综合水垫塘内气体的过溶过程与水垫塘出口溶解气体的突然释放过程，将式(4-36)代入式(4-41)可得到关系式：

$$\Delta G_s=\frac{\phi}{2}\frac{\Delta\bar{P}_d}{P_B}\exp\left[-k_d\left(\frac{H_r}{h_r}\right)^{3/2}\right]G_{eq} \tag{4-42}$$

也可表示为

$$G_s=G_{eq}+\frac{\phi}{2}\frac{\Delta\bar{P}_d}{P_B}\exp\left[-k_d\left(\frac{H_r}{h_r}\right)^{3/2}\right]G_{eq} \tag{4-43}$$

式中，G_s 为水垫塘(冲坑)出口下游 TDG 饱和度(%)；$\Delta\bar{P}_d$ 为水垫塘(冲坑)底部平均相对压强(Pa)；k_d 为水流流出水垫塘(冲坑)时过饱和 TDG 释放系数；H_r 为二道坝坝高或冲坑最大深度(m)；h_r 为二道坝坝顶以上的水深或冲坑出口水深(m)。

式(4-42)和式(4-43)即为水垫塘下游过饱和 TDG 的预测模型。考虑冲坑内过饱和 TDG 产生过程与水垫塘内的相似性，该模型对挑流入冲坑的过饱和 TDG 产生过程同样适用。

3. 参数率定与模型验证

数学模型的参数率定和模型验证采用四川大学对紫坪铺电站、三峡电站、二滩电站和漫湾电站等工程的原型观测成果，各工程 TDG 饱和度观测结果见表 4-4。

表 4-4 典型高坝工程 TDG 饱和度观测值统计表

编号	工程	河流	坝型	坝高/m	泄水建筑物	观测断面	TDG 饱和度最大监测值/%	出现时间
1	二滩电站	雅砻江	混凝土双曲拱坝	240	表孔、中孔、泄洪洞	坝下 3km	140.0	2007.7.27
2	紫坪铺电站	岷江	混凝土面板堆石坝	156	泄洪洞、溢洪道	冲坑出口	130.6	2006.12.28
3	漫湾电站	澜沧江	混凝土重力坝	132	表孔、中孔、泄洪洞	冲坑及水垫塘出口下游	124.0	2008.7.31
4	三峡电站	长江	混凝土重力坝	175	表孔、深孔	坝下 4km	143.0	2007.7.10

模型参数率定中，各工程水垫塘/冲坑底部压强分别参照各工程泄洪消能设计成果及水力学模型试验研究成果确定，对泄水期间存在发电流量的，采用混合模式考虑发电尾水混入影响。表 4-5 为模型参数率定结果。表 4-5 表明，修正系数ϕ取值范围为 0.40～0.56，出口区域 TDG 释放系数k_d取值范围为 0.08～0.20。

表 4-5 挑流泄水过程解析模型参数率定结果表

工况编号	工程与泄洪方式	泄洪洞流量/(m^3/s)	发电流量/(m^3/s)	修正系数ϕ	释放系数k_d	实测饱和度/%
1	二滩 1#泄洪洞	3700	1809	0.50	0.20	140.0
2	二滩 1#泄洪洞	1850	1263	0.48	0.20	134.1
3	二滩 2#泄洪洞	2220	1263	0.40	0.20	121.6
4	二滩表孔+2#洞	2400	1809	0.48	0.08	127.2
5	二滩表孔+2#洞	800	1809	0.43	0.08	122.6
6	紫坪铺泄洪洞	170	0	0.46	0.15	107.1
7	紫坪铺泄洪洞	310	0	0.47	0.15	111.0
8	紫坪铺泄洪洞	340	0	0.47	0.15	114.9
9	漫湾泄洪洞	880	2304	0.55	0.10	120.0
10	漫湾泄洪洞	540	1968	0.55	0.10	116.0
11	漫湾表孔	1810	1927	0.56	0.08	124.0
12	三峡表孔	20200	15600	0.50	0.12	138.0

分别采用二滩电站 2008 年 7 月和三峡电站 2007 年 7 月部分原型观测资料进行验证。验证结果分别如图 4-11 和图 4-12 所示。验证结果显示，二滩电站 TDG 饱和度计算值与监测值最大绝对误差为 4.7%，最大相对误差为 21.2%；三峡电站 TDG 饱和度计算值与监测值差最大绝对误差为 5.8%，最大相对误差为 18.0%。

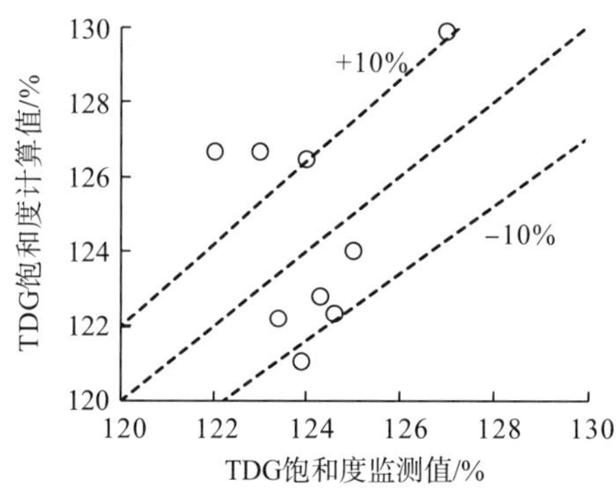

图 4-11 二滩电站泄水过饱和 TDG 验证结果

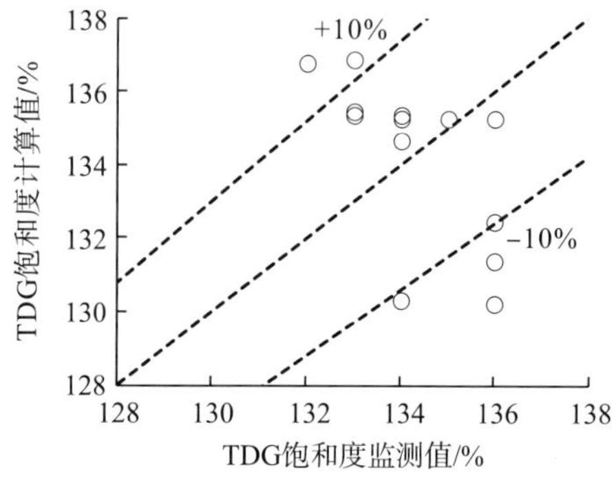

图 4-12 三峡电站泄水过饱和 TDG 验证结果

4. 模型应用

待建的某高坝工程最大坝高 289.0m，坝身泄洪消能设施由 6 个表孔、7 个深孔及坝体下游水垫塘、二道坝组成，岸边泄洪消能设施由 3 条泄洪隧洞组成。

对不同泄洪方式下的过饱和 TDG 生成进行预测，结果见表 4-6。预测中压力等物理变量的确定利用工程泄流消能模型试验成果。鉴于待建工程下游消能型式及规模与二滩工程较为相似，模型参数参照二滩工程参数率定结果。各工况下参数取值及预测得到的 TDG 饱和度同时列于表 4-6 中。

表 4-6 挑流泄水解析模型对某待建工程过饱和 TDG 生成的预测结果表

工况编号	泄洪方式	泄水流量/(m^3/s)	修正系数 ϕ	释放系数 k_d	掺混系数 a	TDG 饱和度/%
1	单个表孔单泄	11468	0.50	0.08	0.3	140.0
2	单个深孔单泄	10689	0.47	0.08	0.3	135.0
3	单个泄洪洞单泄	3703	0.46	0.20	0.2	143.8

模型预测结果表明，待建的高坝工程由于泄洪水头高，流量大，各泄洪工况均出现总溶解气体过饱和现象，且随着泄洪方式和流量的不同而变化。其中，不考虑发电尾水掺混作用，在单个泄洪洞单泄时，坝下 TDG 饱和度最大值达到 143.8%。

预测结果同时表明，在泄流量相当的情况下，深孔、表孔以及泄洪洞等不同泄洪方式产生的气体过饱和水平不同，其中深孔泄洪方式明显低于表孔以及泄洪洞泄洪方式，因此，为减小工程 TDG 过饱和的影响，建议优选深孔泄洪，其次是表孔泄洪，尽量减少使用泄洪洞泄洪。

5. 模型适用性分析

挑流双过程模型建立在对挑(跌)流泄水的消力池近区过饱和 TDG 产生过程分析的基础上，与其他经验公式以及根据底流消能型式建立的坝面溢流模型相比，更适用于高坝挑(跌)流过饱和 TDG 生成预测，模型主要存在以下几个方面的局限：

(1) 模型将水垫塘/冲坑内气体溶解过程中滞留时间、有效深度等因素的影响均归入修正系数 ϕ 及出口释放系数 k_d 考虑，且需要采用原型观测资料进行参数率定。由于不同工程取值差异较大，造成模型参数的不确定性较大，影响模型预测精度及在更多工程中的推广应用。因而，关于模型参数的精确取值有待于开展更为深入的研究。

受挑(跌)流观测条件限制，实际工程中挑(跌)流近区无法布置观测点，观测点通常被布置在下游几百米甚至更远的位置，因此观测结果的代表性不够也是造成模型参数率定误差的原因之一。

(2) 目前，关于动水压强分布冲坑内外水深的计算一般采用相关设计规范中推荐的经验公式法或水工模型试验法。但对于高坝大流量泄水消能的计算，单纯依靠经验公式法往往误差较大，一般采用经验公式法和水工模型试验法相结合的方法。因此，为减小高坝泄流 TDG 过饱和的预测误差，预测中应尽可能依托工程设计中的泄流消能研究成果，避免由于单纯采用经验公式计算压强分布等所带来的误差。

(3)模型假定水流进入水垫塘的饱和度为平衡饱和度，即 100%。对于来流的溶解气体饱和度为超饱和或欠饱和情况，在挑(跌)流进入水垫塘前的空中挑射过程中，TDG 饱和度将随射流条件发生变化，进而影响水垫塘内过饱和气体生成水平。对于来流溶解气体水平为非平衡态的情况，有待于开展更为完善的 TDG 产生过程分析。

4.2.4 挑流泄水传质动力学模型

1. 挑流泄水传质动力学过程分析

针对水垫塘/消力池内高承压和剧烈掺气的特征，根据 3.3.3 节试验模拟得到的高承压条件下掺气和滞留时间对气体溶解动力学过程的定量关系[式(3-14)]可以看出，挑流泄水下游水垫塘/消力池内过饱和 TDG 的生成不仅与滞留时间和掺气量有关，还与水垫塘入流饱和度密切相关。对于水垫塘入流饱和度 G_j，在某些条件下通常假定为 100%(4.2.3 节建立的挑流泄水过程解析模型均是基于这一假定)，但在连续梯级开发河流中，可能存在上一梯级泄水所生成的过饱和 TDG 未能及时恢复至 100%，输移至下一梯级坝前并对下游梯级泄水产生叠加或累积影响。此外，一些水体亦可能由于污染物耗氧等问题导致溶解气体不饱和情况，即饱和度小于 100%。为考虑泄水进入水垫塘前 TDG 初始饱和度水平及其对水垫塘内过饱和 TDG 生成的影响，四川大学将挑流泄水过程的解析由双过程推广到三过程，如图 4-13 所示。

第一过程：水流挑射过程中 TDG 传质过程。

第二过程：水垫塘内掺气水流 TDG 传质过程。

第三过程：水垫塘出口过饱和 TDG 快速释放过程。

以下重点介绍四川大学针对水流挑射过程中 TDG 传质变化开展的过饱和 TDG 传质试验研究。

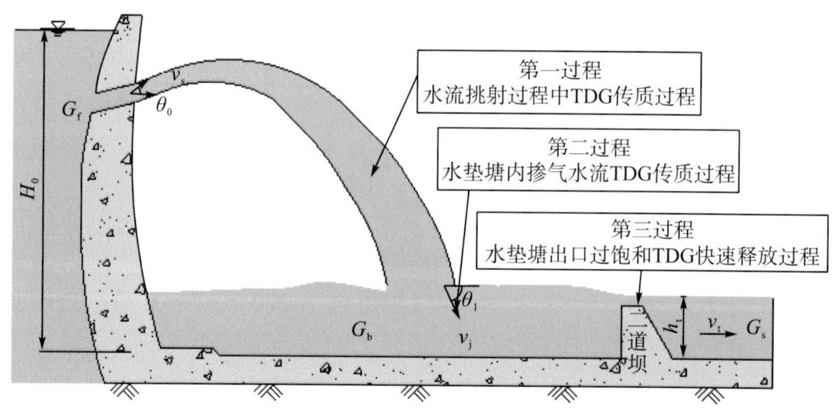

图 4-13 挑流消能过饱和 TDG 生成的三过程概化示意图

2. 水流挑射过程过饱和 TDG 传质试验研究

基于 3.3.1 节挑射水流破碎相关研究成果，探求挑射水流过饱和 TDG 变化过程，建立基于水流破碎掺气的入水饱和度关系式。

1) 试验装置与方法

射流过饱和 TDG 试验装置包括射流管、射流出口系统、TDG 过饱和水流生成装置、水垫塘和回水池等，如图 4-14 所示。射流采用水平出流，出水口直径为 0.05m。试验用水通过 TDG 过饱和生成及其对鱼类影响研究的装置制备(李然等，2011)。通过调节球阀的启闭程度来控制 TDG 过饱和水流的流量和流速。

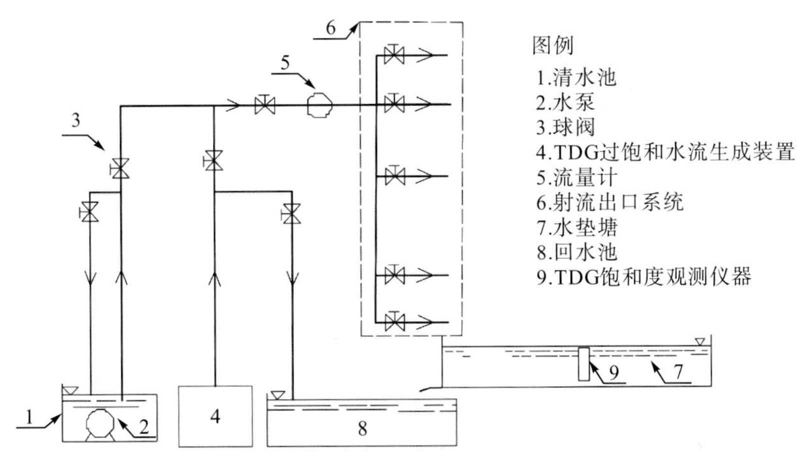

图 4-14 射流入水 TDG 饱和度与射流条件关系试验装置示意图(马倩，2016)

试验水流的 TDG 饱和度和射流出口高程可调。对于特定的射流初始饱和度和射流高程，在出流稳定后，分别监测射流出口和下游射流入水垫塘前的 TDG 饱和度，对比分析 TDG 饱和度变化与射流初始饱和度和射流高程的关系。

试验中，射流初始饱和度分别设置为 105%、115%、135%、145%、155%和 165%共 6 个工况，射流高程分别设置为 6.0m、5.0m、3.0m、1.5m 和 0.5m 共 5 个工况。出口流速范围 0.6～3.9m/s。

2) 试验结果分析

根据射流初始 TDG 饱和度 G_f 和进入水垫塘前 TDG 饱和度 G_j (简称“入水 TDG 饱和度”)，计算得到射流过程中 TDG 饱和度的变化值 ΔG_0（$\Delta G_0 = G_f - G_j$）。图 4-15 为 TDG 饱和度变化值 ΔG_0 与射流速度 v_0 的关系图。可以看出，当射流高程为 6.0m 时，ΔG_0 为 49%～51%；当射流高程为 3.0m 时，ΔG_0 为 34%～35%；当射流高程为 0.5m 时，ΔG_0 为 21%～23%。结果表明，同一射流高程下，TDG 饱和度的变化值与射流速度的相关性不显著。分析其原因认为，本试验的射流高程较小，不同流速工况间的空中滞留时间相差较小，因而试验中 TDG 饱和度变化值相对较小。

图 4-16 为 TDG 饱和度变化值 ΔG_0 与射流初始饱和度 G_f 的相关关系图。可以得出，同一射流高程条件下，ΔG_0 随着初始饱和度 G_f 的增大而增大，表明两者之间存在一定的正相关关系。分析其原因认为，过饱和 TDG 的释放为非平衡态向平衡态转化的物理过程，随着初始饱和度的增大，水体与空气间的 TDG 浓度梯度增加，物质扩散的驱动力也相应增大，从而释放量也较大。

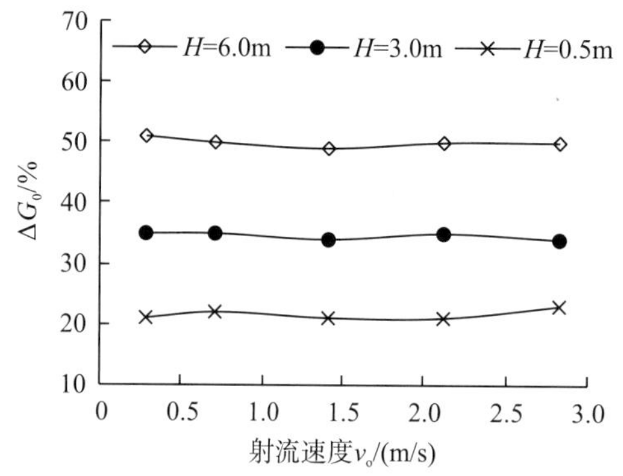

图 4-15 TDG 饱和度变化值与射流速度关系

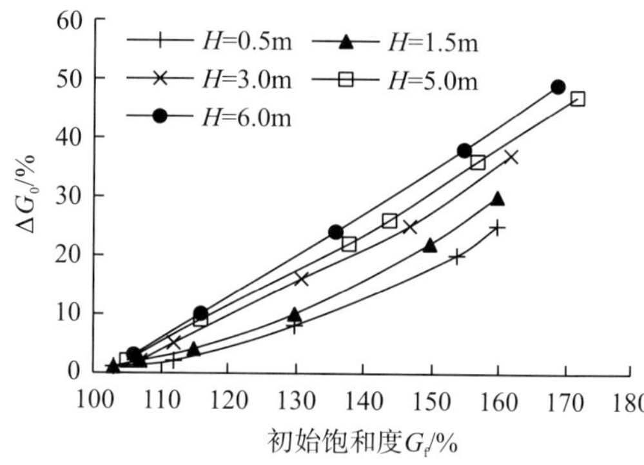

图 4-16 TDG 饱和度变化值与初始饱和度关系

图 4-17 为不同初始饱和度下，射流 TDG 饱和度变化值与射流高程之间的关系图。可以看出，随着射流高程的增加，TDG 饱和度变化值迅速升高，但当高程增加到一定程度时，饱和度的变化值逐渐减缓直至平衡。在同一初始饱和度水平下，饱和度变化值与射流高程呈较好的相关关系。

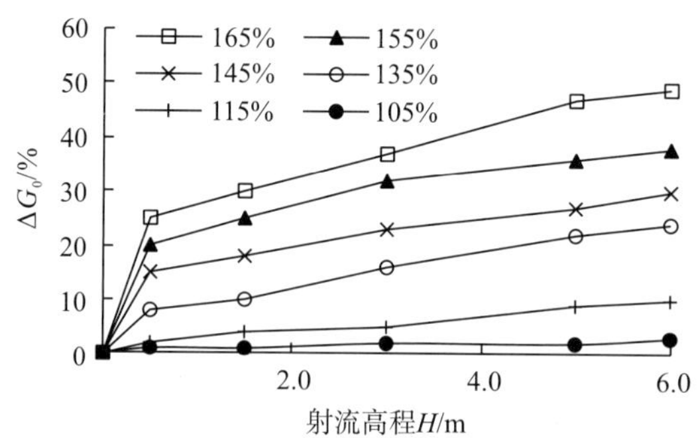

图 4-17 射流 TDG 饱和度降低值与射流高程的关系

3) 基于破碎分区的射流过饱和 TDG 传质公式的建立

总结上述试验结果发现，过饱和 TDG 减小幅度与初始饱和度近似呈线性关系，与射流高程(水流在空中的传质时间)呈负指数关系，由此可得挑流 TDG 传质过程的计算公式如下：

$$G_{\mathrm{f}}-G_{\mathrm{j}}=\left(G_{\mathrm{f}}-G_{\mathrm{eq}}\right)\left[1-\exp\left(-K_{\mathrm{L}}a_{1}t\right)\right] \tag{4-44}$$

式中，G_{f} 为射流初始 TDG 饱和度(%)；G_{j} 为入水 TDG 饱和度(%)；G_{eq} 为平衡态 TDG 饱和度(%)，为 100%；$K_{\mathrm{L}}a_{1}$ 为待定系数，代表破碎引起的比表面积对 TDG 传质的影响(1/s)；t 为挑流在空中的传质时间(s)。

根据 3.3.1 节的分析结果，考虑不同破碎分区影响，将不同破碎程度下水柱的水气界面面积表示为

$$A=b_{1}'L_{1}+b_{2}'L_{2}+b_{3}'L_{3}+b_{4}' \tag{4-45}$$

式中，b_{1}'、b_{2}'、b_{3}' 和 b_{4}' 为待定系数；L_{1}、L_{2}、L_{3} 分别为光滑区、紊动区、破碎区长度。

空中水舌体积：

$$V=Q_{\mathrm{s}}t=\varphi v_{\mathrm{s}}t \tag{4-46}$$

式中，Q_{s} 为射流流量(m^3/s)；v_{s} 为出口流速(m/s)；t 为空中传质时间(s)；φ 为修正系数。

进一步得到：

$$K_{\mathrm{L}}a_{1}=K_{\mathrm{L}}\frac{b_{1}'L_{1}+b_{2}'L_{2}+b_{3}'L_{3}+b_{4}'}{\varphi v_{\mathrm{s}}t}=\frac{b_{1}L_{1}+b_{2}L_{2}+b_{3}L_{3}+b_{4}}{v_{\mathrm{s}}t} \tag{4-47}$$

式中，b_{1}、b_{2}、b_{3} 和 b_{4} 为待定系数。

将式(4-47)代入式(4-44)，可得

$$G_{\mathrm{j}}=G_{\mathrm{f}}-\left(G_{\mathrm{f}}-G_{\mathrm{eq}}\right)\left[1-\exp\left(-\frac{b_{1}L_{1}+b_{2}L_{2}+b_{3}L_{3}+b_{4}}{v_{\mathrm{s}}}\right)\right] \tag{4-48}$$

对各工况射流试验的破碎程度进行分析，并采用多元线性回归进行拟合，得到待定系数 b_{1}、b_{2}、b_{3} 和 b_{4} 分别为 0.48、5.92、0.18 和−0.46，拟合结果如图 4-18 所示。

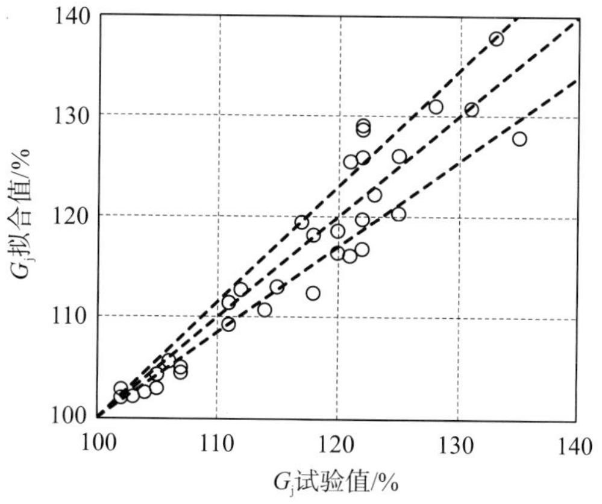

图 4-18　挑射水流入水 TDG 饱和度拟合值与试验值对比图

由此得到空中挑流过饱和 TDG 传质公式为

$$G_{\mathrm{j}}=G_{\mathrm{f}}-\left(G_{\mathrm{f}}-G_{\mathrm{eq}}\right)\left[1-\exp\left(-\frac{0.48L_{1}+5.97L_{2}+0.18L_{3}-0.46}{v_{\mathrm{s}}}\right)\right] \tag{4-49}$$

卢晶莹(2020)采用水流破碎判别方法对溪洛渡电站、紫坪铺电站、二滩电站等多个实

际工程的挑流泄水进行分析判断。结果表明，由于水电站泄流流速高，泄流进入空气中后迅速掺气破碎，使得光滑区和紊动区长度占整个射流水舌长度的比例小于 1%，因此在实际工程挑流泄水中可以忽略光滑区和紊动区的影响，将射流全部视作破碎区，于是由式(4-49)可以简化得到空中挑流泄水 TDG 传质公式：

$$G_{\mathrm{j}}=G_{\mathrm{f}}-\left(G_{\mathrm{f}}-G_{\mathrm{eq}}\right)\left[1-\exp\left(-\frac{0.18S-0.46}{v_{\mathrm{s}}}\right)\right] \tag{4-50}$$

式中，S 为泄流水舌长度(m)；v_{s} 为泄水建筑物出口流速(m/s)。

3. 模型的建立

根据 4.2.4 节对挑流泄水过饱和 TDG 传质动力学过程的概化分析(图 4-13)，水流流出水垫塘时，由于二道坝阻挡，水深突然减小(图 4-13)，流速增大，压力骤减，形成水跌，促使水垫塘内产生的过饱和 TDG 快速释放。针对这一过程，卢晶莹(2020)开展了室内阶梯溢流坝 TDG 传质试验，结合坝面流态分析，得到二道坝坝面溢流的过饱和 TDG 传质公式，即

$$G_{\mathrm{s}}=G_{\mathrm{b}}-0.021\left(G_{\mathrm{b}}-100\right)\left(\frac{H_{\mathrm{r}}}{L_{\mathrm{r}}}\right)^{1.61}\left(\frac{q_{\mathrm{s}}^{2/3}}{H_{\mathrm{r}}g^{1/3}}\right)^{-0.76} \tag{4-51}$$

式中，G_{s} 为水垫塘/消力池下游 TDG 饱和度(%)；G_{b} 为水垫塘/消力池内平均 TDG 饱和度(%)；H_{r} 为二道坝坝高(m)；L_{r} 为二道坝坝底厚度。

考虑水垫塘/消力池内压力分布不均等条件影响，式(3-14)中引入压力修正系数 φ_{p}，得到水垫塘/消力池内过饱和气体传质动力学方程：

$$G_{\mathrm{b}}=G_{\mathrm{j}}+\varphi_{\mathrm{p}}\frac{\Delta\bar{P}}{P_{\mathrm{B}}}\left[1-\exp(-3.79\varphi_{\mathrm{a}}t_{\mathrm{R}})\right] \tag{4-52}$$

综合前述关于水流挑射过程以及二道坝溢流过程中过饱和 TDG 传质预测公式(4-50)和式(4-51)，总结得到挑流泄水过饱和 TDG 的生成水平 G_{s} 为

$$\begin{cases} G_{\mathrm{s}}=G_{\mathrm{b}}-0.021(G_{\mathrm{b}}-100)\left(\dfrac{H_{\mathrm{r}}}{L_{\mathrm{r}}}\right)^{1.61}\left(\dfrac{q_{\mathrm{s}}^{2/3}}{H_{\mathrm{r}}g^{1/3}}\right)^{-0.76} \\ G_{\mathrm{b}}=G_{\mathrm{j}}+\varphi_{\mathrm{p}}\dfrac{\Delta\bar{P}}{P_{\mathrm{B}}}\left[1-\exp(-3.79\varphi_{\mathrm{a}}t_{\mathrm{R}})\right] \\ G_{\mathrm{j}}=G_{\mathrm{f}}-\left(G_{\mathrm{f}}-G_{\mathrm{e}}\right)\left[1-\exp\left(-\dfrac{0.48L_1+5.97L_2+0.18L_3-0.46}{v_{\mathrm{s}}}\right)\right] \end{cases} \tag{4-53}$$

式中，G_{s} 为水垫塘/消力池下游 TDG 饱和度(%)；G_{b} 为水垫塘/消力池内平均 TDG 饱和度(%)；G_{j} 为挑射水流进入消力池前的 TDG 饱和度(%)，在不考虑来流影响情况下，可采用 100%；G_{f} 为坝前来流初始 TDG 饱和度(%)；H_{r} 为二道坝坝高(m)；L_{r} 为二道坝坝底厚度(m)；P_{B} 为当地大气压(Pa)；$\Delta\bar{P}$ 为消力池内相对压强平均值(Pa)；φ_{P} 为压力修正系数；t_{R} 为泄洪水流在消力池内滞留时间(s)，确定方法参见 3.3.3 节；φ_{a} 为掺气比，确定方法参见 3.3.1 节。

4. 模型的验证

采用国内已建高坝工程原型观测资料对数学模型进行验证和参数率定。其中，水垫塘底部压强分别参照各工程泄洪消能设计成果及水力学模型试验研究成果确定。对泄洪过程中存在发电流量的，采用混合模式考虑发电尾水混入影响。模型计算结果与原型观测结果的对比见表 4-7 和图 4-19。

由表 4-7 和图 4-19 可以看出，92%的工况模型计算结果与原型观测结果之间绝对误差小于 5%。

表 4-7 挑流泄水传质动力学模型验证结果表

编号	电站名称	泄洪建筑物	观测时间	泄洪流量/(m^3/s)	发电流量/(m^3/s)	坝下饱和度观测值/%	坝下饱和度计算值/%	计算值-观测值/%
1	溪洛渡电站(a)	深孔	2018.08	1373	7289	117.0	112.4	-4.6
2	溪洛渡电站(b)	深孔	2018.08	5414	7503	125.0	124.1	-0.9
3	溪洛渡电站(c)	深孔	2018.08	4083	7463	123.0	120.8	-2.2
4	二滩电站(a)	中孔	2008.07	2054	1815	123.3	127.0	3.7
5	二滩电站(b)	中孔	2008.07	2026	1732	122.8	126.1	3.3
6	漫湾电站(a)	表孔	2008.07	1810	1930	115.0	117.7	2.7
7	漫湾电站(b)	泄洪洞	2008.07	880	2034	121.0	118.0	-3.0
8	紫坪铺电站(a)	泄洪洞	2006.12	170	0	107.3	114.5	7.3
9	紫坪铺电站(b)	泄洪洞	2006.12	170	0	115.2	114.5	-0.6
10	紫坪铺电站(c)	泄洪洞	2006.12	193	0	112.0	114.4	2.4
11	紫坪铺电站(d)	溢洪道	2006.12	210	0	131.0	133.2	2.2
12	小湾电站	表孔	2016.07	2097	1493	108.9	107.9	-1.0
13	大岗山电站(a)	泄洪洞	2016.09	1160	1148	117.0	116.5	-0.5
14	大岗山电站(b)	泄洪洞	2016.09	416	1224	115.0	113.3	-1.7
15	大岗山电站(c)	泄洪洞	2016.09	2420	269	121.0	120.9	-0.1
16	大岗山电站(d)	泄洪洞	2016.09	891	547	124.0	120.1	-3.9
17	大岗山电站(e)	泄洪洞	2017.07	1330	1040	120.0	119.2	-0.8
18	大岗山电站(f)	泄洪洞	2017.07	1610	1140	123.0	122.1	-0.9
19	大岗山电站(g)	深孔	2017.09	2640	864	141.5	140.5	-1.0
20	大岗山电站(h)	深孔	2017.07	1310	1330	124.1	124.4	0.3
21	大岗山电站(i)	深孔+泄洪洞	2018.07	1381	0	133.7	135.8	2.1
22	大岗山电站(j)	深孔+泄洪洞	2018.07	1598	0	136.2	130.2	-6.0
23	乌东德电站(a)	中孔	2020.07	7525	2804	142.7	143.4	0.8
24	乌东德电站(b)	中孔	2020.07	6334	2752	138.3	138.5	0.2
25	乌东德电站(c)	中孔	2020.07	5003	2705	134.3	136.1	1.8
26	乌东德电站(d)	中孔	2020.08	5176	2896	135.3	134.9	-0.4

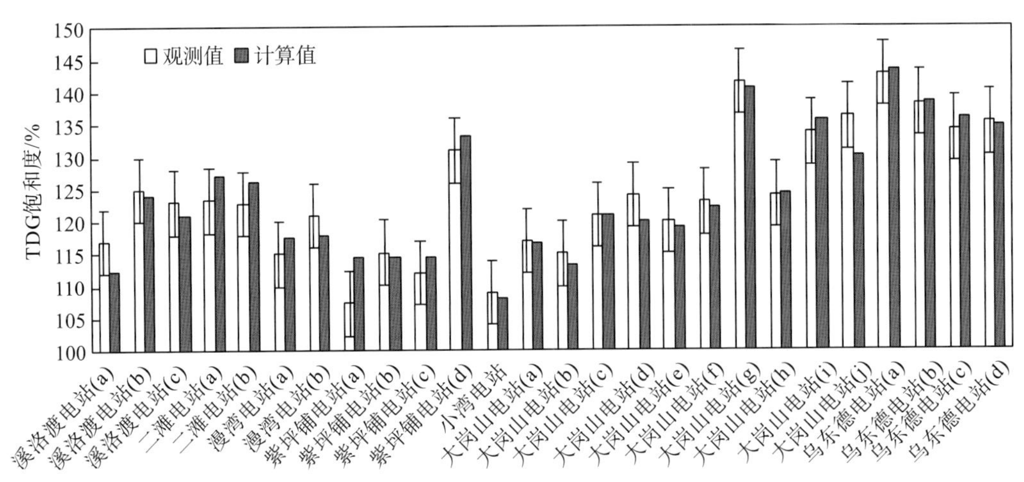

图 4-19　挑流泄水传质动力学模型 TDG 饱和度计算值与实测结果对比图

5. 参数率定与模型的应用

某高坝坝高 270m，泄洪建筑物采用 5 个表孔、6 个中孔和 3 条泄洪洞。四川大学于 2020 年对水坝泄水的过饱和溶解气体进行原型观测。

采用过饱和 TDG 原型观测结果对压力修正系数 φ_p 进行率定，率定工况见表 4-8，得到中孔泄水条件下过饱和 TDG 生成预测模型中的压力修正系数 φ_p 为 0.62。

表 4-8　典型高坝泄水过饱和 TDG 预测结果

监测日期	坝前水位/m	坝前饱和度/%	泄洪流量/(m^3/s)	机组过流/(m^3/s)	下游水位/m	泄洪建筑物及机组开启情况	预测结果/%	实测结果/%
2020.8.18	958.665	114	8189.91	2949.55	830.288	6 中孔全开	142.9	143

根据参数率定结果，采用模型对典型泄水条件下过饱和 TDG 进行预测，预测工况及预测结果见表 4-9。

表 4-9　典型高坝泄水过饱和 TDG 预测结果

工况编号	坝前水位/m	坝前饱和度/%	泄洪流量/(m^3/s)	机组过流/(m^3/s)	下游水位/m	泄洪建筑物及机组开启情况	TDG 饱和度预测结果/%
1	958.35	111	6806.4	2906.7	828.8	2#、3#、4#、5#、6#全开	139.2
2	958.09	114	5434.6	2844.8	827.1	2#、3#、4#、5#全开	136.8

6. 模型适用性分析

挑流泄水传质动力学模型的建立依托气体溶解的动力学试验，同时考虑空中掺气和消力池内滞留时间等物理过程对 TDG 传质的影响，较以往的挑流泄水过程解析模型在预测精度和适用性方面都有较大提高。但由于试验条件的概化与实际工程泄水特性存在一定差异，同时受传质过程在物理模型与原型之间相似性的限制，该模型在实际工程应用中尚存在以下几个方面的局限：

(1) 水垫塘/消力池内掺气浓度和气泡分布均是影响过饱和 TDG 传质过程的重要因素，目前尚缺乏对水垫塘/消力池内过饱和 TDG 生成与气泡分布关系的研究，因此机理模型本身有待进一步完善和发展。

(2) 由于高坝挑流泄水在水垫塘/消力池内流态较为复杂，对消力池内掺气、滞留时间、动水压强分布等物理量的确定误差是 TDG 预测结果误差的主要来源。

(3) 模型参数的取值规律有待依托更为丰富的原型观测资料进行完善，特别是水垫塘近区的观测成果是模型参数率定和验证的关键。

(4) 模型创新性地开展了对挑射水流空中过饱和 TDG 传质过程的探究。这一研究对于揭示来流为 TDG 过饱和条件下，挑流泄水的 TDG 过饱和累积规律至关重要。今后有待针对空中掺气破碎与 TDG 传质过程，开展更为系统深入的机理研究和原型观测研究，进一步提高模型的适用性和预测精度。

4.3 泄水过饱和 TDG 紊流数学模型

随着紊流数值模拟技术的发展，泄水过饱和 TDG 紊流数学模型得到不断发展和完善。本章重点介绍目前较为典型的两类过饱和 TDG 紊流数学模型：基于 VOF 与气泡正态分布假定的 TDG 两相流模型，以及基于紊动掺气的过饱和 TDG 两相流模型。

4.3.1 基于气泡正态分布的过饱和 TDG 两相流模型

该模型的主要特点在于通过 VOF 方法进行水气界面模拟，利用气泡正态分布假定进行水气界面传质计算。

1. 模型结构

为实现过饱和 TDG 与气泡间的传质模拟，首先作如下假定：

(1) 忽略气泡的聚并和破碎，假定气泡形状均为球形，且在输移扩散过程中尺寸不发生改变。

(2) 气泡的半径服从正态分布。气泡粒径均值可根据试验或原型观测资料率定得到。

(3) 气泡在水中的上升速度取常数。从 3.3.1 节掺气试验拟合曲线可以看出，当气泡半径在 0.0013～0.005m 时，气泡在静水中的上升速度基本不随气泡直径变化，本书假定为 0.25m/s。

基于上述假定构建的模型包括流场控制方程、TDG 输运方程以及气泡比表面积和传质源项的计算，其结构如图 4-20 所示。

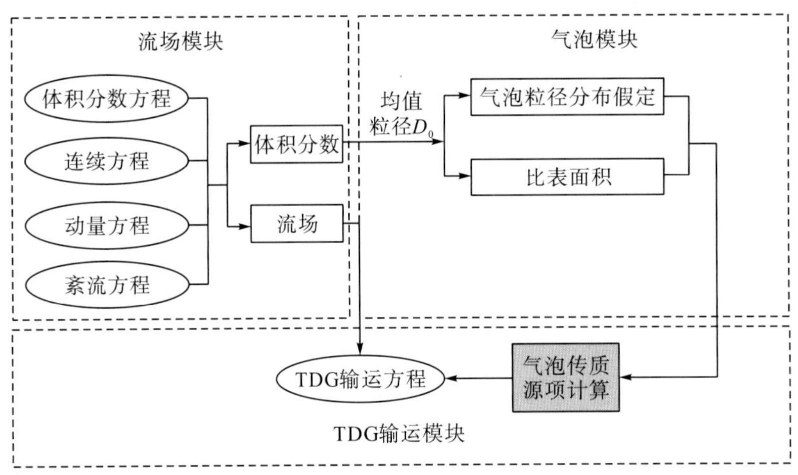

图 4-20　基于气泡正态分布的过饱和 TDG 模型结构示意图(黄菊萍，2021)

2. 流场控制方程

流场求解采用 VOF 水气两相流单流体模型。模型假定水相和气相具有相同的速度场和压力场，因而用同一组方程来描述水气两相流的流场和压力场。流场控制方程包括体积分数方程、连续方程、动量方程、k 方程和 ε 方程。

1)体积分数方程

$$\frac{\partial \alpha_{\mathrm{w}}}{\partial t}+u_i\frac{\partial \alpha_{\mathrm{w}}}{\partial x_i}=0 \tag{4-54}$$

式中，α_{w} 为水相体积分数；u_i 为 i 方向流速(m/s)。

水气两相体积分数满足：

$$\alpha_{\mathrm{a}}=1-\alpha_{\mathrm{w}} \tag{4-55}$$

式中，α_{a} 为气相体积分数。

模型中的物性参数包括密度、运动黏度等，均采用加权平均法得到。

密度 ρ_{m} 采用加权平均法：

$$\rho_{\mathrm{m}}=\alpha_{\mathrm{w}}\rho_{\mathrm{w}}+\alpha_{\mathrm{a}}\rho_{\mathrm{a}} \tag{4-56}$$

式中，ρ_{m} 为水气两相的混合密度($\mathrm{kg/m^3}$)；ρ_{w} 为水相密度($\mathrm{kg/m^3}$)；ρ_{a} 为气相密度($\mathrm{kg/m^3}$)。

水气两相混合的运动黏度 ν_{m} 采用加权平均法：

$$\nu_{\mathrm{m}}=\alpha_{\mathrm{w}}\nu_{\mathrm{w}}+(1-\alpha_{\mathrm{w}})\nu_{\mathrm{a}} \tag{4-57}$$

式中，ν_{m} 为水气两相混合的运动黏度($\mathrm{m^2/s}$)；ν_{w} 为水相运动黏度($\mathrm{m^2/s}$)；ν_{a} 为气相运动黏度($\mathrm{m^2/s}$)。

2)连续方程

$$\frac{\partial \rho_{\mathrm{m}}}{\partial t}+\frac{\partial \rho_{\mathrm{m}}u_i}{\partial x_i}=0 \tag{4-58}$$

3) 动量方程

$$\frac{\partial \rho_{\rm m} u_i}{\partial t}+\frac{\partial}{\partial x_j}(\rho_{\rm m} u_i u_j)=-\frac{\partial P}{\partial x_i}+\frac{\partial}{\partial x_j}\left[\rho_{\rm m}(\nu_{\rm m}+\nu_{\rm t})(\frac{\partial u_i}{\partial x_j}+\frac{\partial u_j}{\partial x_i})\right] \tag{4-59}$$

式中，P 为压强(Pa)；$\nu_{\rm t}$ 为紊动黏滞系数($\rm m^2/s$)，可采用标准 k-ε 方程封闭。

$$\nu_{\rm t}=C_{\mu}\frac{k^2}{\varepsilon} \tag{4-60}$$

4) k 方程

$$\frac{\partial(\rho_{\rm m} k)}{\partial t}+\frac{\partial(\rho_{\rm m} u_i k)}{\partial x_i}=\frac{\partial}{\partial x_j}\left[\rho_{\rm m}(\nu_{\rm m}+\frac{\nu_{\rm t}}{\sigma_{\rm k}})\frac{\partial k}{\partial x_j}\right]+\rho_{\rm m} G_k-\rho_{\rm m}\varepsilon \tag{4-61}$$

式中，k 为紊动动能($\rm m^2/s^2$)；$G_{\rm k}$ 为产生项($\rm m^2/s^3$)。

$$G_{\rm k}=\nu_{\rm t}\left(\frac{\partial u_i}{\partial x_j}+\frac{\partial u_j}{\partial x_i}\right)\frac{\partial u_i}{\partial x_j} \tag{4-62}$$

5) ε 方程

$$\frac{\partial(\rho_{\rm m}\varepsilon)}{\partial t}+\frac{\partial(\rho_{\rm m} u_i\varepsilon)}{\partial x_i}=\frac{\partial}{\partial x_j}\left[\rho_{\rm m}(\nu+\frac{\nu_{\rm t}}{\sigma_{\varepsilon}})\frac{\partial\varepsilon}{\partial x_j}\right]+C_{1\varepsilon}^{*}\frac{\varepsilon}{k}G_k-C_{2\varepsilon}^{*}\rho_{\rm m}\frac{\varepsilon^2}{k} \tag{4-63}$$

式中，ε 为紊动动能耗散率($\rm m^2/s^3$)。

$$\begin{cases} C_{1\varepsilon}^{*}=C_{1\varepsilon}-\dfrac{\eta(1-\eta/\eta_0)}{1+\beta\eta^3} \\ \eta=(2E_{ij}\cdot E_{ij})^{1/2}\dfrac{k}{\varepsilon} \\ E_{ij}=\dfrac{1}{2}\left(\dfrac{\partial u_i}{\partial x_j}+\dfrac{\partial u_j}{\partial x_i}\right) \end{cases} \tag{4-64}$$

参照通常紊流数学模型参数取值，$C_{\mu}=0.0845$，$\sigma_{\rm k}=\sigma_{\varepsilon}=1.39$，$C_{1\varepsilon}=1.42$，$\eta_0=4.377$，$\beta=0.012$。

3. TDG 输运方程及源项计算

$$\frac{\partial(\rho_{\rm m} C)}{\partial t}+\frac{\partial(\rho_{\rm m} u_i C)}{\partial x_i}=\frac{\partial}{\partial x_j}\left[\rho_{\rm m}\left(\nu_{\rm m}+\frac{\nu_t}{\sigma_C}\right)\frac{\partial C}{\partial x_j}\right]+\rho_{\rm m} S_{\rm C} \tag{4-65}$$

式中，C 为 TDG 浓度(mg/L)；$S_{\rm C}$ 为 TDG 传质源项[mg/(L·s)]。

考虑水气自由界面传质和气泡界面传质，式(4-65)中的 TDG 方程源项 $S_{\rm C}$ 可表示为(Geldert et al.，1988)

$$S_{\rm C}=K_{\rm L,b}a_{\rm B}\left(C_{\rm se}-C\right)+K_{\rm L,s}a_{\rm s}\left(C_{\rm s}-C\right) \tag{4-66}$$

式中，$K_{\rm L,b}$ 为气泡界面的传质系数(m/s)；$K_{\rm L,s}$ 为水气自由表面的传质系数(m/s)；$a_{\rm B}$ 为气

泡的比表面积(1/m)；a_s为自由水面的比表面积(1/m)；C_s为当地气压对应的气体饱和浓度(mg/L)；C_{se}为特定水深位置溶解气体有效浓度(mg/L)。

考虑水体中不同尺寸气泡的传质作用，TDG方程源项S_C进一步改写为(魏娟，2013)

$$S_C = \sum_{i=1}^{N_i} K_{L,b} a_{B,i} (C_{se} - C) + K_{L,s} a_s (C_s - C) \tag{4-67}$$

式中，N_i为气泡粒径的分组数；$a_{B,i}$为单位水体中第i组气泡的表面积(1/m)。

1)有效饱和浓度

根据以往研究可知，气泡在水体中的不同位置承受不同压强，气泡向水体溶解的气体随之发生变化。根据Hibbs和Gulliver(1997)对有效饱和浓度[式(4-20)]的研究成果，进一步得到：

$$C_{se} = C_s \left(1 + \frac{h_{eff}\gamma}{P_B}\right) = C_s \times \left(1 + \varphi_B \frac{h_B \gamma}{P_B}\right) \tag{4-68}$$

式中，C_{se}为当地水深对应的有效TDG饱和浓度(mg/L)；C_s为当地大气压对应的TDG饱和浓度(mg/L)；γ为水体容重(N/m^3)；P_B为当地大气压(Pa)；h_{eff}为气泡有效深度(m)，与泄流入水滞点的水深相关；h_B为当地水深(m)；φ_B为有效深度系数，可取2/3，即假定有效深度为当地水深的2/3。

2)气泡尺寸及分布

根据3.3.1节研究结果，实验室内掺气水流中气泡呈正态分布。在实际水垫塘中，由于水流动量大、紊动剧烈，因此推测气泡粒径较掺气试验小。鉴于目前缺乏真实水垫塘中气泡大小的研究成果，本书模型假设r (mm)～$N(2.0，0.4^2)$，即气泡半径分布符合均值2.0mm，标准差0.4的正态分布。

气泡比表面积根据气泡尺寸分布得到。将水中的气泡视为规则的球体，根据模拟中设定的气泡平均半径$\overline{r_b}$，得

$$\overline{V_b} = \frac{4}{3}\pi \overline{r_b}^3 \tag{4-69}$$

式中，$\overline{r_b}$为气泡平均半径(m)；$\overline{V_b}$为单个气泡的平均体积(m^3)。

为考虑不同尺寸气泡的比表面积和传质变化，对气泡进行粒径分组计算，进一步分析得到：

$$N_b = \alpha_a / \overline{V_b} \tag{4-70}$$

$$n_i = N_b \cdot \varepsilon_i \tag{4-71}$$

式中，N_b为单位水体中的气泡数量(1/m^3)；α_a为VOF计算得到的气体体积分数；n_i为单位体积水体中第i组的气泡个数，根据气泡正态分布得到。

由此可以得到单位水体中第i组气泡的表面积为

$$a_{B,i} = n_i \cdot 4\pi r_i^2 \tag{4-72}$$

3)气泡界面传质系数

Takemura 和 Yabe(1998)提出的球形上升气泡的界面传质系数计算公式如下：

$$K_{\mathrm{L,B}}=\frac{D_{\mathrm{m}}}{\sqrt{\pi}r_{\mathrm{b}}}\left[1-\frac{2}{3}\frac{1}{(1+0.09Re^{2/3})^{3/4}}\right]Pe^{1/2} \tag{4-73}$$

式中，r_{b} 为气泡半径(m)；D_{m} 为分子扩散系数($\mathrm{m^2/s}$)；Pe 为Peclet(佩克莱)数，$Pe=2r_{\mathrm{b}}v'/D_{\mathrm{m}}$，其中 v' 为气泡上升速度(m/s)，取常数0.25m/s；Re 为雷诺数，$Re=2r_{\mathrm{b}}v'/\nu_{\mathrm{w}}$。

考虑泄水中实际气泡特征与理想球形气泡之间的差别，引入源项系数 β，气泡界面传质系数计算公式如下：

$$K_{\mathrm{L,B}}=\beta\frac{D_{\mathrm{m}}}{\sqrt{\pi}r_{\mathrm{b}}}\left[1-\frac{2}{3(1+0.09Re^{2/3})^{3/4}}\right]Pe^{1/2} \tag{4-74}$$

式中，β 为待定系数，需通过实测资料进行参数率定获得。

考虑气泡在不同粒径区间的分布，第 i 组气泡的界面传质系数计算公式可表示为

$$K_{\mathrm{L,B},i}=\beta\frac{D_{\mathrm{m}}}{\sqrt{\pi}r_i}\left[1-\frac{2}{3(1+0.09Re_i^{2/3})^{3/4}}\right]Pe_i^{1/2} \tag{4-75}$$

式中，r_i 为半径区间(r_{i-1}，r_{i+1})的中值(m)，有

$$r_i=(r_{i-1}+r_{i+1})/2 \tag{4-76}$$

$$Re_i=2r_i\sqrt{2k/3}/v' \tag{4-77}$$

$$Pe_i=2r_iv'/D_{\mathrm{m}} \tag{4-78}$$

在此基础上，Li 等(2020)分析建立了考虑气泡尺寸及环境水体中溶解气体浓度影响的、气泡上升过程中气泡-水界面溶解气体传质系数模型，有待在气体过饱和模拟中进一步推广应用。

4)自由水面传质系数

关于自由水面传质系数 $K_{\mathrm{L,s}}$，整理了不同研究者的相关成果，见表4-10。

表4-10 自由水面传质系数 $K_{\mathrm{L,s}}$ 计算公式汇总表

序号	计算公式	适用条件	文献来源
1	$K_{\mathrm{L,s}}=\beta\frac{D_{\mathrm{m}}}{L_t}\left(\frac{\nu_{\mathrm{w}}}{D_{\mathrm{m}}}\right)^{-1/2}\left(\frac{U_{\mathrm{t}}L_{\mathrm{t}}}{\nu}\right)^{\eta}$	紊动水体	Lamont 和 Scott (1970)
2	$K_{\mathrm{L,s}}a_{\mathrm{s}}=\beta_1\frac{1}{h}\left(\frac{\nu_{\mathrm{w}}}{D_{\mathrm{m}}}\right)^{-1/2}\left(\frac{k^{3/2}\nu_{\mathrm{w}}}{h}\right)^{1/4}\left[1+\beta_2\left(W_{\mathrm{e}}\cdot F_{\mathrm{t}}\right)^{\beta_3}\right]$	紊动水体	Urban 等(2008)
3	$K_{\mathrm{L,s}}=(0.085k^{1/2}+0.0014)/3600$	紊动水体	李然等(2000)
4	$K_{\mathrm{L,s}}=1.936u_{\mathrm{s}}^{-1/3}k^{2/3}$	阶梯溢流坝泄水	Cheng 等(2006)
5	$K_{\mathrm{L,s}}=0.00243u_{\mathrm{s}}^{-5/3}k^{4/3}$	水坝泄水	程香菊等(2009)

注：U_{t} 为特征速度(m/s)；L_{t} 为特征长度(m)；h 为水面传质的发生深度(m)；u_{s} 为水面流速(m/s)，采用三个方向的合速度；k 为水面紊动动能($\mathrm{m^2/s^2}$)；F_{t} 为紊动弗劳德数$\left(k^{\frac{1}{2}}\Big/\sqrt{gh}\right)$。

式(4-66)中自由水面比表面积为

$$a_s = \frac{A_s}{V_s} \approx \frac{1}{\Delta Z} \tag{4-79}$$

式中，A_s为表层网格自由水面面积(m^2)；V_s为表层网格体积(m^3)；ΔZ为表层网格高度(m)。

4. 模型应用

1) 工程概况

采用2008年四川大学对二滩电站泄水的过饱和TDG观测资料进行参数率定与模型验证，工况特征参数见表4-11。

表4-11　参数率定与模型验证工况表

工况	泄洪方式	坝前TDG饱和度/%	发电流量/(m^3/s)	中孔流量/(m^3/s)	坝前水位/m	坝下水位/m	入口流速/(m/s)	测点TDG饱和度/%
参数率定	3#、4#中孔全开	108.9	1715	2012	1194.49	1017.23	33.5	124.3
模型验证	3#、4#中孔全开	106.9	1987	2040	1196.28	1017.78	34.0	122.9

2) 计算区域与边界条件

计算区域纵向范围自泄流孔口直至二道坝下游800m，垂向范围自水垫塘底板至底板以上180m。水流入口采用速度入口边界；气体入口边界条件均设为压力入口边界条件。入口边界处压力设为大气压；出口为压力出口边界；在固壁上采用无滑移条件，近壁区采用标准壁面函数法。计算区域及边界条件设定如图4-21所示。

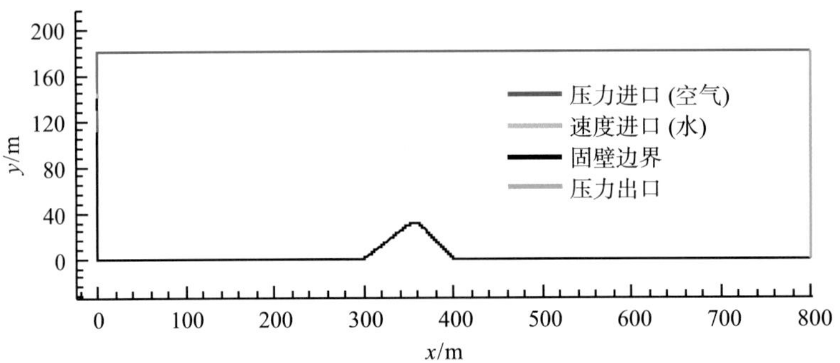

图4-21　二滩电站泄水TDG模拟区域及边界设定

计算区域采用结构化网格。鉴于掺气浓度的计算对网格尺寸要求较高，为此网格划分时对局部区域加密。其中，水垫塘内纵向和垂向网格尺寸平均约为1m，经过二道坝后，网格尺寸逐渐放宽，最大网格间距为2.5m。

3) 参数率定结果

气泡界面传质系数计算公式(4-74)中的参数 β 需通过率定得到。针对参数率定工况的泄流条件，选择不同的 β，计算得到水垫塘出口 TDG 饱和度，与发电尾水进行流量加权混合，将计算结果与二滩电站坝下 2km 断面的 TDG 饱和度观测结果进行对比。结果表明，当 β=5.0 时，计算得到坝下 2km 断面 TDG 饱和度为 122.9%，与实测值 124.3%相差 1.4%(绝对值)，较为接近，因此确定 β=5.0 。

4) 模拟验证结果分析

采用率定得到的参数对表 4-11 中模型验证工况进行模拟，得到坝下 800m 断面 TDG 饱和度平均值为 138.1%，与发电流量完全混掺后 TDG 饱和度为 122.7%，与坝下 2km 断面的观测值 122.9%相差 0.2%(绝对值)。

计算得到区域掺气浓度分布如图 4-22 所示。由图 4-22 可以看出，挑射水流在空中跌落的过程中，由于与空气大面积接触，水舌卷吸大量空气进入水中，形成掺气水流。水舌与水垫塘内水体发生碰撞后，剧烈混掺，形成大量的水滴、气泡，掺气浓度陡然增加。尤其是水垫塘下游侧由于流速高，混掺作用更加明显，形成多个漩涡，大量空气被卷吸进入水体。经过二道坝后，由于流速和紊动强度仍维持在较高的水平，因而掺气作用依然较明显，随着水流速度逐渐变缓，掺气浓度逐渐降低。

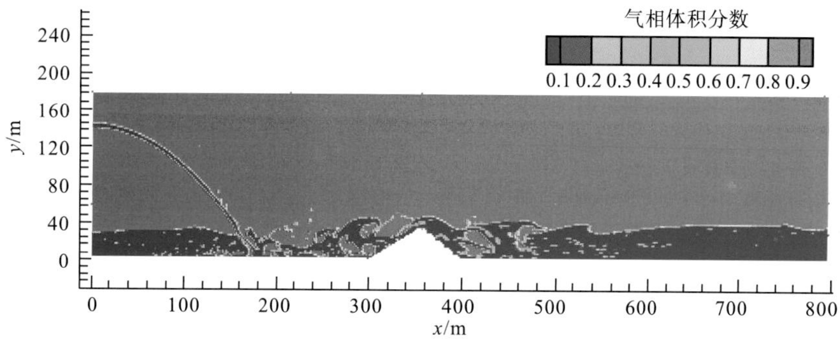

图 4-22 二滩电站泄水下游气相体积分数分布图(泄水流量为 2040m^3/s)

计算得到 TDG 饱和度分布如图 4-23 所示。由图 4-23 可以看出，水舌进入水垫塘后，在高水压作用下大量气泡溶解进入水体，导致 TDG 饱和度迅速上升。在水流冲击区域，由于流速过高，气体滞留和溶解时间较短，因而 TDG 饱和度相对较低，约为 120%。在水流冲击区域的上游侧水体，由于气泡滞留时间较长，且水深较大，静水压强维持在较高水平，因而 TDG 饱和度较高，最高达到 168%。在水流冲击区下游直至二道坝前的区域，水流受到二道坝阻挡，流速变缓，出现壅水，压强升高，气泡的溶解量增加，TDG 饱和度高于水流冲击区域。过饱和水流经过二道坝后，潜入水体深处，一方面与下游水体进行混掺，另一方面由于压力降低，过饱和溶解气体向空气中快速释放。随着水流向下游推移，TDG 饱和度全断面均匀且基本保持在 135%左右。

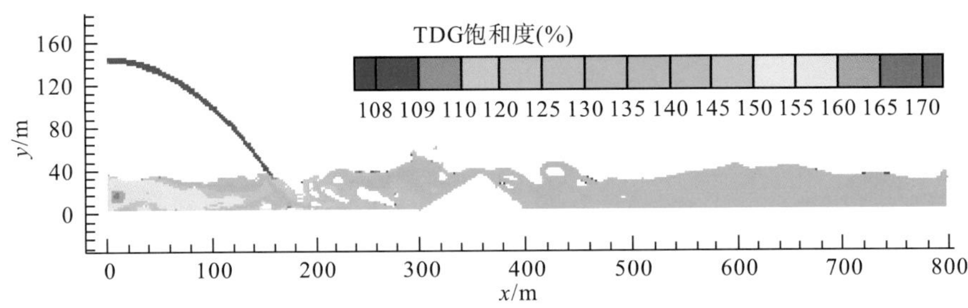

图 4-23 二滩电站泄水下游 TDG 饱和度分布图(泄水流量 $2040m^3/s$)

各横断面的 TDG 饱和度平均值和最大值如图 4-24 所示。由图 4-24 可以看出，在水流冲击区域上游侧，TDG 饱和度呈降低趋势，越靠近大坝的区域 TDG 饱和度越高。这是因为水舌进入水体深层，水压力较大，深层水体的 TDG 饱和度迅速升高并随水流向上游扩散，直至坝前发生回流，与上层水体进行混掺，使全断面的 TDG 饱和度升高，而且从坝前至水流冲击区水深逐渐降低，压力也逐渐降低。水流冲击区域下游侧是水流的主流区域，流速很高，水深较浅，气体溶解时间较短，气泡承受压力较小，溶解气体量较少，因而 TDG 饱和度较低。但随着水流流向二道坝，由于水深加大，流速变缓，TDG 饱和度升高。水流经过二道坝后，TDG 饱和度没有明显差异。

水垫塘内典型断面 TDG 垂向分布如图 4-25 所示。从图 4-25 可以看出，在冲击区上游侧(坝下 50m 断面)，TDG 饱和度较高的区域主要出现在中下层，且沿垂向方向逐渐增大；在水流冲击区域(坝下 200m 断面)及冲击区下游区域(坝下 250m 断面)，由于水体紊动剧烈，TDG 饱和度沿垂向变化趋势不明显。

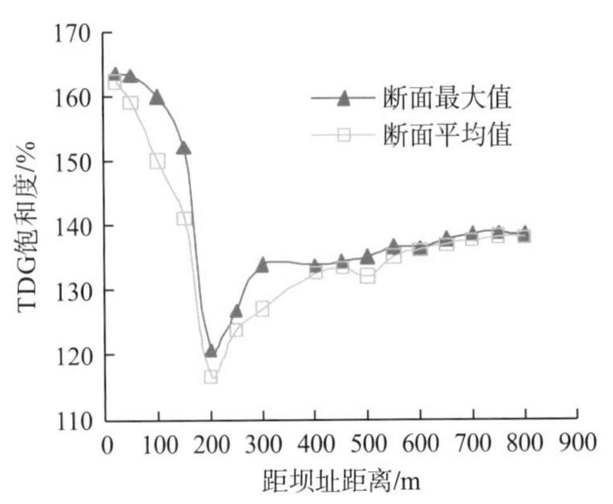

图 4-24 各断面 TDG 饱和度统计值沿程变化

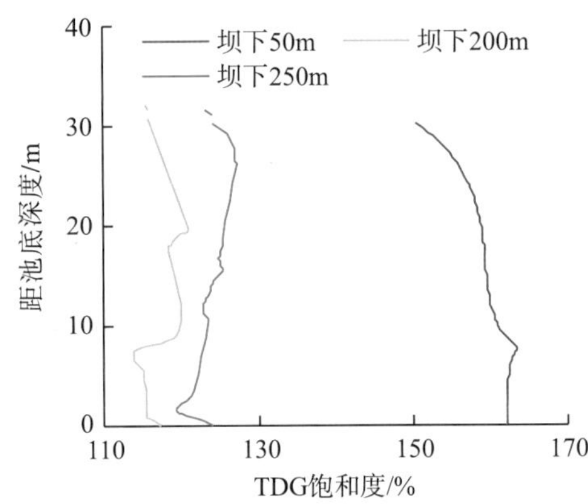

图 4-25 水垫塘内典型断面 TDG 饱和度垂向分布图

4.3.2 基于紊动掺气的过饱和 TDG 两相流模型

过饱和 TDG 的生成受掺气浓度及气泡尺寸影响，黄菊萍(2021)引入 Castro 等(2016)提出的紊动漩涡掺气计算方法，建立了基于紊动掺气的过饱和 TDG 两相流数学模型。

1. 模型结构

水坝泄水掺气过程如图 4-26 所示。过饱和 TDG 生成过程主要包括紊动掺气过程、气泡运动过程、气泡传质过程与 TDG 输运过程。在水坝泄水过程中，大量空气受紊动卷吸作用进入水中形成气泡。气泡跟随水流运动，不仅气泡体积因压力变化而发生改变，同时还在浮力和外力作用下呈相对上升运动。当气泡输运至坝下消力池/水垫塘深层水体时，在消力池/水垫塘内急剧增大的压力作用下，大量气泡溶解，导致气泡体积减小并生成过饱和 TDG。

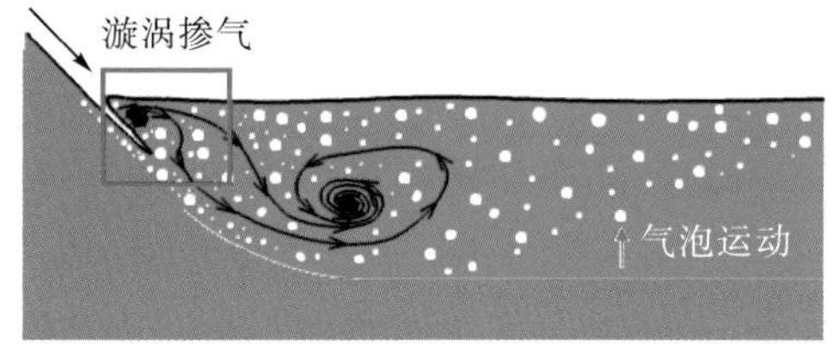

图 4-26 水坝泄水掺气示意图(黄菊萍，2021)

为实现对前述气泡输运及过饱和 TDG 生成过程的快速准确模拟，首先作以下假定：

(1) 气泡形状为球形，且在输移扩散过程中不变；

(2) 气泡大小在单位计算网格内均匀分布；

(3) 忽略气泡在水中的破碎和聚并；

(4) 气泡上升至自由液面时自动溢出；

(5) 忽略自由水面传质，仅考虑水体内水和气泡间的传质作用。

基于上述假定构建的模型包括流场控制方程、紊动掺气模型、气泡动量方程、气泡数量密度方程和 TDG 输运方程，模型结构如图 4-27 所示。

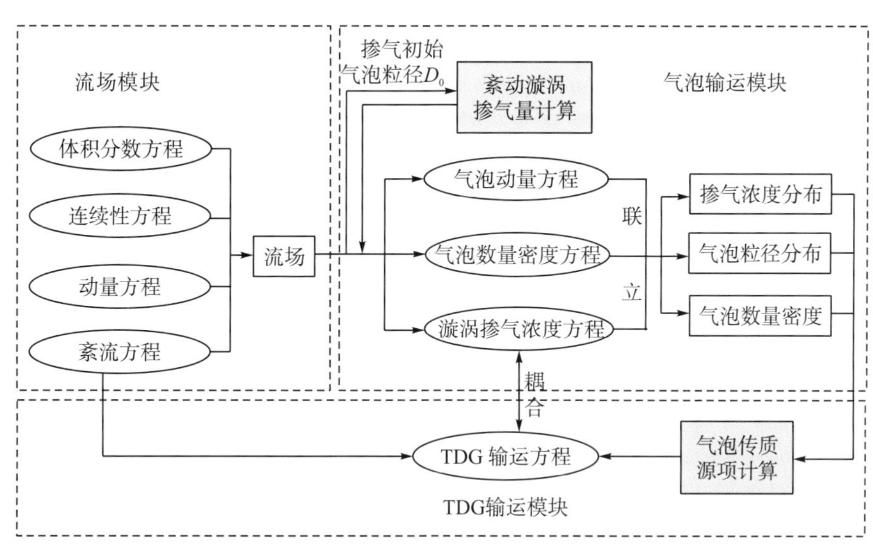

图 4-27 基于紊动掺气的过饱和 TDG 模型结构示意图(黄菊萍，2021)

2. 流场模块

模型基于 VOF 方法，采用流场控制方程求解流场和水气两相体积分数。其中体积分数方程、连续性方程和动量方程分别见式(4-54)、式(4-58)和式(4-59)。对于动量方程中紊动黏滞系数的求解，采用可实现的k-ε紊流模型。

k方程：

$$\frac{\partial(\rho_{\mathrm{m}}k)}{\partial t}+\nabla\cdot\left(\rho_{\mathrm{m}}\boldsymbol{U}k\right)=\frac{\partial}{\partial x_j}\left[\rho_{\mathrm{m}}\left(\nu_{\mathrm{m}}+\frac{\nu_{\mathrm{t}}}{\sigma_{\mathrm{k}}}\right)\frac{\partial k}{\partial x_j}\right]+\rho_{\mathrm{m}}G_{\mathrm{k}}-\rho_{\mathrm{m}}\varepsilon \tag{4-80}$$

ε方程：

$$\frac{\partial(\rho_{\mathrm{m}}\varepsilon)}{\partial t}+\nabla\cdot\left(\rho_{\mathrm{m}}\boldsymbol{U}\varepsilon\right)=\frac{\partial}{\partial x_j}\left[\rho_{\mathrm{m}}\left(\nu+\frac{\nu_{\mathrm{t}}}{\sigma_{\varepsilon}}\right)\frac{\partial \varepsilon}{\partial x_j}\right]+\rho_{\mathrm{m}}C_1E_{\varepsilon}\varepsilon-\rho_{\mathrm{m}}C_2\frac{\varepsilon^2}{k+\sqrt{\nu\varepsilon}} \tag{4-81}$$

式中，$\boldsymbol{U}$为水相速度矢量(m/s)；k为紊动动能(m^2/s^2)；G_{k}为由平均速度梯度引起的紊动动能产生项(m^2/s^3)；ε为紊动动能耗散率(m^2/s^3)；ν_{t}为紊动黏滞系数(m^2/s)；σ_{k}为紊动能对应的 Prandtl 数；σ_{ε}为紊动能耗散率对应的 Prandtl 数；E_{ε}为时均应变率(1/s)；C_1、C_2分别为模型参数。

3. TDG 输运方程

采用标量输运方程对 TDG 饱和度的分布进行模拟。

$$\frac{\partial G}{\partial t}+\nabla\cdot\left(\boldsymbol{U}G\right)=\nabla\cdot\left[\left(\nu_{\mathrm{m}}+\frac{\nu_{\mathrm{t}}}{\sigma_C}\right)\nabla G\right]+S_{\mathrm{G}} \tag{4-82}$$

式中，G为 TDG 饱和度(%)；σ_C为施密特数；ν_{t}为紊动黏滞系数(m^2/s)；S_{G}为单位时间单位水体内 TDG 源项(%/s)。

$$S_{\mathrm{G}}=\frac{S_{\mathrm{b}}}{C_{\mathrm{s}}}\times 100\% \tag{4-83}$$

式中，S_{b}为单位时间单位水体内气泡与水体 TDG 间的传质质量(%/s)；C_{s}为特定温度下当地大气压对应的空气饱和溶解度(mg/L)。

气泡与水中 TDG 之间的质量传递源项公式如下(魏娟，2013)：

$$S_{\mathrm{b}}=K_{\mathrm{L,B}}a_{\mathrm{B}}\left[\left(1+\frac{P}{P_{\mathrm{B}}}\right)C_{\mathrm{s}}-C\right] \tag{4-84}$$

式中，a_{B}为气泡传质界面比表面积(1/m)；P为气泡位置处的压强(Pa)，采用流场模块计算得到的压强分布；C为 TDG 浓度(mg/L)；C_{s}为特定温度下当地大气压对应的空气饱和溶解度(mg/L)；$K_{\mathrm{L,B}}$为气泡界面传质系数(m/s)，见式(4-73)。

$$a_{\mathrm{B}}=6\alpha_{\mathrm{b}}/D_{\mathrm{b}} \tag{4-85}$$

式中，α_{b}为采用体积分数表示的紊动掺气浓度；D_{b}为气泡粒径(m)。

假定单元网格中气泡为均一粒径的球形，则

$$D_{\mathrm{b}}=2\left(\frac{3\alpha_{\mathrm{b}}}{4\pi N_{\mathrm{b}}}\right)^{\frac{1}{3}} \tag{4-86}$$

式中，N_b 为气泡数量密度(1/m^3)。

当水中 TDG 饱和度为 100%时，式(4-84)简化得到：

$$S_{100}=K_{L,B}a_B\frac{P}{P_B}\times 100\% \tag{4-87}$$

式中，S_{100} 为水中 TDG 饱和度为 100%时气泡与水中 TDG 之间的质量传递源项(%/s)。同 TDG 传质源项 S_b［式(4-84)］相比，S_{100} 不考虑水体中溶解气体浓度的影响，直接反映气泡承压和气泡比表面积对 TDG 传质的贡献，是判别气泡传质源项大小的另一重要参数。

根据式(4-83)～式(4-86)可以看出，TDG 输运方程中气泡传质源项 S_G 确定的关键在于掺气浓度 α_b 和气泡数量密度 N_b 的确定。为此，引入漩涡掺气浓度方程、气泡数量密度方程和气泡动量方程进行掺气浓度 α_b 和气泡数量密度 N_b 的确定。

4. 气泡输运模块

气泡输运模块包括掺气浓度方程、气泡数量密度方程和气泡动量方程，各方程联立求解得到掺气浓度 α_b 和气泡数量密度 N_b。

1)紊动漩涡掺气量计算

Huang 等(2019)引入 Castro 等(2016)提出的紊动漩涡掺气计算方法，通过分析单个漩涡引发的掺气过程，计算得到由于漩涡作用而掺入的气泡数量 S_N，进而根据气泡初始掺气尺寸计算得到掺气量。

假定在一无限大自由液面下存在速度为 0 的紊动场，紊动场仅为垂向 z 的函数。选取水面下深度 z' 处一特征尺寸为 l 的漩涡，漩涡的掺气作用如图 4-28 所示。

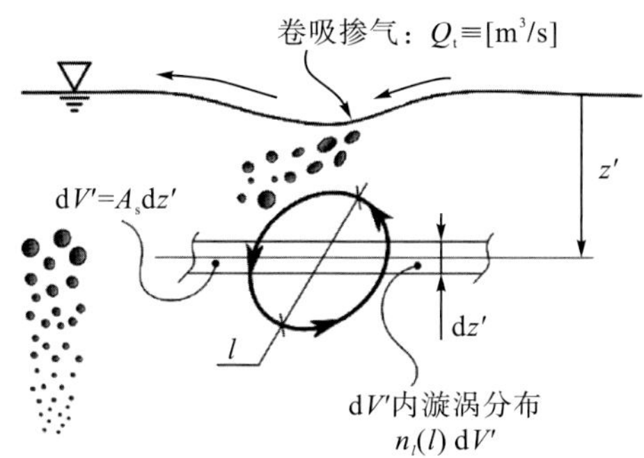

图 4-28 单个漩涡的掺气示意图(Castro et al.，2016)

漩涡的旋转运动引起自由液面变形，当液面变形达到一定程度即发生气泡卷吸。以漩涡掺气率 Q_l 表示单个漩涡单位时间内的气泡卷吸体积(m^3/s)，$n_l(l)$ 表示漩涡数量的谱密度分布函数，漩涡尺寸范围从科尔莫戈罗夫(Kolmogorov)尺度到积分长度(integral length)尺度 L_{11}。

漩涡微元体 dV' 的微元体体积表示为

$$\mathrm{d}V'=A_s\mathrm{d}z' \tag{4-88}$$

式中，A_s 为微元体水平面的面积(m^2)。

由此得到漩涡微元体 dV' 内特征尺寸在 $(l, l+dl)$ 范围内的漩涡数量为 $n_l(l)dldV'$，对应的自由液面气泡卷吸量为 $Q_l n_l(l)dldV'$。

假定自由液面因漩涡作用掺入的气泡均匀分布，平均粒径为 D_0，单个气泡的平均体积为 V_b，则

$$V_b = \frac{\pi D_0^3}{3} \tag{4-89}$$

进一步得到单位时间漩涡微元体 dV' 内，特征尺寸在 $(l, l+dl)$ 间的漩涡作用在自由液面产生的气泡数量 N_b'：

$$N_b' = \frac{Q_l n_l(l)dldV'}{V_b} \tag{4-90}$$

式中，N_b' 为被带入水体内部之前自由表面生成的气泡数量。

在自由液面上生成的粒径为 D_0 的气泡，受初始动量和外力的作用不断向下运动，在此过程中可能发生破碎与聚并，气泡粒径随之发生变化。假定气泡最终出现在深度 z 位置的概率函数为 p_z，则在水体中厚度为 dz 的微元体内因漩涡掺气生成的气泡数量 $N_{b,z}'$ 可表示为

$$N_{b,z}' = \frac{1}{V_b} Q_1 n_1(l)dldV'P_z dz \tag{4-91}$$

假定漩涡全部淹没于水中，即 $l < 2z'$，得到漩涡特征参数的积分限见表 4-12。

表 4-12 漩涡特征参数的积分限

特征参数	水面下深度 z'	漩涡特征尺寸 l
积分限	$[l/2, \infty)$	$[0, 2z']$

对方程(4-91)在漩涡特征尺寸范围和漩涡体范围内进行积分，即得到微元体 dz 内单位时间生成的气泡数量 dS_N：

$$dS_N = \frac{1}{V_b} A_s \int_{l/2}^{\infty} dz' \int_0^{2z'} Q_l n_l(l) dl P_z dz \tag{4-92}$$

单位时间单位体积内漩涡掺气生成的气泡数量密度源项：

$$S_N = \frac{dS_N}{dV} = \frac{P_z A_s dz \int_{l/2}^{\infty} dz' \cdot \int_0^{2z'} Q_l n_l(l) dl}{V_b dV} \tag{4-93}$$

式中，dV 为流体微元体的体积(m^3)，表示为

$$dV = A_s dz \tag{4-94}$$

进一步得到单位体积内漩涡掺气生成的气泡数量密度源项 S_N 为

$$S_N = \frac{dS_N}{dV} = \frac{P_z A_s dz \int_{l/2}^{\infty} dz' \cdot \int_0^{2z'} Q_l n_l(l) dl}{V_b A_s dz} = \frac{P_z \int_{l/2}^{\infty} dz' \cdot \int_0^{2z'} Q_l n_l(l) dl}{V_b} \tag{4-95}$$

由式(4-95)可以看出，气泡数量密度源项 S_N 主要与漩涡谱密度分布函数 $n_l(l)$、漩涡

掺气率 Q_l 以及气泡到达深度 z 位置的概率函数 P_z 相关。

(1)漩涡谱密度分布函数 $n_l(l)$。

特征长度为 l 的漩涡数量的谱密度分布函数 $n_l(l)$ 计算公式如下(Li，2015)：

$$n_l(l)e_l\mathrm{d}l=(1-\alpha_{\mathrm{w}})\rho_{\mathrm{w}}E(\kappa_{\mathrm{e}})\mathrm{d}\kappa_{\mathrm{e}} \tag{4-96}$$

式中，α_{w} 为水相体积分数；e_l 为漩涡动能($\mathrm{m}^2/\mathrm{s}^2$)；$\rho_{\mathrm{w}}$ 为水相密度($\mathrm{kg/m}^3$)；κ_{e} 为波数，$\kappa_{\mathrm{e}}=2\pi/l$；$E(\kappa_{\mathrm{e}})$ 为漩涡能谱($\mathrm{m}^3/\mathrm{s}^2$)。

漩涡动能 e_l 的计算采用 Luo 和 Svendsen(1996)建立的球形漩涡动能公式：

$$e_l=\frac{\pi}{12}\rho_{\mathrm{w}}l^3u_l^2 \tag{4-97}$$

式中，u_l 为漩涡的速度(m/s)，ρ_{w} 为水相的密度($\mathrm{kg/m}^3$)。

漩涡能谱 $E(\kappa_{\mathrm{e}})$ 与紊动特征长度 l' 和紊动动能耗散率 ε 相关，相关方程和参数取值见表 4-13(Luo and Svendsen，1996)。

$$E(\kappa_{\mathrm{e}})=c\varepsilon^{2/3}\kappa_{\mathrm{e}}^{-5/3}\left\{\kappa_{\mathrm{e}}l'/[(\kappa_{\mathrm{e}}l')^2+c_{\mathrm{L}}]^{1/2}\right\}^{5/3+p_0}\mathrm{e}^{-\beta_1\{[(\kappa_{\mathrm{e}}\eta)^4]^{1/4}-c_\eta\}} \tag{4-98}$$

表 4-13 漩涡能谱计算公式参数取值表

参数	物理意义	计算公式
κ_{e}	波数	$\kappa_{\mathrm{e}}=2\pi/l$
l'	紊动特征长度	$l'=k^{3/2}/\varepsilon$
k	紊动动能	—
ε	紊动动能耗散率	—
η	科尔莫戈罗夫尺度	$\eta=(\nu^3/\varepsilon)^{1/4}$
ν	运动黏度	—
c_{L}	模型参数	6.78
p_0		2.0
c		1.5
β_1		5.2
c_η		0.4

(2)漩涡掺气率 Q_l。

Duncan(2001)通过破碎波试验得到，当自由液面的变形角度达到18°或坡降比为0.325时，自由液面上会发生掺气。Carrica 等(2012)根据对射流模拟结果的分析，认为自由液面上的紊动掺气量与液面波动特征、自由液面流速和掺气影响范围相关。在此基础上，Castro 等(2016)得到漩涡掺气率 Q_l 的积分计算公式：

$$\int_{l/2}^{\infty}Q_l\mathrm{d}z'\approx S_{10}p_{\mathrm{b}}\frac{u_l^3l^3}{gz_{\mathrm{e}}}\left[0.808(5.46Fr_l^{4/3}-1)\right] \tag{4-99}$$

Castro 等(2016)对不同涡长范围的掺气率结果进行分析，认为掺气漩涡的涡长 l 主要集中在 Hinze 尺度 D_H 与湍流积分尺度 L_{11} 之间，因此涡长的计算长度区间$[l_{min}, l_{max}]$设定为

$$l_{min} = \frac{D_H}{10} \tag{4-100}$$

$$l_{max} = 10L_{11} \tag{4-101}$$

式中，D_H 为 Hinze 尺度(m)；L_{11} 为湍流积分尺度(m)。

$$D_H = 0.725\left(\frac{\sigma}{\rho_w}\right)^{3/5}\frac{1}{\varepsilon^{2/5}} \tag{4-102}$$

$$L_{11} \approx 0.43k^{3/2}/\varepsilon \tag{4-103}$$

漩涡掺气率 Q_l 的积分计算式(4-99)中各参数取值见表 4-14。该成果在水面破碎掺气和气泡流问题的模拟中得到验证和应用。

表 4-14　自由液面上漩涡掺气率计算公式参数取值表(Castro et al.，2016)

参数	物理意义	计算公式.
p_b	涡有足够能量可以生成气泡的概率	$p_b = \mathrm{erfc}(x_{We}) + \frac{2}{\sqrt{\pi}} x_{We} e^{-x^2}$
x_{We}	模型参数	$x_{We} = \sqrt{\frac{2}{We}}$
We	韦伯数	$We = \frac{\rho_w D_b u_l^2}{\sigma}$
S_{10}	模型参数	0.026
u_l	涡的速度	$u_l = \sqrt{3}(2\pi)^{1/3}\frac{u_0}{(\kappa L)^{1/3}}\left\{\kappa L/[(\kappa L)^2 + c_L]^{1/2}\right\}^{4/3}$
u_0	涡的速度波动	$u_0 = \left(\frac{2k}{3}\right)^{1/2}$
z_e	单个涡发生空气掺混的深度	$z_e = 1.168 l Fr_l^{2/3}$
Fr_l	涡的弗劳德数	$Fr_l = \frac{u_l}{\sqrt{gl}}$

(3)气泡到达深度的概率函数 P_z。

对于现实紊流而言，并非计算区域内的所有深度都会受到漩涡紊动的影响。在水深大于湍流积分尺度 L_{11} 的区域，由于水流紊动急速减缓，漩涡所引起的掺气难以到达(Castro et al.，2016)，因此气泡主要分布在湍流积分尺度 L_{11} 范围内，本书将气泡视作均匀分布，得到深度 z 位置的概率 P_z 为

$$P_z = \begin{cases} \frac{1}{L_{11}}, & z \leqslant L_{11} \\ 0, & z > L_{11} \end{cases} \tag{4-104}$$

在计算漩涡掺气时对单位计算网格的水深和 L_{11} 进行对比，确定掺气气泡的分布概率。

2)掺气浓度方程

为模拟气泡与 TDG 之间的质量传递过程，针对水体紊动漩涡引起的掺气浓度分布，建立掺气浓度 α_b 的方程。

$$\frac{\partial(\rho_b\alpha_b)}{\partial t}+\nabla\cdot\left(\boldsymbol{U}_b\alpha_b\rho_b\right)=S_{air}-S_b \tag{4-105}$$

式中，α_b 为采用体积分数表示的紊动掺气浓度；ρ_b 为气泡密度(mg/L)；$\boldsymbol{U}_b$ 为气泡运动速度矢量(m/s)；S_{air} 为单位时间单位水体的掺气量[mg/(L·s)]；S_b 为单位时间单位水体内气泡与 TDG 间的气体传质量[mg/(L·s)]，与 TDG 输运方程式(4-82)耦合求解。

(1)气泡密度 ρ_b。

利用理想气体状态方程考虑压力和温度变化引起的气泡密度 ρ_b 变化：

$$\rho_b=\frac{MP}{RT} \tag{4-106}$$

式中，M 为空气的摩尔质量(g/mol)；P 为气泡承压(Pa)；R 为通用气体常数[J/(mol·K)]；T 为气泡的温度(K)。

(2)气泡相对运动速度 $\boldsymbol{U}_{br}$。

气泡运动速度 $\boldsymbol{U}_b$ 为水流速度 $\boldsymbol{U}$ 与气泡相对运动速度 $\boldsymbol{U}_{br}$ 的叠加：

$$\boldsymbol{U}_b=\boldsymbol{U}+\boldsymbol{U}_{br} \tag{4-107}$$

气泡相对运动速度 $\boldsymbol{U}_{br}$ 通过引入气泡动量方程[式(4-111)]联立求解。

(3)紊动掺气量 S_{air}。

由于水体紊动而发生掺混的气体量 S_{air} 表示为

$$S_{air}=S_N V_b \rho_b \tag{4-108}$$

式中，S_N 为单位时间单位体积内通过漩涡掺气生成的气泡数量[1/(m^3·s)]，采用紊动漩涡掺气量计算结果[式(4-95)]；V_b 为自由液面生成的初始气泡体积(m^3)。假定生成的气泡为球形，采用球形体积公式计算气泡体积：

$$V_b=\frac{4\pi}{3}\left(\frac{D_0}{2}\right)^3 \tag{4-109}$$

式中，D_0 为掺气生成的初始气泡特征粒径(m)，需要通过参数率定得到。

3)气泡数量密度方程

气泡数量密度 N_b 代表单位体积内的气泡数量。基于 Politano 等(2009)提出的气泡数量密度方程，建立考虑漩涡掺气的气泡数量密度方程：

$$\frac{\partial N_b}{\partial t}+\nabla\cdot\left(\boldsymbol{U}_b N_b\right)=S_N \tag{4-110}$$

式中，S_N 为单位时间单位体积内通过漩涡掺气生成的气泡数量[1/(m^3·s)]，采用紊动漩涡掺气公式(4-95)计算得到。

4)气泡动量方程

假定相对于气泡所受的压力、体积力和相间力而言，忽略气泡的惯性力与黏性剪切应力，建立气泡动量方程：

$$-\alpha_{\mathrm{b}}\nabla P+\alpha_{\mathrm{b}}\rho_{\mathrm{b}}\boldsymbol{g}+\boldsymbol{M}_{\mathrm{b}}=0 \tag{4-111}$$

式中，$\boldsymbol{M}_{\mathrm{b}}$ 为相间界面的传递动量[kg/(m^2·s^2)]。

Politano 等(2009)分析认为，坝下水流中气泡的升力、虚拟质量力等可以忽略，只考虑拖曳力作用，$\boldsymbol{M}_{\mathrm{b}}$ 计算公式如下：

$$\boldsymbol{M}_{\mathrm{b}}=-\frac{3}{4}\rho_{\mathrm{w}}\alpha_{\mathrm{b}}\frac{C_{\mathrm{D}}}{D_{\mathrm{b}}}\boldsymbol{U}_{\mathrm{br}}\left|\boldsymbol{U}_{\mathrm{br}}\right| \tag{4-112}$$

式中，C_{D} 为无量纲阻力系数；D_{b} 为气泡粒径(m)，采用式(4-86)并根据掺气浓度 α_{b} 和气泡数量 N_{b} 计算得到。

无量纲阻力系数 C_{D} 计算公式如下：

$$C_{\mathrm{D}}=\begin{cases}\dfrac{24\left(1+0.15Re_{\mathrm{b}}^{0.687}\right)}{Re_{\mathrm{b}}}, & D_{\mathrm{b}}\geqslant 2\mathrm{e}^{-4}\ \mathrm{m}\\[2ex] \dfrac{24}{Re_{\mathrm{b}}}, & D_{\mathrm{b}}<2\mathrm{e}^{-4}\ \mathrm{m}\end{cases} \tag{4-113}$$

式中，Re_{b} 为气泡雷诺数。

$$Re_{\mathrm{b}}=\frac{D_{\mathrm{b}}\left|\boldsymbol{U}_{\mathrm{br}}\right|}{\nu_{\mathrm{w}}} \tag{4-114}$$

式中，$\boldsymbol{U}_{\mathrm{br}}$ 为气泡相对运动速度(m/s)；ν_{w} 为水相运动黏度(m^2/s)；D_{b} 为气泡粒径(m)。

5. 模型参数率定

紊动掺气的过饱和 TDG 两相流模型中的待定参数主要为掺气生成的初始气泡特征粒径 D_0。

1)率定工况

采用2009年8月大渡河铜街子电站过饱和TDG原型观测成果率定掺气生成的初始气泡特征粒径 D_0。铜街子电站泄水建筑物布置参见4.2.1节。率定工况选择的泄水建筑物为1#和3#溢流表孔泄水，流量为629m^3/s，下游水深16.34m。

过饱和TDG观测断面分别位于铜街子坝前500m断面和泄洪左导墙处，TDG饱和度分别为129.2%和138.9%。

2)计算区域与网格划分

模型计算区域包括1#溢流表孔及坝下360m范围内。鉴于计算区域沿1#和3#溢洪道中心纵断面(*Y*-*Y*纵断面)横向对称，为节约计算网格，提高计算效率，计算区域只包含泄洪左挡墙至*Y*-*Y*纵断面之间的区域，对*Y*-*Y*纵断面采用对称边界。网格划分采用3D结构化网格，网格尺寸在 0.2～1.0m，重点对水气交界面进行加密处理。网格总数量约为

3.8×10^5。计算区域与网格划分如图 4-29 所示。

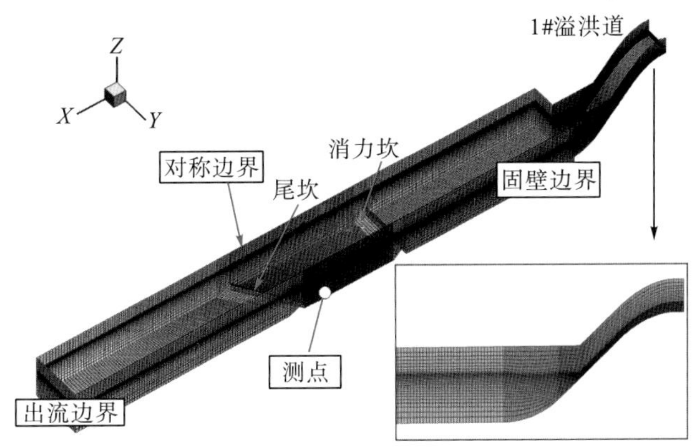

图 4-29 铜街子电站计算区域和网格划分示意图

3）率定结果

率定得到的铜街子泄水掺气生成的初始气泡特征粒径 D_0 为 0.6mm。

采用模型模拟得到的铜街子电站 TDG 饱和度分布如图 4-30 所示。可以看出，大量气泡的溶解造成了 TDG 饱和度的升高。TDG 饱和度最大值出现在消力池底部，为 215.7%；在经过消力坎后，TDG 饱和度最大值降低至 160.8%；在经过尾坎后，TDG 饱和度最大值降低至 146.6%。坝下测点处的 TDG 饱和度计算值为 138.2%，与实测值（138.9%）相差 0.7%（绝对值）。

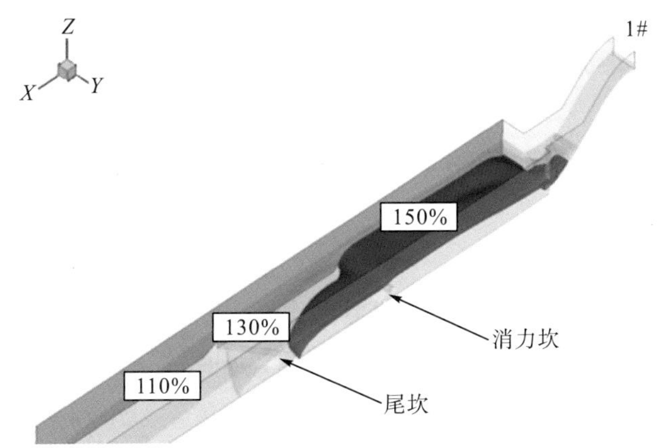

图 4-30 铜街子电站模拟得到的 TDG 饱和度分布（D_0=0.6mm）

6. 模型应用

对铜街子电站坝前 TDG 饱和度为 100%情景下 1#、3#溢流表孔泄水的过饱和 TDG 生成进行模拟分析。泄水流量为 $629\text{m}^3/\text{s}$，下游水深 16.34m，计算区域网格划分及边界条件

以充分地溶解，即在水体底层饱和度较大，越靠近自由液面，TDG 饱和度和源项 S_{100} 均越小。当高饱和度 TDG 随水流输移到水体表层时，受气泡承压的影响，同时气泡的滞留时间较长，在消力池内产生的高饱和度 TDG 通过气泡传质释放，因此出现 TDG 饱和度降低的现象。

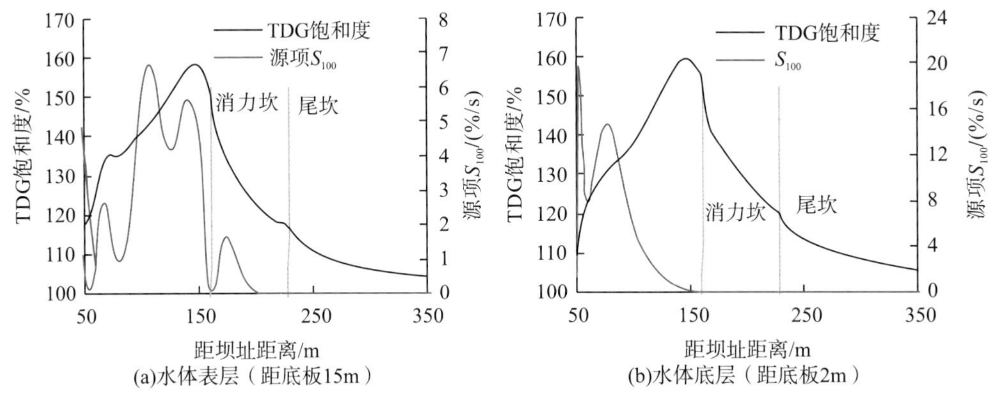

图 4-37 铜街子电站 TDG 饱和度与源项 S_{100} 分布示意图

消力池内 TDG 饱和度等值面分布如图 4-38 所示。可以看出，消力池内的 TDG 饱和度较大，最大 TDG 饱和度为 159.9%。在水流经过消力坎和尾坎时，过饱和 TDG 出现快速下降过程，TDG 饱和度最大值分别为 141.9%和 115.2%。

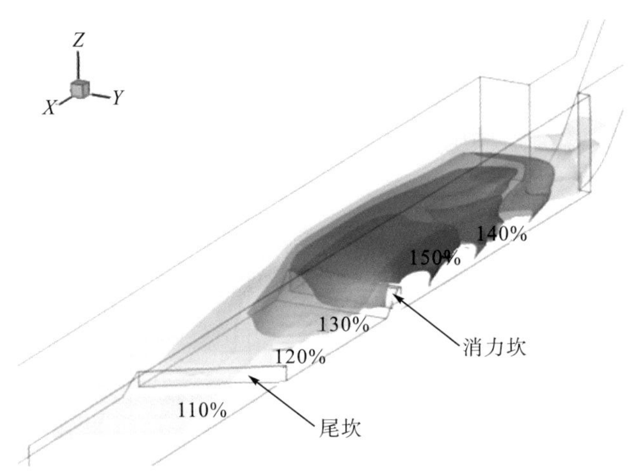

图 4-38 铜街子电站泄水 TDG 饱和度等值面分布示意图

4.4 过饱和 TDG 生成水平与泄流消能型式的关系讨论

在对实际水坝泄水气体过饱和问题的预测研究中，亦常遇到关于面流消能、底流消能和挑流消能型式的过饱和 TDG 生成水平孰高孰低的问题讨论。根据本书的研究发现，过饱和 TDG 生成与承压大小和承压时间以及掺气条件等多因素相关。笼统来说，在同等泄流规模条件下，面流消能将掺气水流导入水体表层，从而减少了气泡进入底部高承压环境引起的过饱和 TDG 的生成。通常挑流泄水较底流消能的消能效率高，因此水垫塘内压力可能相对较低，而底流消能将水流主流及掺气导入消力池底部，导致掺气水流的承压较大且可能在消力池内滞留较长的时间。因此从控制过饱和 TDG 生成的机理条件粗略分析认为，面流消能和挑流消能较底流消能更优。但由于目前较缺少针对同等规模不同消能型式下的过饱和溶解气体系统监测和深入对比研究，因此针对过饱和 TDG 的生成，底流消能、面流消能和挑流消能孰优孰劣的问题不可一概而论，对不同消能型式下过饱和 TDG 生成的准确预测需针对特定工程布置和泄流型式，基于压力、掺气和滞留时间等水动力学条件，开展定量分析预测。

4.5 小结

TDG 过饱和生成预测方法主要有经验关系、水动力学解析模型和紊流数学模型等几类。经验关系多基于特定工程的原型观测结果拟合得到，普适性有限。水动力学解析模型建立在对过饱和气体生成机理分析的基础上，对过饱和 TDG 生成机理认识的欠缺或不成熟会影响模型的精度和不确定性。两相流数学模型建立在紊流数值模拟基础上，虽然考虑因素较为全面，但原型观测资料的限制使诸多参数的率定较为困难，同时大尺度实际工程的泄水模拟存在收敛性和经济性问题。因此，基于实际工程泄水特性和预测及要求，选择经济适用的过饱和 TDG 预测方法是过饱和气体预测的关键问题。

5 水体中过饱和 TDG 释放机制

高坝泄水生成过饱和溶解气体，随水流输运至下游河道或库区。当环境压力恢复至正常大气压条件，水体内溶解的过饱和溶解气体重新转变为游离态气体回到大气中，这一过程称为过饱和溶解气体的释放过程(dissipation 或 release)。过饱和溶解气体释放过程的快慢决定了过饱和气体对鱼类的影响程度和范围。本章从对过饱和 TDG 释放动力学过程的探讨出发，对影响释放过程的物理要素和释放机制进行探究。

5.1 天然水体过饱和 TDG 释放动力学过程

过饱和溶解气体传质过程属于过饱和态向正常饱和态的变化过程。根据四川大学近年来对水坝泄水下游过饱和 TDG 原型的观测成果，岷江、雅砻江、金沙江、长江、澜沧江等河段过饱和 TDG 释放过程如图 5-1 所示。

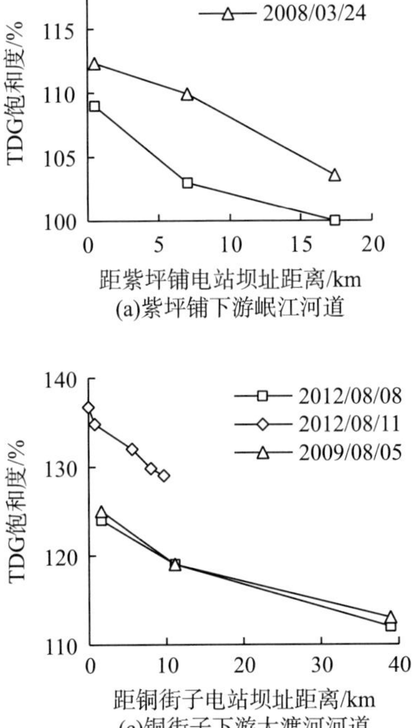

(a)紫坪铺下游岷江河道

(c)铜街子下游大渡河河道

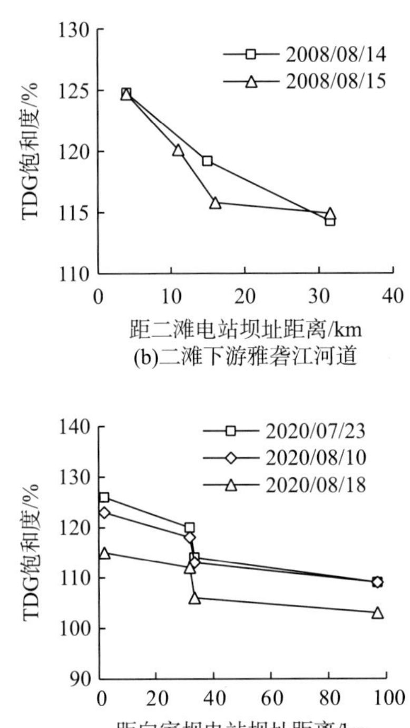

(b)二滩下游雅砻江河道

(d)向家坝下游金沙江、长江河道

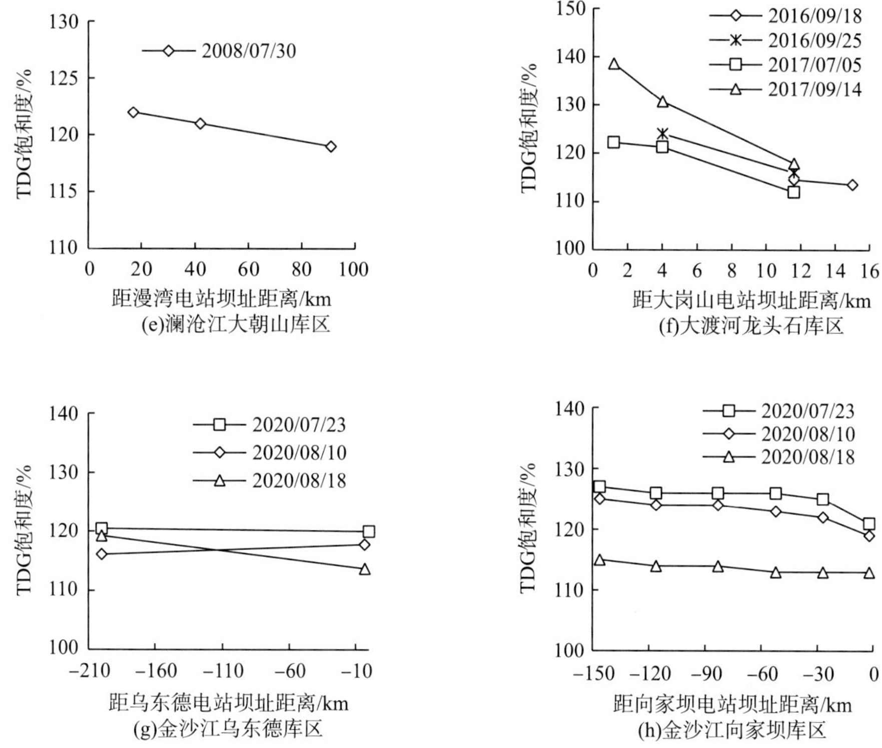

图 5-1 典型河段过饱和 TDG 沿程释放过程原型观测结果

华盛顿大学研究认为，过饱和 TDG 的释放过程服从一级动力学过程(Anderson et al.，2000)：

$$\frac{\mathrm{d}\left(G-G_{\mathrm{eq}}\right)}{\mathrm{d}t}=-k_{\mathrm{TDG}}\left(G-G_{\mathrm{eq}}\right) \tag{5-1}$$

式中，G 为 TDG 饱和度(%)；G_{eq} 为 TDG 平衡饱和度(%)；k_{TDG} 为过饱和 TDG 释放系数(s^{-1})。

对一级动力学过程式(5-1)积分，得

$$G_t=G_{\mathrm{eq}}+(G_0-G_{\mathrm{eq}})\mathrm{e}^{-k_{\mathrm{TDG}}t} \tag{5-2}$$

式中，G_t 为 t 时刻 TDG 饱和度(%)；G_0 为初始时刻 TDG 饱和度(%)。

采用式(5-2)对不同河段过饱和 TDG 释放过程进行拟合(图 5-2)，得到河道释放过饱和 TDG 释放系数(冯镜洁，2013)。典型河段过饱和 TDG 释放系数见表 5-1。图 5-1 反映出不同水体的过饱和气体释放快慢不同，不同河流的过饱和 TDG 的释放系数差异较大。例如，紫坪铺电站下游柏条河的释放系数为 $0.5630\mathrm{h}^{-1}$；三峡电站下游长江河道(城陵矶至武汉)的释放系数为 $0.0200\mathrm{h}^{-1}$；澜沧江漫湾电站下游天然河道(表孔泄流)释放系数为 $0.0955\mathrm{h}^{-1}$，成库后大朝山库区释放系数则减小至 $0.0030\mathrm{h}^{-1}$。由此表明，过饱和 TDG 释放系数的研究对于准确预测过饱和 TDG 影响范围至关重要。

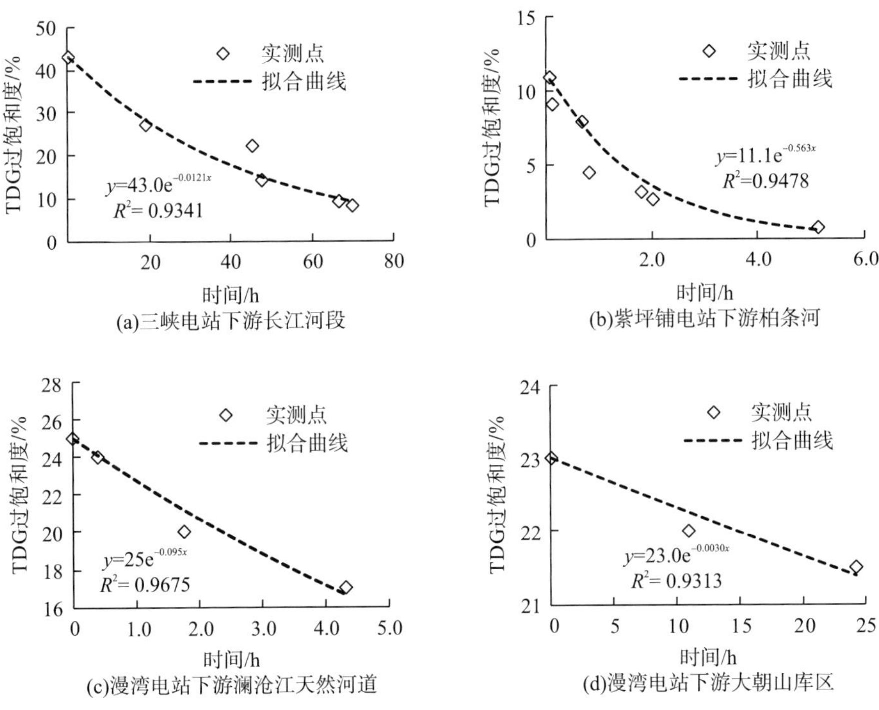

图 5-2 不同河段过饱和 TDG 释放过程示意图

表 5-1 典型河段过饱和 TDG 释放系数统计表(冯镜洁，2013)

工况编号	观测河段	平均水深/m	释放系数 k_{TDG} /(h^{-1})	相关系数 R^2
1	二滩电站下游雅砻江河道 I	10.0	0.0991	0.9981
2	二滩电站下游雅砻江河道 II	7.4	0.0965	0.9989
3	二滩电站下游金沙江干流河道 I	10.5	0.0618	0.9323
4	二滩电站下游金沙江干流河道 II	10.5	0.0600	0.9699
5	三峡电站下游长江河道(宜昌至武汉)	19.9	0.0140	0.9013
6	三峡电站下游长江河道(城陵矶至武汉)	16.6	0.0200	0.9858
7	紫坪铺电站下游柏条河	3.2	0.5630	0.9144
8	紫坪铺电站下游走马河	3.0	0.6500	0.9485
9	漫湾电站下游澜沧江天然河道(泄洪洞泄流)	6.7	0.1060	0.9977
10	漫湾电站下游澜沧江天然河道(表孔泄流)	8.4	0.0955	0.9608
11	大朝山电站下游澜沧江河道	7.5	0.1290	0.8983
12	铜街子电站下游大渡河河道	4.2	0.2010	0.9694
13	大渡河上铜街子库区内	6.9	0.1600	0.9838
14	澜沧江上大朝山库区内	25.2	0.0030	0.9313

5.2 天然水体过饱和 TDG 释放系数分析

美国陆军工程兵团认为，水深和流速是影响过饱和 TDG 释放的关键水力学因素。根据哥伦比亚河的监测结果，提出释放系数 k_{TDG} 的估算公式(University of Washington，2000)：

$$k_{\mathrm{TDG}} = 3600\sqrt{\frac{D_{\mathrm{m}}u}{\bar{h}^3}} \tag{5-3}$$

式中，D_{m} 为 TDG 分子扩散系数($\mathrm{m^2/s}$)；u 为断面平均流速(m/s)；$\bar{h}$为断面平均水深(m)。

释放系数估算公式(5-3)的局限在于公式采用分子扩散系数，忽略了紊动扩散的作用。我国西部山区河流坡降大、流速大、水深浅、紊动作用明显，该公式直接应用会存在较大误差。为此，根据岷江、雅砻江、金沙江、澜沧江和大渡河等多条河流的原型观测结果(表 5-1)，冯镜洁等(2010)在对过饱和总溶解气体沿程释放主要因素进行分析的基础上，考虑天然河流紊动扩散作用，对式(5-3)进行修正，提出天然河道 TDG 释放系数公式：

$$k_{\mathrm{TDG}} = 3600\sqrt{\frac{\phi_{\mathrm{TDG}}u}{\bar{h}}} \tag{5-4}$$

式中，ϕ_{TDG} 为考虑分子扩散和紊动扩散作用的综合系数($\mathrm{s^{-1}}$)；u 为断面平均流速(m/s)；$\bar{h}$ 为断面平均水深(m)。

不同典型河流释放系数和综合系数 ϕ_{TDG} 列于表 5-2。

表 5-2 典型河段综合系数 ϕ_{TDG} 计算结果表

工况编号	观测河段	平均水深/m	释放系数 k_{TDG} /($\mathrm{h^{-1}}$)	综合系数 ϕ_{TDG} /($\mathrm{s^{-1}}$)	文献来源
1	二滩电站下游雅砻江河道 I	10.0	0.099	9.23×10^{-10}	冯镜洁等(2010)
2	二滩电站下游雅砻江河道 II	7.4	0.097	1.05×10^{-9}	冯镜洁等(2010)
3	二滩电站下游金沙江干流河道 II	10.5	0.062	5.92×10^{-10}	冯镜洁等(2010)
4	二滩电站下游金沙江干流河道 II	10.5	0.060	5.00×10^{-10}	冯镜洁等(2010)
5	三峡电站下游长江河道(宜昌至武汉)	19.9	0.014	1.43×10^{-10}	冯镜洁等(2010)
6	三峡电站下游长江河道(城陵矶至武汉)	16.6	0.020	1.54×10^{-10}	冯镜洁等(2010)
7	紫坪铺电站下游柏条河	3.2	0.563	6.47×10^{-8}	冯镜洁等(2010)
8	紫坪铺电站下游走马河	3.0	0.650	8.62×10^{-8}	冯镜洁等(2010)
9	漫湾电站下游澜沧江天然河道(泄洪洞泄流)	6.7	0.106	1.34×10^{-9}	冯镜洁等(2010)
10	漫湾电站下游澜沧江天然河道(表孔泄流)	8.4	0.096	1.07×10^{-9}	冯镜洁等(2010)
11	大朝山电站下游澜沧江河道	7.5	0.129	1.16×10^{-9}	冯镜洁等(2010)
12	铜街子电站下游大渡河河道	4.2	0.201	8.56×10^{-9}	黄奉斌等(2010)
13	乌东德电站下游金沙江河道	10.1	0.074	1.50×10^{-9}	本书
14	向家坝电站下游金沙江河道	11.5	0.066	1.33×10^{-9}	本书
15	大渡河上铜街子库区	6.9	0.094	8.22×10^{-9}	冯镜洁(2013)
16	澜沧江上大朝山库区	25.2	0.003	1.29×10^{-10}	冯镜洁等(2010)
17	金沙江向家坝库区	42.0	0.004	3.10×10^{-11}	本书

续表

工况编号	观测河段	平均水深/m	释放系数 k_{TDG} /(h^{-1})	综合系数 ϕ_{TDG} /(s^{-1})	文献来源
18	哥伦比亚河库特尼汇口上游	13.36	0.004	—	Kamal 等(2019)
19	哥伦比亚河库特尼汇口下游河段 1	6.29	0.021	—	Kamal 等(2019)
20	哥伦比亚河库特尼汇口下游河段 2	7.12	0.038	—	Kamal 等(2019)

式(5-4)主要根据天然河道原型观测成果分析得到，适用于天然河流水体中过饱和TDG 释放系数的快速选择和确定。由于原型观测资料有限，天然水体水动力学条件复杂多变，因此该方法难以在复杂天然河道中推广应用。

考虑到以往对溶解氧的复氧系数研究相对较多，这一过程属于溶解气体由非饱和态向平衡态转化的过程，而过饱和 TDG 释放过程属于从过饱和态向平衡态的转化过程。为此，Li 等(2013)分析了过饱和 TDG 释放系数与复氧系数的关系，以期为过饱和 TDG 释放系数的确定提供参考。

5.3 过饱和 TDG 释放系数与复氧系数的关系分析

对过饱和 TDG 释放系数与复氧系数的关系研究主要借助 TDG 与 DO 过饱和水体的释放试验及 DO 欠饱和水体复氧试验(Li et al.，2013)。

5.3.1 试验装置及方法

溶解气体过饱和水体释放以及 DO 欠饱和水体复氧的试验装置如图 5-3 所示。装置主体为圆柱形盛水容器，容器容积约为 14L。

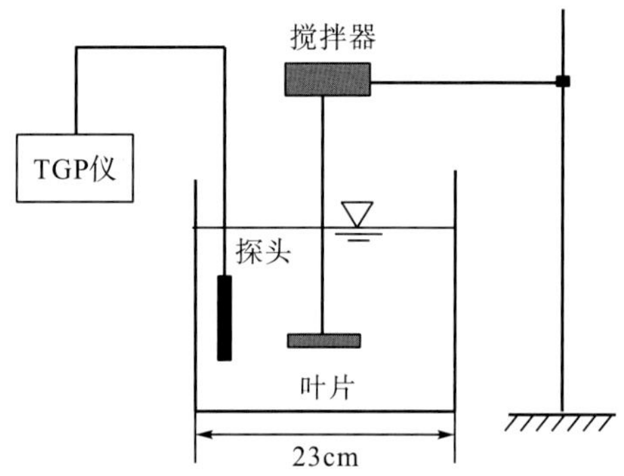

图 5-3 过饱和 TDG 释放系数试验装置示意图

溶解气体过饱和试验中，首先向容器内注入 10L TDG 和 DO 过饱和的清水，然后开启搅拌器，控制其转速，同时测量容器内 TDG 及 DO 随时间的变化过程。试验用 TDG 和

DO 过饱和水由自主设计并获发明专利的过饱和 TDG 生成装置生成(李然等，2011)。

DO 欠饱和水体复氧试验中，试验用 DO 欠饱和水采用干扰平衡法得到。试验前在水体中加入一定量无水 Na_2SO_3 晶体及微量 $CoCl_2$ 催化剂，使水体产生氧亏。然后开启搅拌器，控制其转速，测量容器内 TDG 及 DO 随时间的变化过程。

水体中 TDG 饱和度的测定采用 Point Four 公司生产的 TGP 测定仪。仪器测量范围为 0%～200%，仪器精度为 1%。水体中 DO 浓度的测定采用 WTW 公司生产的 Oxi 3210 型手提式溶解氧测试仪，测量范围为 0～90mg/L，仪器精度为 2mg/L。

5.3.2 试验结果分析

在不同转速条件下 TDG 和 DO 随时间的变化过程如图 5-4 所示。由图 5-4 可以看出，在过饱和 TDG 和过饱和 DO 释放过程以及氧亏水体的复氧过程中，溶解气体浓度均趋向饱和平衡态变化，变化幅度均随着时间的增加而逐渐变缓，且转速越大，释放过程或复氧过程变化越快。

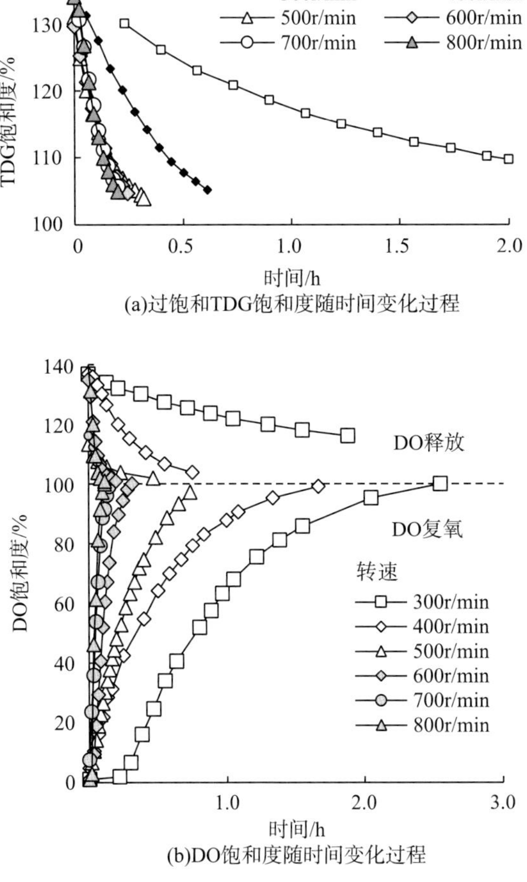

图 5-4　过饱和 TDG 和过饱和 DO 释放过程以及 DO 复氧过程

根据式(5-1)，分别对过饱和DO和过饱和TDG释放过程以及DO的复氧过程进行线性回归，得到过饱和TDG释放系数、过饱和DO释放系数以及DO复氧系数，见表5-3和表5-4。

表5-3 过饱和水体TDG释放系数与过饱和DO释放系数对比表

工况	搅拌器转速/(r/min)	TDG释放系数/h^{-1}	DO释放系数/h^{-1}	两系数绝对差/h^{-1}	相对误差*/%
1	300	0.64	0.44	0.20	31
2	400	3.19	3.22	0.03	1
3	500	6.25	3.92	2.33	37
4	600	7.87	10.81	2.94	37
5	700	9.52	18.34	8.82	93
6	800	10.72	33.54	22.82	213

注：*为两系数绝对差×100÷TDG释放系数。

表5-4 过饱和水体DO释放系数与氧亏水体复氧系数对比表

工况	搅拌器转速/(r/min)	DO释放系数/h^{-1}	复氧系数/h^{-1}	两系数绝对差/h^{-1}	相对误差*/%
1	300	0.44	1.51	1.07	243
2	400	3.22	2.46	0.76	24
3	500	3.92	4.31	0.39	10
4	600	10.81	13.54	2.73	25
5	700	18.34	28.04	9.7	53
6	800	33.54	35.55	2.01	6

注：*为两系数绝对差×100÷DO释放系数。

表5-3中过饱和水体TDG释放系数和过饱和DO释放系数的对比表明，在相同紊动条件下，过饱和水体DO释放系数与过饱和TDG释放系数差别较大，相对误差最大达213%，两者之间的差值随水体搅拌速度(水体紊动强度)呈现出无规律性变化。表5-4中过饱和水体DO释放系数及DO欠饱和水体复氧系数的对比表明，过饱和水体DO释放系数与氧亏水体复氧系数差别较大，相对误差最大达243%，且随水体搅拌速度(水体紊动强度)不同呈现出无规律性变化。由此说明，过饱和水体DO释放过程与氧亏水体复氧过程不可逆。

综上分析得到，过饱和水体TDG释放过程与DO释放过程并不相同，因此在关于TDG释放过程的研究中，需要对TDG释放系数进行专门研究，不能简单地以过饱和DO释放系数或氧亏水体复氧系数代替过饱和TDG释放系数。

5.3.3 采用替代释放系数引起的误差分析

本节主要讨论采用过饱和DO释放系数或欠饱和DO复氧系数代替过饱和TDG释放系数对过饱和TDG释放时间引起的计算误差。

根据过饱和 TDG 释放过程的一级动力学反应式，得

$$t_c = \frac{1}{k}\ln\left(\frac{G_c}{G_0}\right) \tag{5-5}$$

式中，t_c为计算得到的释放时间(s)；G_c为计算释放时间所采用的饱和度(%)。

定义过饱和 TDG 释放时间的计算误差ε_t为

$$\varepsilon_t = \frac{t_i - t_c}{t_c}\times 100\% \tag{5-6}$$

式中，t_i为实际释放时间(s)。

根据释放系数与时间的关系改写式(5-6)，得

$$\varepsilon_t = \frac{k_c - k_i}{k_i}\times 100\% \tag{5-7}$$

式中，k_c为替代的释放系数。例如，以过饱和 DO 释放系数或欠饱和 DO 复氧系数替代；k_i为试验得到的过饱和 TDG 释放系数。

引入释放系数的观测误差δ_{k_T}($\delta_{k_T} = k_c - k_i$)，得

$$\varepsilon_t = \frac{\pm\delta_{k_T}}{k_c \pm \delta_{k_T}}\times 100\% \tag{5-8}$$

将释放系数观测误差和替代的过饱和 TDG 释放系数(过饱和 DO 释放系数或欠饱和 DO 复氧系数)代入式(5-8)中，可得到由此引起的过饱和 TDG 释放时间的计算误差δ_{k_T}，各工况误差绘于图 5-5。同理可推算得到以复氧系数代替过饱和 DO 释放系数引起的释放时间误差，如图 5-6 所示。

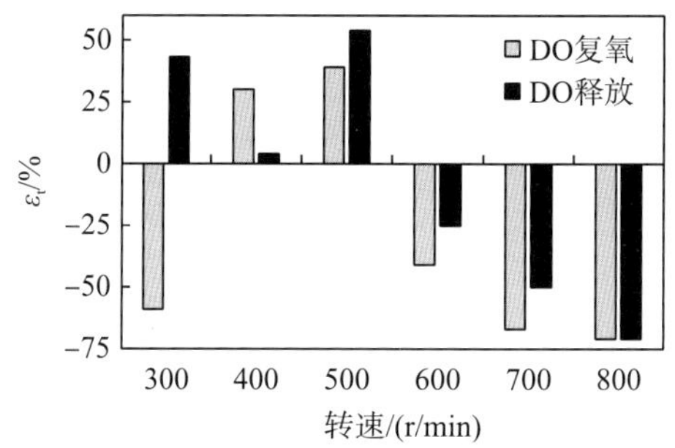

图 5-5 采用替代系数引起的过饱和 TDG 释放时间计算误差图

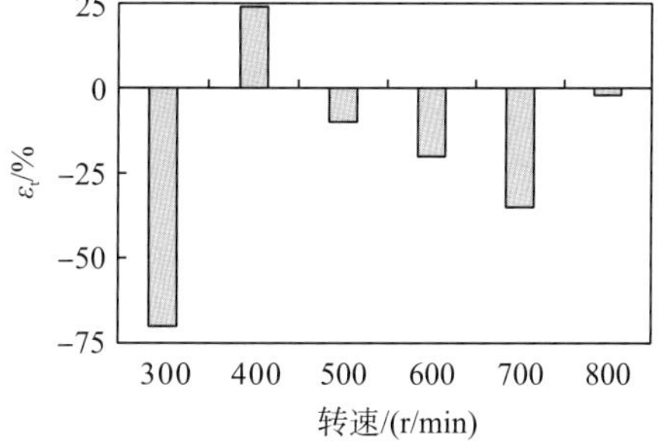

图 5-6 采用复氧系数代替过饱和 DO 释放系数引起的过饱和 DO 释放时间计算误差图

由图 5-5 中的结果可以看出，采用过饱和 DO 释放系数或欠饱和 DO 复氧系数代替过饱和 TDG 释放系数预测过饱和 TDG 释放时间时，可引起较大的计算误差。其中试验工况中最大误差达 70%以上。同理点绘因采用复氧系数代替过饱和 DO 释放系数而引起的过饱和 DO 释放时间的计算误差图，如图 5-6 所示。可以看出，部分工况的计算误差在 70%以上。

5.4 过饱和 TDG 释放系数的确定方法研究

水深、流速和紊动强度等是影响过饱和 TDG 释放系数的重要条件，在水力学条件对过饱和 TDG 释放系数影响的基础上，建立过饱和 TDG 释放系数的确定方法。

5.4.1 水深对过饱和 TDG 释放过程的影响

水体中过饱和 TDG 释放的驱动力来源于水体中溶解气体压力与当地静水压力之差，因此随着水深的增加，静水压力增大，水体中溶解气体压力与当地静水压力之差减小，过饱和 TDG 释放的驱动力逐渐减小，导致过饱和 TDG 释放量减小甚至停止。这就是为何在空气或浅水中打开可乐瓶盖会发生大量气体喷出或气泡冒出的现象，而深水中拧开瓶盖却不见气泡冒出的原因，如图 5-7 所示。

(a)水下1m

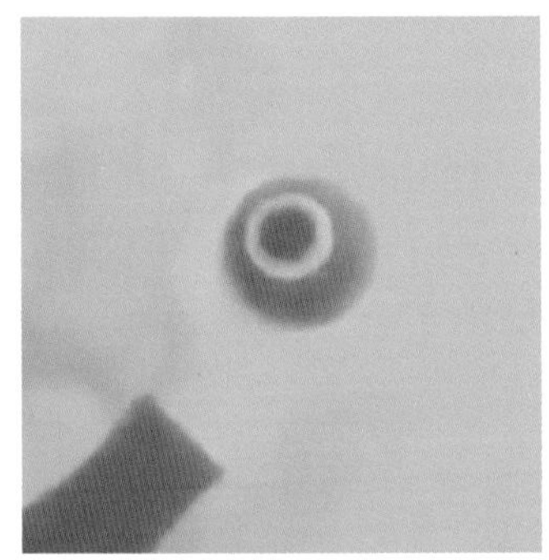

(b)水下12m

图 5-7 不同水深情况下打开可乐瓶盖后的现象对比照片

图片来源：https://v.qq.com/x/page/e0943cy66ng.html?sf=uri

在不同水深的河流或库区，水深较小的河流断面平均静水压强较小，对于特定的溶解气体饱和度，溶解气体压力与静水压强之间的压差较大，过饱和 TDG 释放较快。同时由于水深较小，自由水面的气体传质也更易传输和扩散到底部水体，从而加快了全断面的过饱和 TDG 释放。从图 5-2 和表 5-1 的分析可以看出，紫坪铺电站泄水期间，下游走马河和柏条河的水深约 3.0m，TDG 释放系数为 0.5630～0.6500h^{-1}；三峡电站泄水期间，下游长江河段水深约 16.6～19.9m，过饱和 TDG 释放系数为 0.0140～0.0200h^{-1}。对比可得，水深较大的河段过饱和 TDG 释放系数较小。另外，根据漫湾电站和大朝山电站泄水期间下游过饱和 TDG 原型观测结果可知，漫湾电站下游天然河道段和大朝山库区段的释放速率分别为 0.26%/km 和 0.04%/km，释放系数分别为 0.0955h^{-1} 和 0.0030h^{-1}，表明库区段水深的增加使过饱和 TDG 释放速率减小。

5.4.2 紊动对过饱和 TDG 释放过程的影响

通过 TDG 过饱和水体搅拌试验分析紊动强度对过饱和 TDG 释放过程的影响。试验装置及量测方法同 5.3.1 节。试验水体为 TDG 过饱和的清水，搅拌器转速(rotation per minute，RPM)代表不同紊动强度。试验监测得到的不同紊动强度(转速)下过饱和 TDG 随时间的变化过程如图 5-8 所示。可以看出，随着时间的推移，过饱和 TDG 释放过程逐渐变缓。对比各条曲线可以看出，随着转速的增加，释放初始段的 TDG 饱和度变化明显较快，释放速度显著加快。

采用一级动力学反应式(5-1)对各工况下的释放过程进行拟合，得到不同转速下的释放系数，释放系数与转速关系绘于图 5-9 中。结果显示，随着转速即紊动强度的提高，过饱和 TDG 的释放系数总体上呈逐渐增大的趋势。

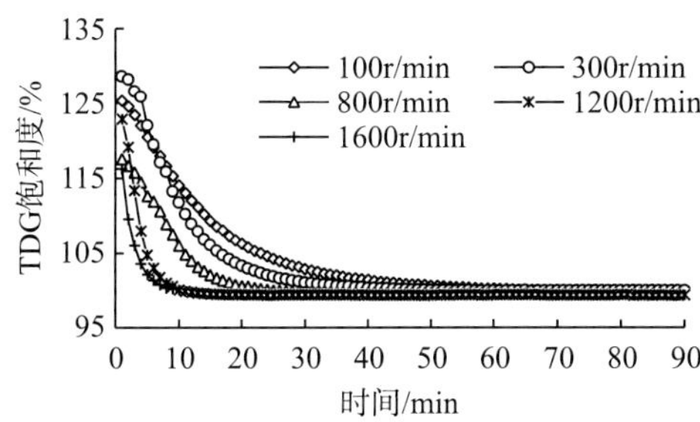

图 5-8 不同转速下 TDG 饱和度随时间变化过程

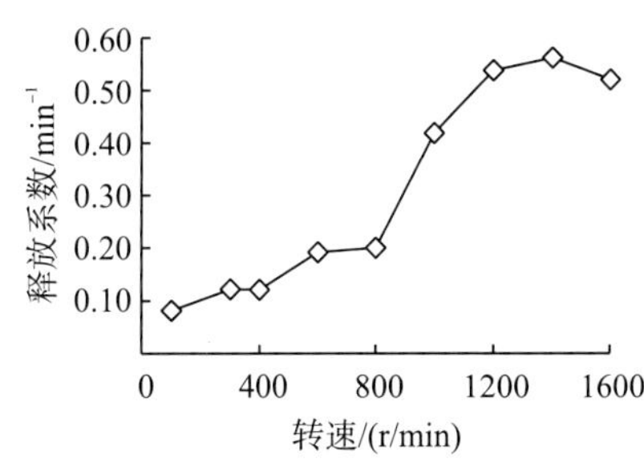

图 5-9 过饱和 TDG 释放系数与转速关系图

5.4.3 基于水动力学条件的释放系数计算方法研究

根据前述对过饱和 TDG 释放系数的分析，考虑河流坡降、水流流态、紊动以及水深等对过饱和 TDG 释放过程的影响，选择摩阻流速 u_*、弗劳德数 Fr、断面平均水深 $\overline{h}$ 和水力半径 $\overline{R}$ 作为影响参数，同时综合部分原型观测成果和室内试验成果，汇总得到过饱和 TDG 释放系数与水动力学条件关系，见表 5-5。

表 5-5 过饱和 TDG 释放系数与水动力学条件关系分析表

工况编号	工况名称	摩阻流速/(m/s)	弗劳德数 Fr	水深/m	水力半径/m	释放系数/h^{-1}	水体特征	数据来源
1	雅砻江河道 I	0.462	0.344	10.0	9.6	0.099	天然河道	蒋亮(2008)
2	金沙江河道 I	0.304	0.340	10.5	10.1	0.062	天然河道	冯镜洁(2013)
3	长江河道 I	0.340	0.192	19.9	19.6	0.014	天然河道	蒋亮(2008)
4	柏条河	0.354	0.530	3.2	3.1	0.563	天然河道	蒋亮(2008)
5	澜沧江河道 I	0.366	0.298	6.7	6.4	0.106	天然河道	冯镜洁(2013)
6	澜沧江河道III	0.387	0.304	7.5	7.2	0.101	天然河道	冯镜洁(2013)
7	大朝山水库	0.695	0.054	25.2	23.2	0.003	河道型水库	冯镜洁(2013)

续表

工况编号	工况名称	摩阻流速/(m/s)	弗劳德数 Fr	水深/m	水力半径/m	释放系数/h^{-1}	水体特征	数据来源
8	顺直明渠水槽Ⅰ	0.032	0.110	0.040	0.026	0.876	试验水槽	唐春燕(2011)
9	顺直明渠水槽Ⅲ	0.034	0.142	0.045	0.028	1.380	试验水槽	唐春燕(2011)
10	顺直明渠水槽Ⅴ	0.035	0.138	0.050	0.030	1.338	试验水槽	唐春燕(2011)
11	顺直明渠水槽Ⅶ	0.036	0.139	0.055	0.032	1.488	试验水槽	唐春燕(2011)
12	顺直明渠水槽Ⅸ	0.037	0.137	0.060	0.033	1.602	试验水槽	唐春燕(2011)

过饱和 TDG 释放系数可表示为

$$k_{\mathrm{TDG}} = f(Fr, u_*, \overline{h}, \overline{R}) \tag{5-9}$$

量纲分析得到：

$$k_{\mathrm{TDG}} = \phi_k Fr^m \frac{u_*}{\overline{R}}\left(\frac{\overline{h}}{\overline{R}}\right)^n \tag{5-10}$$

式中，m、n和ϕ_k为需要通过原型观测或试验结果进行率定的参数。

对式(5-10)作进一步分析得到：

$$\ln\left(\frac{k_{\mathrm{TDG}}\overline{R}}{u_*}\right) = \ln\phi_k + m\ln Fr + n\ln\left(\frac{\overline{h}}{\overline{R}}\right) \tag{5-11}$$

利用表 5-5 中各工况结果对式(5-11)进行回归分析，如图 5-10 所示。由此得到m、n和ϕ_k取值分别为 2.02、1.73 和 0.0037。

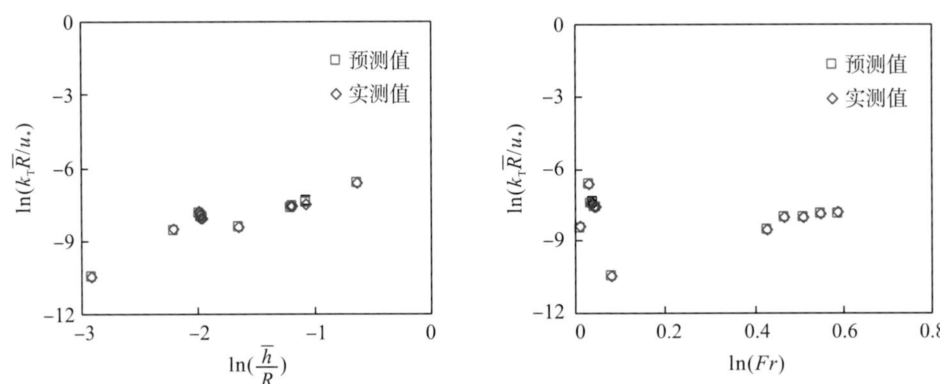

图 5-10 过饱和 TDG 释放系数与水动力学条件参数的拟合关系图

由此得到过饱和 TDG 释放系数计算公式：

$$k_{\mathrm{TDG}} = 3600\phi_k Fr^{1.73} \frac{u_*}{\overline{R}}\left(\frac{\overline{h}}{\overline{R}}\right)^{2.02} \tag{5-12}$$

式中，k_{TDG}为过饱和 TDG 释放系数(h^{-1})；ϕ_k为拟合系数，利用前述试验和原型观测数据得到该系数取值为 0.0037；u_*为摩阻流速(m/s)；Fr为弗劳德数；$\overline{h}$为断面平均水深(m)；$\overline{R}$为水力半径(m)。

式(5-12)为基于水动力学条件建立的过饱和 TDG 释放系数k_{TDG}的计算方法。采用部分试验和原型观测结果对式(5-12)进行验证，验证结果见表 5-6 和图 5-11。可以看出，释放系数公式计算结果与实测数据误差最大的是雅砻江河段和铜街子库区段，分别为 33.0%和-33.0%，其余河段均小于 20%。

表 5-6 释放系数计算公式验证结果表

工况编号	工况名称	流量/(m^3/s)	释放系数实测值/h^{-1}	释放系数计算值/h^{-1}	相对误差/%	备注
1	雅砻江河道 II	3.0×10^3	0.097	0.129	33.0	天然河道
2	金沙江河道 II	7.3×10^3	0.060	0.067	11.7	天然河道
3	长江河道 II	4.0×10^4	0.020	0.022	10	天然河道
4	走马河	0.3×10^3	0.650	0.600	-7.7	天然河道
5	澜沧江河道 II	3.7×10^3	0.096	0.103	7.3	天然河道
6	大渡河河道	3.7×10^3	0.201	0.163	-19.0	天然河道
7	铜街子库区	3.7×10^3	0.094	0.063	-33.0	河道型水库
8	顺直明渠水槽 II	3.8×10^{-4}	1.092	1.055	-3.4	试验水槽
9	顺直明渠水槽 IV	5.2×10^{-4}	1.260	1.429	13.4	试验水槽
10	顺直明渠水槽 VI	5.7×10^{-4}	1.260	1.410	11.9	试验水槽
11	顺直明渠水槽 VIII	6.4×10^{-4}	1.446	1.466	1.4	试验水槽
12	顺直明渠水槽 X	6.9×10^{-4}	1.572	1.422	-9.5	试验水槽

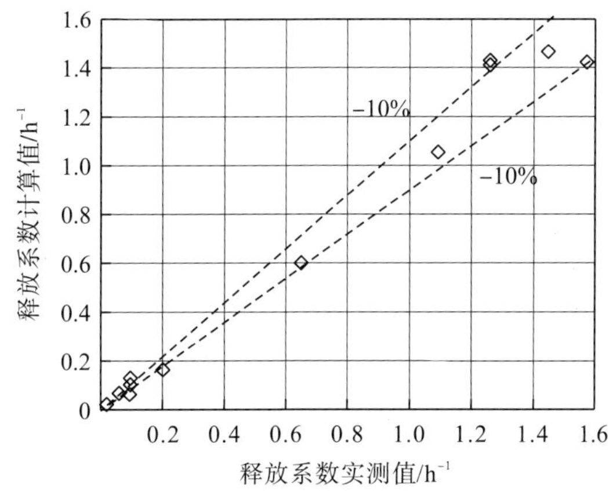

图 5-11 过饱和 TDG 释放系数的公式计算值与实测值对比图

基于原型观测结果和室内水槽试验总结得到式(5-12)，因此该公式适用于较为顺直的河道。由于公式建立过程中仅收集了铜街子水库和大朝山水库观测成果，两水库水深分别为 6.9m 和 25.2m，库区内水流流动特征明显，平均流速分别为 1.9m/s 和 1.0m/s，弗劳德数 *Fr* 分别为 0.25 和 0.05，水温年内变化特征显示均为非稳定分层结构水库，由此认为，式(5-12)可以用于水温弱分层结构的混合型水库，对于水温分层显著的深水库区，由于传质系数受水温分层影响，因此有待于开展更为系统和深入的研究。

天然水体水动力学条件复杂，同时存在水温分布、风影响以及水体内植被和水下建筑物等对水动力学条件和附壁气泡作用，导致式(5-12)对过饱和 TDG 释放系数的定量计算可能存在较大误差，为此，需要进一步开展水温、风速和壁面介质等环境对过饱和 TDG 释放过程影响的研究，不断发展和完善过饱和 TDG 释放系数的确定方法。

5.5 环境条件对过饱和 TDG 释放过程的影响

影响过饱和 TDG 释放的环境条件主要包括初始饱和度、水温、风、泥沙和壁面介质等。

5.5.1 初始饱和度

由式(5-1)可以看出，过饱和 TDG 释放符合一级动力学反应。图 5-12 为过饱和 TDG 典型释放过程示意图。式(5-1)拟合得到对应的释放系数为 0.080min^{-1}。

根据图 5-12 所示的过饱和 TDG 释放过程分析得到，当初始饱和度为 125%时，10min 后 TDG 饱和度降低为 111.2%，降低 13.8 个百分点；当初始饱和度为 115%时，10min 后 TDG 饱和度降低为 106.7%，降低 8.3 个百分点。由此看出，对应特定释放系数的过饱和 TDG 释放随着时间的进行逐渐趋缓，单位时间的释放量逐渐减小，表明单位时间内过饱和 TDG 的释放量与初始饱和度相关，但整个过程中过饱和 TDG 释放系数未发生改变，说明过饱和 TDG 释放系数与初始饱和度无关。

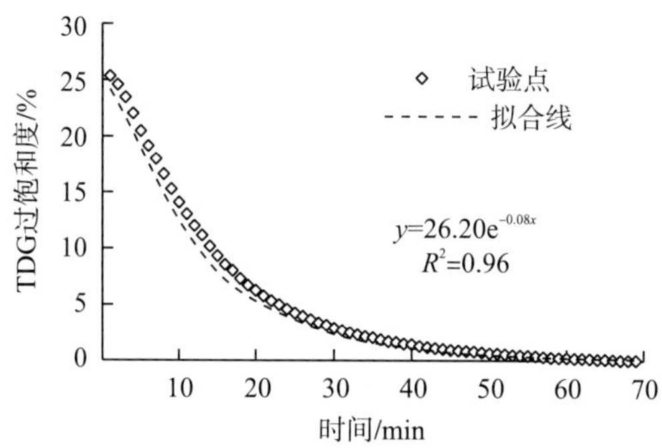

图 5-12 典型过饱和 TDG 释放过程示意图

5.5.2 水温

水体温度不同，水体中溶解气体与水分子的结合作用也不同，因此温度是影响过饱和气体释放过程的重要因素之一。四川大学刘盛赟(2013)、Shen 等(2016)、Ou 等(2016)开展了不同紊动条件下温度对过饱和 TDG 释放系数影响的试验。

1. 试验装置及方法

试验在步入式恒温恒湿实验室内进行。试验装置主要包括圆柱形试验水容器(内径 0.28m)、圆柱形水浴容器(内径约 925mm，高 950mm)和过饱和 TDG 水流生成装置，如图 5-13 所示。

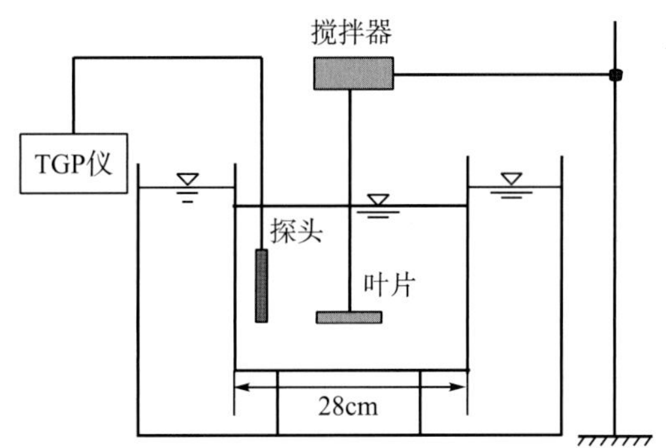

图 5-13 水温对过饱和 TDG 释放影响试验装置示意图

利用水体总溶解气体过饱和生成及其对鱼类影响研究的装置(3.4.2 节)产生特定温度的 TDG 过饱和水体，将水体导入试验容器至一定高度，并静置于水浴装置中。控制恒温实验室和水浴温度在特定试验温度。调整变速搅拌器在特定转速，代表不同的紊动条件。采用 PT4 Tracker 仪器监测容器内 TDG 饱和度随时间的变化过程。试验中水温波动最大变幅控制在 0.7℃/d，湿度保持在 45%RH。

2. 试验结果分析

不同紊动条件下各温度工况的过饱和 TDG 释放过程见图 5-14。可以看出，静置条件下过饱和 TDG 释放过程较缓慢，且温度越低，释放过程越慢。

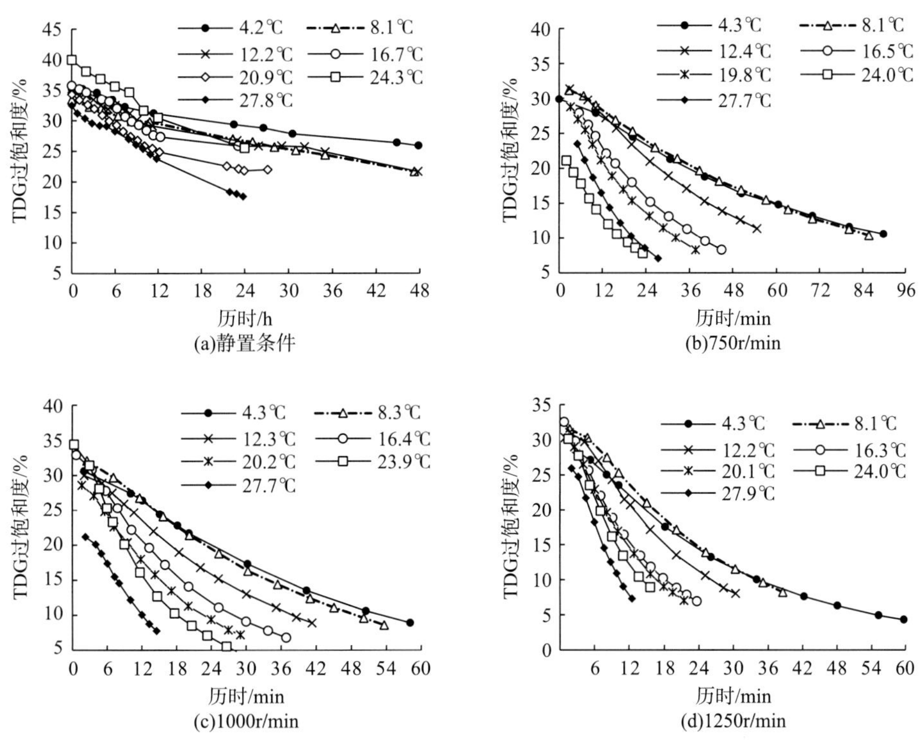

图 5-14 不同紊动条件下各温度工况的过饱和 TDG 释放过程示意图

采用一级动力学关系式[式(5-1)]对过饱和TDG释放过程进行拟合，分析得到不同紊动条件下各温度工况的过饱和TDG释放系数。点绘不同紊动条件下释放系数与水温的关系，如图5-15所示。

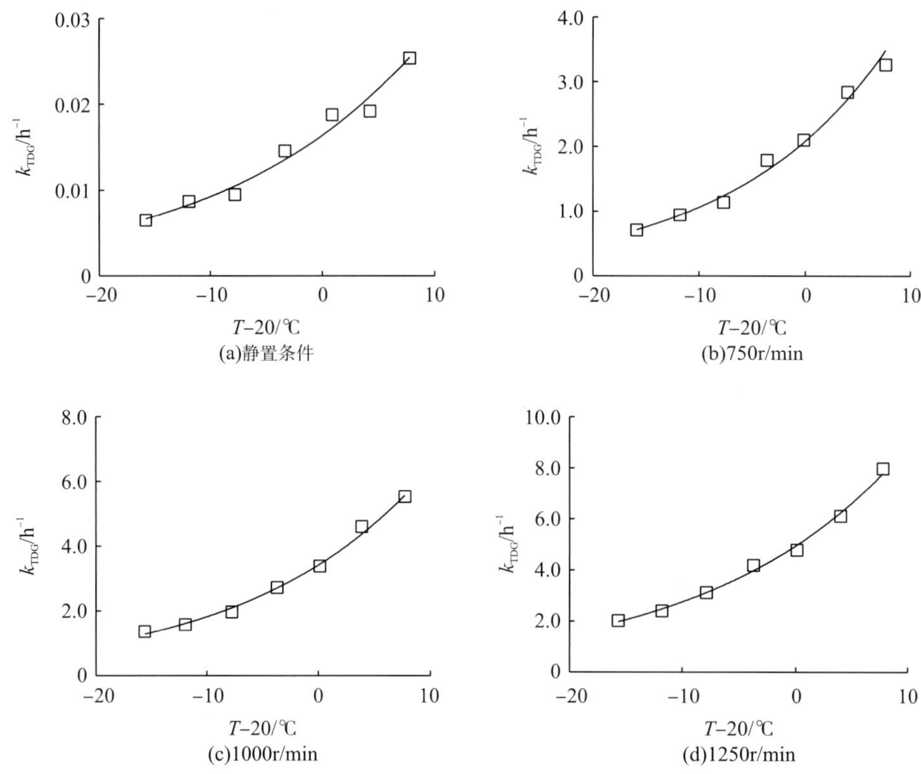

图5-15 不同紊动条件下过饱和TDG释放系数与温度关系图

图5-15表明，不同紊动条件下的过饱和TDG释放系数均随着温度升高逐渐增大。其中，静置条件下过饱和TDG释放系数由0.0065h^{-1}(4.2℃)增大到0.0254h^{-1}(27.8℃)，这是由于气液界面的传质过程与气体分子扩散系数相关。随着水温升高，气体分子内能增大，扩散速率加快，气液界面的传质速率也相应变大，因此过饱和TDG通过水气界面向大气的释放过程加快。

3. 过饱和TDG释放系数与温度关系

已有研究得到复氧系数随温度变化的关系式符合：

$$k_{DO,T}=k_{DO,20}\theta^{T-20} \tag{5-13}$$

式中，$k_{DO,T}$为特定紊动条件下温度T时的DO复氧系数(s^{-1})；$k_{DO,20}$为特定紊动条件下20℃时的DO复氧系数(s^{-1})；θ为DO的温度系数。

参照式(5-13)，确定过饱和TDG释放系数随温度的变化关系：

$$k_{TDG,T}=k_{TDG,20}\theta^{T-20} \tag{5-14}$$

式中，$k_{TDG,T}$ 为特定紊动条件下温度 T 时的 TDG 释放系数(s^{-1})；$k_{TDG,20}$ 为特定紊动条件下 20℃时的 TDG 释放系数(s^{-1})；θ 为过饱和 TDG 的温度系数。

分别对各紊动工况下过饱和 TDG 释放系数随温度变化的关系进行拟合，得到 20℃时过饱和 TDG 释放系数 $k_{TDG,20}$ 及温度系数，见表 5-7。

表 5-7 20℃时紊动水体过饱和 TDG 释放系数 $k_{TDG,20}$ 及温度系数 θ 表

工况编号	转速/(r/min)	$k_{TDG,20}$ /h^{-1}	θ
1	0	0.0164	1.057
2	750	2.09	1.066
3	900	2.81	1.057
4	1000	3.42	1.066
5	1200	4.34	1.057
6	1250	4.94	1.061
7	1500	9.53	1.061

对比分析各工况释放过程可知，$k_{TDG,20}$ 随紊动强度的增大而增大，随水温的升高而增大。同时表明，各工况下的温度系数 θ 较为接近，为 1.057～1.066。

对过饱和 TDG 释放系数与水温的关系式左右两边进行无量纲化，得

$$k_{TDG,T} / k_{TDG,20} = \theta^{T-20} \tag{5-15}$$

利用式(5-9)拟合不同紊动条件下 $k_{TDG,T} / k_{TDG,20}$ 随水温的变化关系，得到参数 θ 为 1.0602，如图 5-16 所示。据此得到过饱和 TDG 释放系数与水温的定量关系为

$$k_{TDG,T} = k_{TDG,20} \times 1.0602^{T-20} \tag{5-16}$$

拟合结果表明，90%以上工况的试验结果与拟合曲线的误差均在 10%以内，其他工况误差均在 15%以内，平均绝对误差为 5.16%。说明建立的过饱和 TDG 释放系数随水温变化的关系式比较合理，具有实用性。

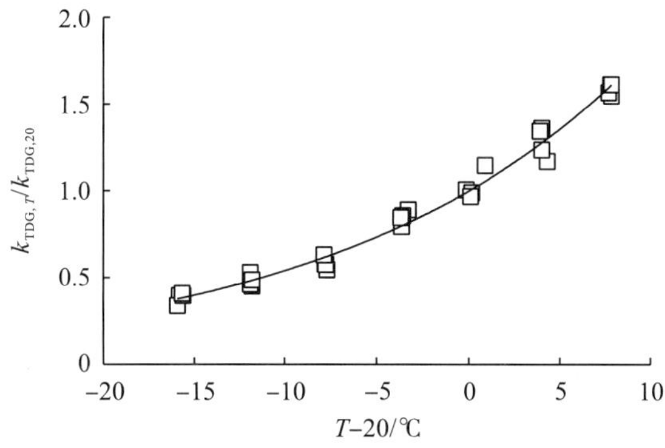

图 5-16 无量纲化过饱和 TDG 释放系数 $k_{TDG,T}/k_{TDG,20}$ 与水温的关系图

4. 过饱和 TDG 释放系数与温度关系在水槽试验中的验证

刘盛赟(2013)利用顺直水槽进一步开展不同温度下过饱和 TDG 释放试验，以验证前述建立的过饱和 TDG 释放系数与温度的关系[式(5-16)]。

试验水槽总长 20m，宽度为 40cm，坡降为 2.5‰(图 5-17)。控制试验入流温度，监测不同水温工况下水槽出口 TDG 饱和度变化情况。

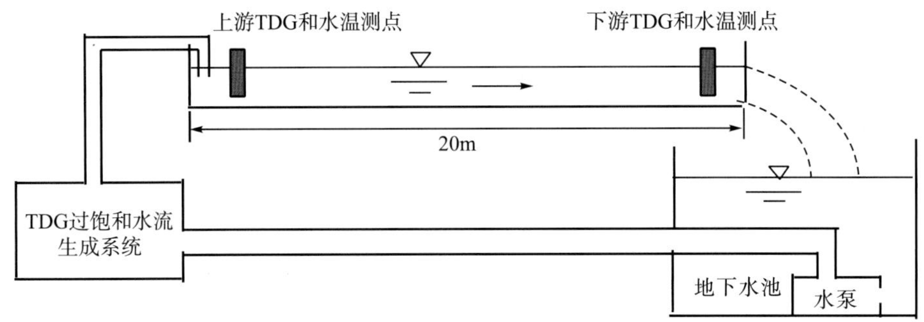

图 5-17 水温对过饱和 TDG 释放影响的水槽试验系统示意图

在 15.4～28.1℃共设置 8 组水温工况。各工况试验流量接近，控制在 0.45L/s 左右，波动范围为 0.419～0.4562L/s。

各水温工况下过饱和 TDG 释放系数试验结果如图 5-18 所示。各温度工况下过饱和 TDG 释放系数在 2.67～5.69h^{-1}，且释放系数随水温的升高而增大。

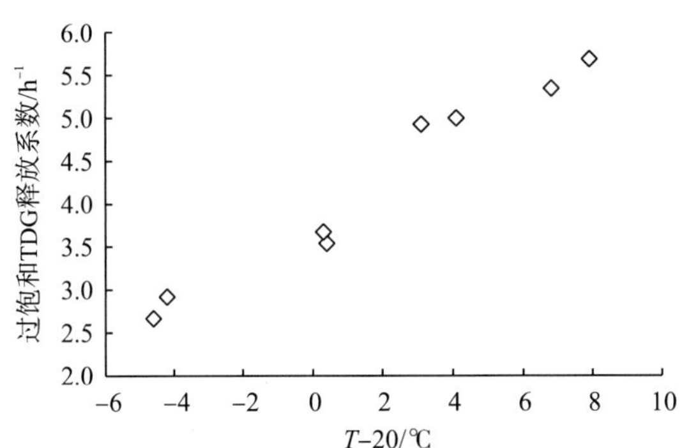

图 5-18 水槽试验过饱和 TDG 释放系数与水温关系图

采用式(5-16)拟合水槽试验得到的各工况下过饱和 TDG 释放系数，得到 20℃情况下顺直水槽过饱和 TDG 释放系数 $k_{TDG,20}$ 为 3.7h^{-1}。

采用式(5-16)计算得到不同温度工况下顺直水槽过饱和 TDG 释放系数，计算值与试验值对比情况如图 5-19 所示。对比分析表明，过饱和 TDG 释放系数的计算值与实测值偏差较小，范围为−7.0%～9.6%。

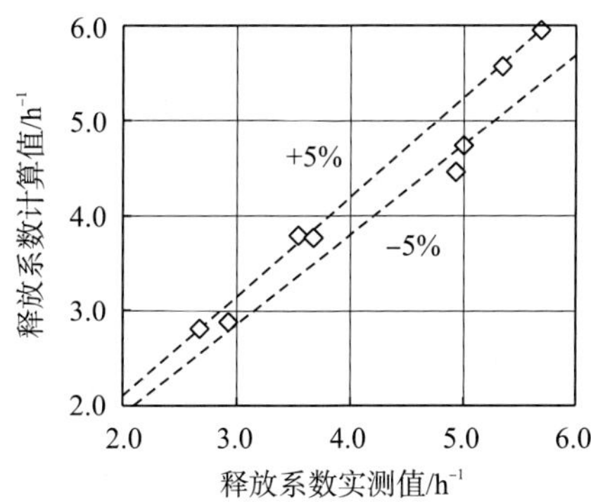

图 5-19 过饱和 TDG 释放系数计算值与实测值对比图

5.5.3 风速

天然水体中主要通过水气界面传质进行过饱和 TDG 释放。研究表明，风对水气界面的传质起促进作用。王乐乐(2014)和 Huang 等(2016)开展了静水和动水条件下风对过饱和 TDG 释放过程的影响试验，研究风对过饱和气体释放的促进作用。

1. 静水条件下风对过饱和 TDG 释放影响试验研究

1)静水试验装置及方法

静水试验装置主要由试验水箱、风道、水浴装置、鼓风机、进风闸门与挡板等组成，如图 5-20 所示。

试验开始前，首先将温度为20℃的TDG过饱和水体导入试验水箱中，控制水深0.59m，开启鼓风机，控制风道中保持特定风速，测量试验过程中 TDG 饱和度变化过程。

测量仪器主要包括 2 台风速测量仪、1 台 TDG 饱和度测量仪和 2 台温度测量仪。风速测量仪采用台湾泰仕电子工业股份有限公司生产的 TES-1341 热线式风速仪，TDG 饱和度测量仪采用加拿大生产的 TDG 测量仪 PT4 Tracker，温度测量仪采用杭州路格科技有限公司研制的 L93-22 温度测量仪。

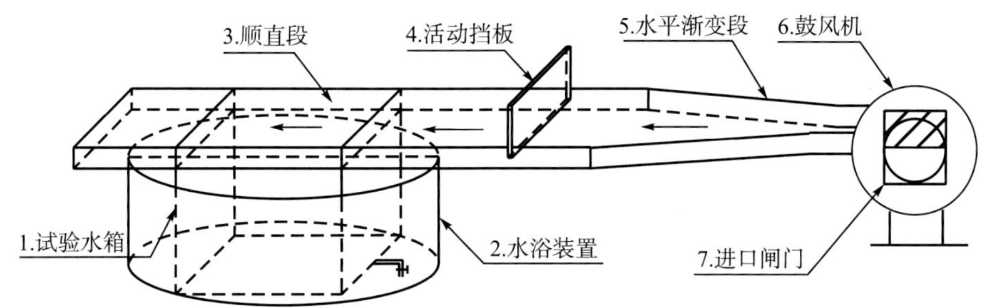

图 5-20 风对过饱和 TDG 释放影响的静水试验装置示意图

2)试验结果分析

在无风和低风速下过饱和 TDG 释放过程缓慢，无风工况和风速 4.2m/s 工况的 TDG 饱和度由 137%降低到 122%分别耗时 27.13h、8.50h。随着风速的增大，释放速率显著加快，风速 9.4m/s 工况的 TDG 饱和度由 141%降低到 111%耗时 1.93h；风速 12.1m/s 工况的 TDG 饱和度由 145%降低到 117%仅耗时 0.95h。

试验结束时表层 TDG 饱和度均低于底层 TDG 饱和度，造成垂向上 TDG 有差别，一般为 1%～2%。风速 4.2m/s 工况试验结束时表层水体 TDG 饱和度为 122%，底层 TDG 饱和度较表层高 2 个百分点，为 124%。水箱中表层过饱和 TDG 释放更快，是因为：过饱和 TDG 释放的传质过程主要在水气界面实现，造成界面附近 TDG 饱和度降低较快；表层水体在风的剪切应力的直接作用下，具有更大的紊动动能，因而水气界面传质较快，过饱和 TDG 饱和度较低。

采用一级动力学反应式对不同风速工况的过饱和 TDG 释放过程进行拟合，得到各工况的释放系数，如图 5-21 所示。无风时过饱和 TDG 的释放系数为 0.019h^{-1}，风速为 4m/s 时释放系数为 0.060h^{-1}，过饱和 TDG 释放系数约为无风时的 3 倍；风速为 8m/s 时过饱和 TDG 的释放系数为 0.28h^{-1}，约为无风时的 15 倍。风对 TDG 过饱和水体表面的摩擦剪切应力推动表层水体向前运动，遇到挡板下潜，形成风生环流。同时，风的影响使水体产生强烈紊动，风速的增大引起水气交界面时均速度梯度的增加，导致湍动能和湍能耗散率增加，进而大大增强了过饱和 TDG 在水气界面的传质。

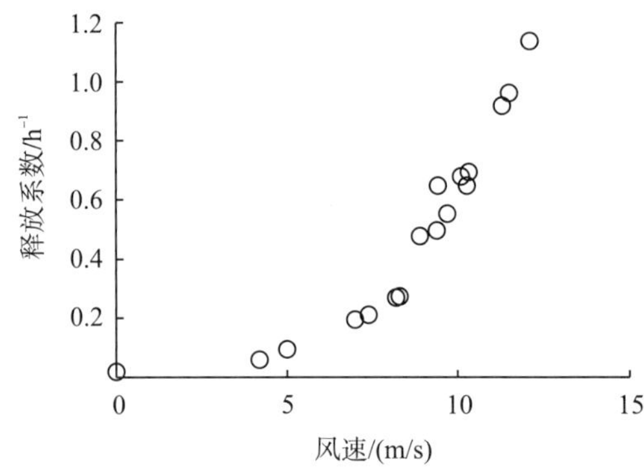

图 5-21 静水试验过饱和 TDG 释放系数与风速的关系(20℃)

2. 动水条件下风对过饱和 TDG 释放影响试验研究

1)动水试验装置及方法

试验用顺直水槽长 10m，宽 0.3m，高 0.4m，坡度为 0.2%，水槽顶面利用盖板封闭形成风道。为提高过饱和 TDG 在水槽内的释放效果，水槽中每隔 0.5m 交叉摆放尺寸为 240mm×120mm×60mm(长×宽×高)的矩形块对水流形成一定阻挡，以增加 TDG 过饱和水体在水槽的滞留时间，试验装置示意图如图 5-22 所示。试验用 TDG 过饱和水流的产生和控制、参数量测方法参见静水试验。试验过程中保持水流的 TDG 饱和度、流量、水温和风速恒定，试验工况的最大风速为 11.3m/s。

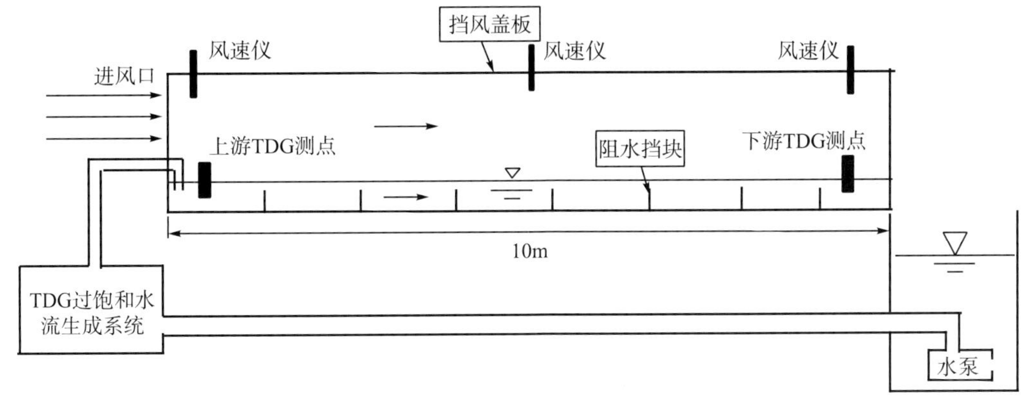

图 5-22 风对过饱和 TDG 释放影响动水试验装置示意图

2) 试验结果分析

流水条件下的过饱和 TDG 变化表现为，随着风速的增加，水槽进出口的 TDG 饱和度差值逐渐增大。无风条件下，出口 TDG 饱和度较进口 TDG 饱和度降低 1.2%。5.8m/s 的风速工况出口 TDG 饱和度比入口降低 4.7%。11.3m/s 的风速工况出口较入口 TDG 饱和度降低 24.3%。

王乐乐(2014) 针对风影响条件下水流过饱和 TDG 输移释放变化建立了平面二维过饱和 TDG 输移释放模型。采用模型对不同试验工况进行模拟，并通过与实测结果的比较率定得到过饱和 TDG 释放系数，如图 5-23 所示。

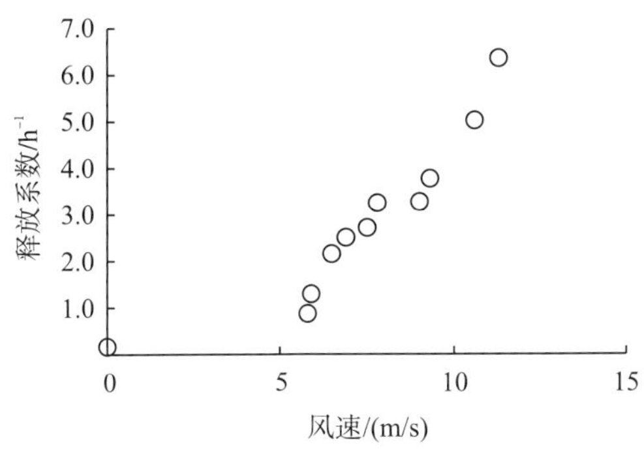

图 5-23 动水试验过饱和 TDG 释放系数与风速的关系图

对比动水试验结果和静水试验结果(图 5-21 和图 5-23)，动水条件下过饱和 TDG 释放系数远大于静水条件下的释放系数。其中无风条件下两者的释放系数分别是 $0.17h^{-1}$ 和 $0.019h^{-1}$，前者约为后者的 9 倍；风速为 11.3m/s 的条件下，释放系数分别是 $6.35h^{-1}$ 和

测容器内水体的过饱和 TDG 变化过程。

2)试验结果分析

搅拌器转速分别为 300r/min、400r/min、500r/min 和 600r/min 时，不同含沙量工况下过饱和 TDG 释放过程如图 5-26 所示。试验结果表明，随着转速的加快，过饱和 TDG 释放速度增大；在特定转速下，随着含沙量的增加，过饱和 TDG 释放速度也随之增大。

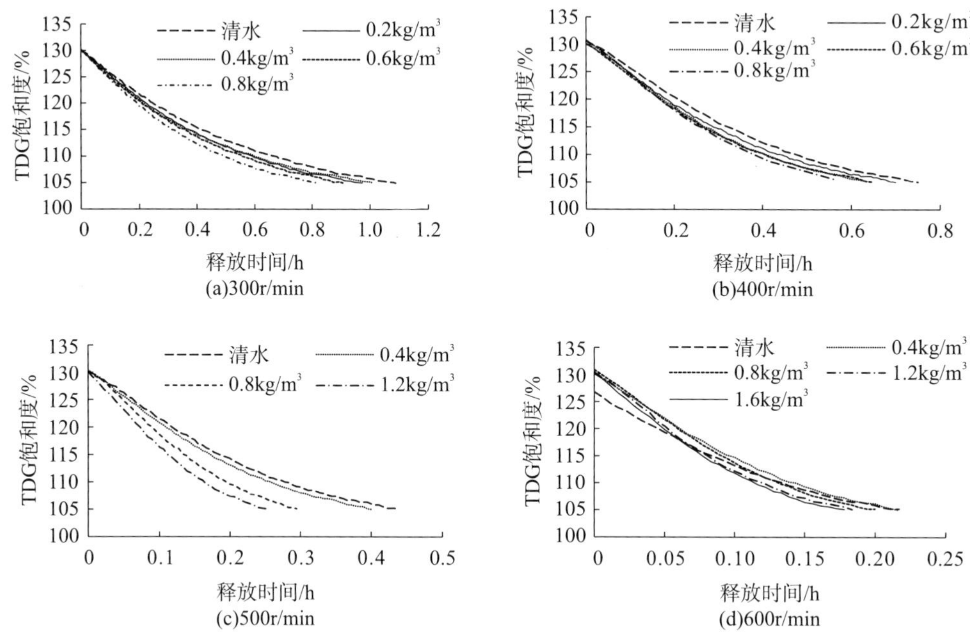

图 5-26 不同紊动水体不同含沙量条件下过饱和 TDG 释放过程图

采用一级动力学反应式(5-1)对不同紊动条件下的 TDG 释放过程曲线进行拟合，得到不同转速下过饱和 TDG 释放系数。汇总静置水柱试验与搅拌诱发紊动试验得到的释放系数与含沙量过程，如图 5-27 所示。

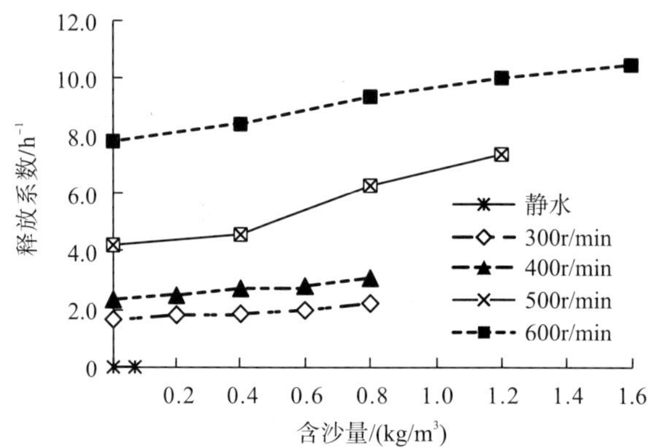

图 5-27 不同紊动条件下过饱和 TDG 释放系数与含沙量关系图

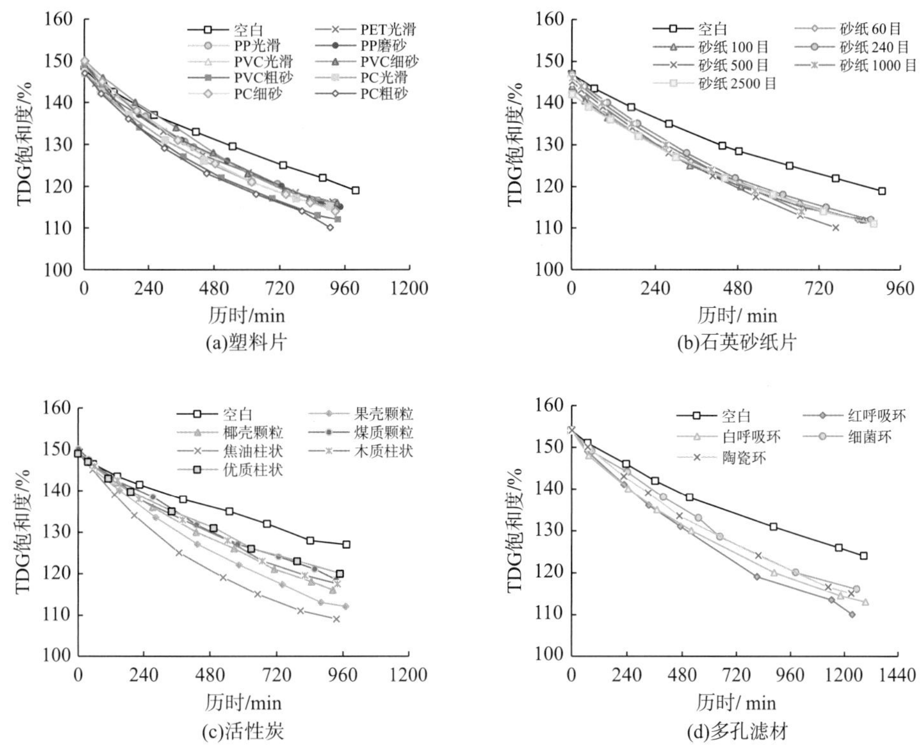

图 5-37 不同壁面介质工况过饱和 TDG 饱和度变化过程图

图 5-38(a)为石英砂纸片试验组和塑料片试验组各工况过饱和 TDG 平均释放速率的对比图，可以明显看出，总体上，石英砂纸片过饱和 TDG 的释放速率比塑料片大。石英砂纸片和塑料片中过饱和 TDG 释放最快工况分别为 500 目砂纸和 PC 粗砂塑料片，对其进行对比分析表明，在相同固壁比表面积条件下，砂纸对过饱和 TDG 的释放促进效果优于塑料片。两种材料的疏水性接近，但砂纸的表面粗糙度显著大于塑料片，由此认为阻水介质的表面粗糙度对过饱和 TDG 释放具有促进作用。

图 5-38(b)为活性炭试验组和多孔滤材试验组各个工况过饱和 TDG 平均释放速率的对比图，总体来说，活性炭过饱和 TDG 的释放速率大于多孔滤材。

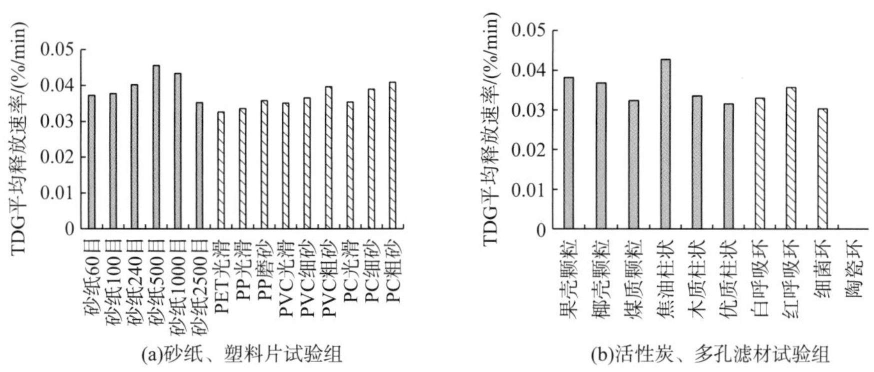

图 5-38 不同材料阻水介质的过饱和 TDG 释放速率对比图(袁西铨，2019)

各壁面介质工况的过饱和 TDG 释放系数与空白对照组的释放系数之差即为壁面介质作用对过饱和 TDG 释放系数的贡献。

$$k_{\mathrm{TDG,v}}=k_{\mathrm{TDG,v1}}-k_{\mathrm{TDG,v0}} \tag{5-21}$$

式中，$k_{\mathrm{TDG,v}}$ 为壁面介质作用引起的过饱和 TDG 释放系数(s^{-1})；$k_{\mathrm{TDG,v1}}$ 为壁面介质工况的过饱和 TDG 释放系数(s^{-1})；$k_{\mathrm{TDG,v0}}$ 为空白对照组的过饱和 TDG 释放系数(s^{-1})。

引入壁面介质作用下的吸附通量 F_w：

$$F_w=-\frac{k_{\mathrm{TDG,v}}}{d_v}(C-C_{eq})=-\frac{k_{\mathrm{TDG,v1}}-k_{\mathrm{TDG,v0}}}{d_v}(C-C_{eq}) \tag{5-22}$$

式中，F_w 为单位壁面面积在单位时间内对过饱和 TDG 的吸附通量[$mg/(m^2 \cdot s)$]；d_v 为单位水体内的壁面面积(m^{-1})。

$$D_{\mathrm{TDG,v}}=\frac{k_{\mathrm{TDG,v1}}-k_{\mathrm{TDG,v0}}}{d_v} \tag{5-23}$$

式中，$D_{\mathrm{TDG,v}}$ 为壁面的面积吸附系数(m/h)。

由此得到单位壁面面积在单位时间内对过饱和 TDG 的吸附通量表达式为

$$F_w=-D_{\mathrm{TDG,v}}(C-C_{eq}) \tag{5-24}$$

根据试验结果分析得到不同材质壁面的面积吸附系数(见表 5-8)。可以看出，不同材质的壁面吸附系数差异较大，变化范围为 0.00035～0.00356$m \cdot h^{-1}$。

表 5-8 壁面的面积吸附系数 $D_{\mathrm{TDG,v}}$ 计算结果(Yuan et al.，2020)

工况编号	介质类型	壁面面积/m^2	面积吸附系数 $D_{\mathrm{TDG,v}}$ /(m/h)
1	砂纸 60 目	4.12	0.00224
2	砂纸 100 目	4.12	0.00239
3	砂纸 240 目	4.12	0.00294
4	砂纸 500 目	4.12	0.00356
5	砂纸 1000 目	4.12	0.00326
6	砂纸 2500 目	4.12	0.00215
7	砂纸 240 目	3.09	0.00295
8	砂纸 240 目	2.06	0.00296
9	砂纸 240 目	1.03	0.00295
10	PET 光滑	4.12	0.00035
11	PP 光滑	4.12	0.00074
12	PP 磨砂	4.12	0.00093
13	PVC 光滑	4.12	0.00101
14	PVC 细砂	4.12	0.00112
15	PVC 粗砂	4.12	0.00218
16	PC 光滑	4.12	0.00124
17	PC 细砂	4.12	0.00165

续表

工况编号	介质类型	壁面面积/m²	面积吸附系数 $D_{TDG,v}$ /(m/h)
18	PC 粗砂	4.12	0.00273
19	PVC 光滑	3.09	0.00102
20	PVC 光滑	2.06	0.00099
21	PVC 光滑	1.03	0.00104

不同试验条件下面积吸附系数与表面粗糙度的关系如图 5-39 所示。图 5-39 表明，随着表面粗糙度的增大，面积吸附系数呈先增大后减小的趋势，在表面粗糙度为 15.5 μm 时，得到的面积吸附系数最大。

不同试验条件下面积吸附系数与表面接触角的关系如图 5-40 所示。面积吸附系数与表面接触角呈正相关关系，表面接触角越大，面积吸附系数越大。对面积吸附系数和表面接触角的关系进行拟合，得到面积吸附系数与表面接触角的经验关系：

$$D_{TDG,v} = 4\times10^{-5}\, e^{0.043\theta} \tag{5-25}$$

式中，θ 为表面接触角(°)。

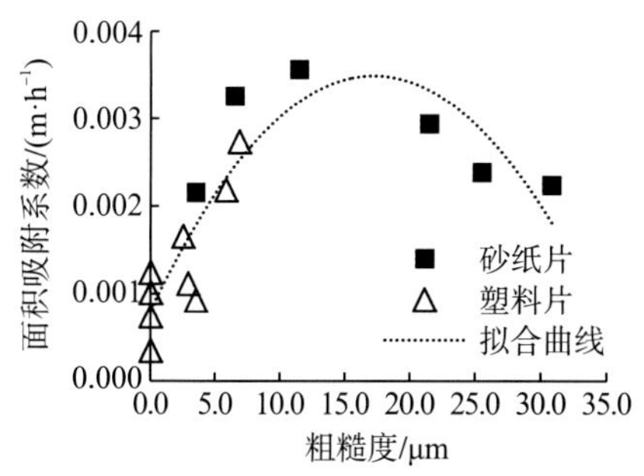

图 5-39 面积吸附系数与表面粗糙度关系图

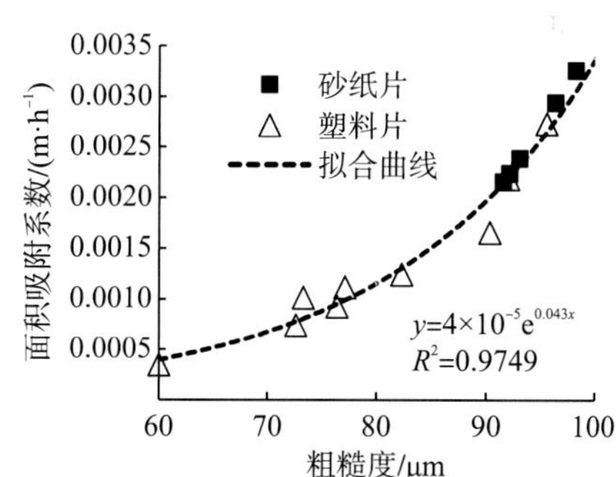

图 5-40 面积吸附系数与表面接触角关系图

3. 流动水体中壁面介质影响试验研究

1) 试验装置及方法

水槽试验装置主体为一长 15m，宽 0.5m 的有机玻璃水槽，坡降为 0.45‰。试验水流来自 TDG 过饱和水流生成装置(李然等，2011)，试验用固壁介质为有机玻璃立柱，如图 5-41 所示。

在水槽内按照特定的密度布置壁面介质并固定(图 5-42)，开启 TDG 过饱和水流至恒定流量，测量水流下游出口断面和上游入流断面的 TDG 饱和度作为过饱和 TDG 的释放量，同时测量试验过程中的温度、流速、水深等参数。

根据有机玻璃立柱的布置密度可以计算得到固壁比表面积 d_v 。设置不同的固壁比表面积和不同流量工况，研究流动水体中壁面介质对过饱和 TDG 释放过程的影响。

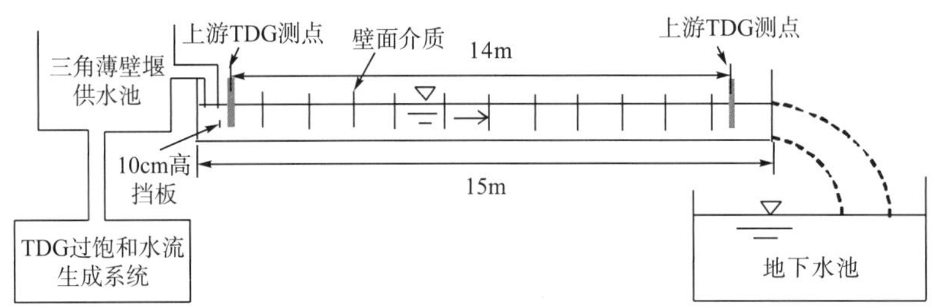

图 5-41 壁面介质影响试验水槽系统示意图

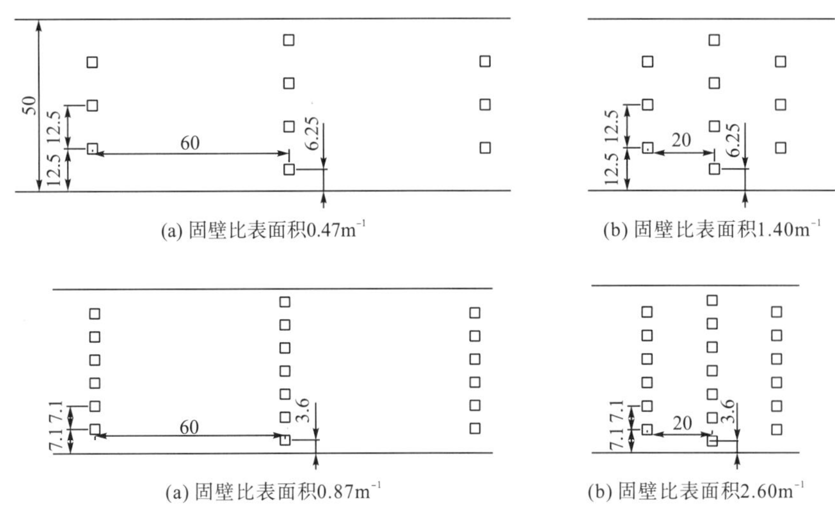

图 5-42 固壁介质典型布置示意图(图中单位：cm)

2)试验结果

图 5-43 为不同固壁比表面积工况下上下游 TDG 饱和度差值与流量关系图。图 5-44 为不同流量工况下 TDG 饱和度差值与固壁比表面积关系图。对比分析表明，无介质的空白组 TDG 饱和度差值为 4.2%～7.3%，当固壁比表面积增加至 2.60m^{-1}时，TDG 饱和度差值增加至 7%～17.5%，为空白组的 2～3 倍。分析认为，流量和流速的增大使水体平均滞留时间缩短，因而 TDG 饱和度的释放量相应减小。这种现象随着固壁比表面积的增大而

越发明显。无固壁介质的空白组，水槽上下游 TDG 饱和度差值为 4.2%～7.3%，变幅仅为 3.1 个百分点。当固壁比表面积增加到 2.60m^{-1}时，上下游 TDG 饱和度差值增大至 7%～17.5%，变幅达 10.5 个百分点。进一步分析认为，固壁介质对水流结构影响显著，且这种影响随介质固壁比表面积和流速的增加而加强。因此，当介质固壁比表面积增加时，水流受介质的影响增大，在高密度介质的影响下，水体的水力特性和水流结构也随流量和流速的变化而急剧变化。

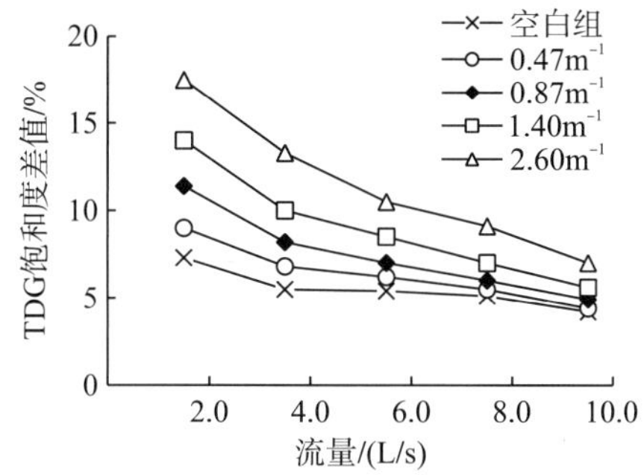

图 5-43 不同固壁比表面积工况下上下游 TDG 饱和度差值与流量关系图

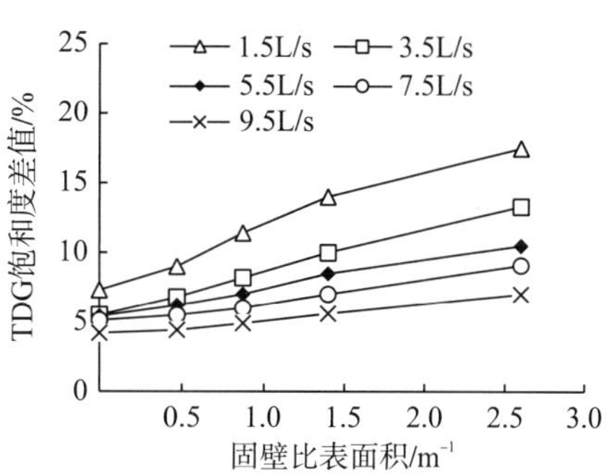

图 5-44 不同流量工况下 TDG 饱和度差值与固壁比表面积的关系图

3) 水体内部释放过程研究

根据图 5-32 所示的壁面介质作用下过饱和 TDG 释放作用分区，在水体中存在建筑物、植被等固壁介质时，过饱和 TDG 的释放主要由三部分组成，即自由水面传质、水体内部释放以及壁面吸附。黄膺翰（2017）基于开源 OpenFOAM 软件架构，开发了考虑壁面介质影响的三维水气两相流数学模型，参见 6.4 节。其中，针对水气自由表面传质，表面传质系数的计算推荐采用表 4-10 关于自由表面传质系数的研究成果。对于壁面吸附，采用前述静置水体中壁面介质影响试验研究得到的壁面吸附通量表达式（5-24）。对于水体内部释放传质过程，根据流动水体固壁影响下过饱和 TDG 输移释放试验结果，通过数学模型率定得到各工况下的水体内部释放系数，如图 5-45 所示。

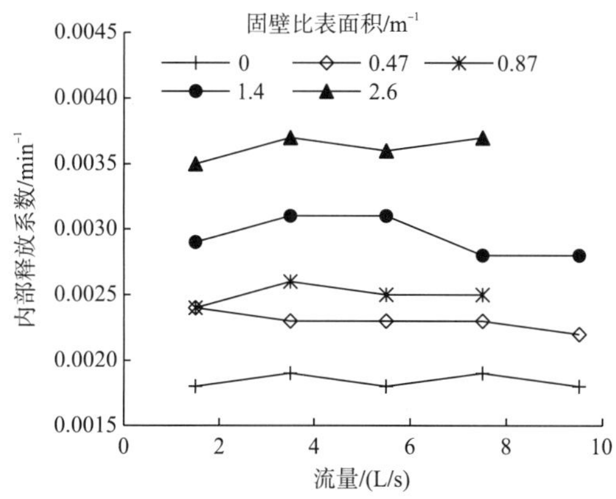

图 5-45 水体内部释放系数拟合结果

考虑壁面介质作用对水体内部释放系数的影响，引入无量纲的壁面影响系数 k_v'：

$$k_v'=k_{TDG,v}/k_{TDG,v0} \tag{5-26}$$

式中，k_v' 为无量纲化的壁面影响系数；$k_{TDG,v}$ 为固壁影响下水体内部过饱和 TDG 释放系数(h^{-1})；$k_{TDG,v0}$ 为无固壁条件下的水体内部过饱和 TDG 释放系数(h^{-1})。

根据试验结果，得到壁面影响系数与固壁比表面积关系，如图 5-46 所示。

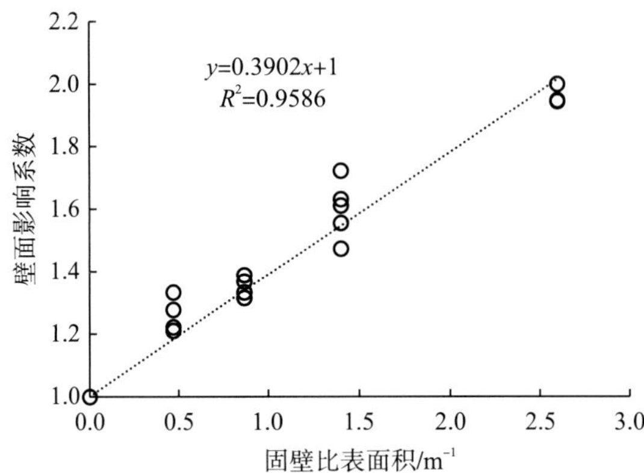

图 5-46 壁面影响系数与固壁比表面积关系图

根据图 5-46 所示的关系，拟合得到壁面影响系数与固壁比表面积的关系：

$$k_v'=0.3902d_v+1.0 \tag{5-27}$$

由此得到固壁介质影响下水体内部释放系数为

$$k_{TDG,v}=(0.3902d_v+1.0)\,k_{TDG,v0} \tag{5-28}$$

式(5-28)即为考虑固壁影响的过饱和 TDG 释放系数计算方法。

5.6 小 结

天然水体中过饱和 TDG 释放服从一级动力学过程，其中释放系数是表征过饱和 TDG 释放快慢的重要参数。基于水深、流速等水动力学条件提出了过饱和 TDG 释放系数计算方法。同时，通过系列试验研究揭示了水温、风速、含沙量和固壁介质等对饱和 TDG 释放过程的定量关系，为过饱和 TDG 输移释放预测提供科学依据。

6　过饱和 TDG 输移释放模型

水坝泄水产生的过饱和 TDG 在下游河道的输移释放过程直接关系到对水生生物的影响程度和范围，因此建立适用于不同特征水体的过饱和 TDG 输移释放模型是水坝泄水溶解气体过饱和影响研究的重要内容。针对不同特征水体和工程应用，本章分别研发了纵向一维输移释放模型、深度平均平面二维过饱和 TDG 输移释放模型、宽度平均立面二维过饱和 TDG 输移释放模型以及复杂区域三维过饱和 TDG 输移释放模型。

6.1　河道纵向一维过饱和 TDG 输移释放模型

对于天然河道，过饱和 TDG 在横向和垂向上近似均匀分布，可采用纵向一维数学模型。考虑泄水过程的非恒定流特征以及传输过程中温度变化对气体饱和度的影响，四川大学(2014)研发了纵向一维非恒定流过饱和 TDG 输移释放模型。

6.1.1　模型方程

1. 水动力学方程

水动力学特性模型以河道纵向一维非恒定流水面线方程为基础。

连续方程：

$$\frac{\partial A}{\partial t}+\frac{\partial Q}{\partial x}=AS_Q \tag{6-1}$$

运动方程：

$$\frac{\partial Q}{\partial t}+\frac{\partial (uQ)}{\partial x}+g\left(A\frac{\partial Z}{\partial x}+\frac{n^2Q|Q|}{A^2\overline{R}^{4/3}}\right)=0 \tag{6-2}$$

式中，x 为笛卡儿坐标系 X 向的坐标(m)；t 为时间(s)；A 为过水断面面积(m^2)；Q 为断面流量(m^3/s)；S_Q 为单位时间单位体积内的流量汇入源(汇)项(1/s)；u 为断面平均流速(m/s)；Z 为断面水位(m)；g 为重力加速度(m/s^2)；$\overline{R}$ 为断面水力半径(m)；n 为河道糙率。

2. 水温方程

水温数学模型为

$$\frac{\partial(AT)}{\partial t}+u\frac{\partial(AT)}{\partial x}=\frac{\partial}{\partial x}\left(AE_x\frac{\partial T}{\partial x}\right)+\frac{BS_{\mathrm{T}}}{\rho C_{\mathrm{p}}} \tag{6-3}$$

式中，T 为水温(℃)；E_x 为纵向弥散系数(m^2/s)；S_T 为水体与大气间的热交换通量(W/m^2)；ρ 为水体密度(kg/m^3)；C_p 为水的比热容[J/(kg·℃)]。

1)纵向弥散系数 E_x

$$E_x=\frac{0.011u^2B}{\bar{h}u_*} \tag{6-4}$$

式中，B 为河宽(m)；$\bar{h}$ 为断面平均水深(m)；u 为断面平均流速(m/s)；u_* 为摩阻流速(m/s)，$u_*=\sqrt{g\bar{R}J}$。

2)水面热交换通量 S_T

通过水面进入水体的热通量为

$$S_{\mathrm{T}}=\varphi_{\mathrm{sn}}+\varphi_{\mathrm{an}}-\varphi_{\mathrm{br}}-\varphi_{\mathrm{e}}-\varphi_{\mathrm{c}} \tag{6-5}$$

式中，φ_{sn} 为水面净吸收的太阳短波辐射(W/m^2)；φ_{an} 为大气长波辐射(W/m^2)；φ_{br} 为水体长波的返回辐射(W/m^2)；φ_e 为水面蒸发热损失(W/m^2)；φ_c 为热传导通量(W/m^2)。

(1)水面净吸收的太阳短波辐射 φ_{sn}。

$$\varphi_{\mathrm{sn}}=\varphi_{\mathrm{s}}(1-\gamma) \tag{6-6}$$

式中，φ_s 为到达地面的总太阳辐射量(W/m^2)；γ 为水面反射率，与太阳角度和云层覆盖率相关，一般取 0.03。

(2)大气长波辐射 φ_{an}。

大气所吸收的太阳能以长波形式向地面发射，其长波辐射强度取决于气温和云量：

$$\varphi_{\mathrm{an}}=\sigma\varepsilon_{\mathrm{a}}(1-\gamma_{\mathrm{a}})\left(273+T_{\mathrm{a}}\right)^4 \tag{6-7}$$

式中，σ 为斯特藩-玻尔兹曼(Stefan-Boltzmann)常数，$\sigma=5.67\times10^{-8}$[$W/(m^2\cdot K^4)$]；γ_a 为长波反射率，取 0.03；T_a 为水面上 2m 处的气温(℃)；ε_a 为大气发射率(%)。

当气温大于 4.0℃时，

$$\varepsilon_{\mathrm{a}}=1.24\left(\frac{e_{\mathrm{a}}}{T_{\mathrm{a}}+273}\right)^{1/7}(1+0.17C_{\mathrm{r}}^2) \tag{6-8}$$

当气温小于或等于 4.0℃时，

$$\varepsilon_{\mathrm{a}}=\left[1-0.261\exp\left(0.74\times10^{-4}T_{\mathrm{a}}^2\right)\right](1+0.17C_{\mathrm{r}}^2) \tag{6-9}$$

式中，C_r 为云层覆盖率(%)；e_a 为水面蒸气压(hPa)。

$$e_{\mathrm{a}}=6.11\times R_{\mathrm{H}}\times10^{\frac{7.5T_{\mathrm{a}}}{(T_{\mathrm{a}}+273)}} \tag{6-10}$$

式中，R_H 为相对湿度(%)。

(3)水体长波的返回辐射 φ_{br}。

水体吸收的大气长波辐射会向大气返回辐射，其强度可用 Stefan-Boltzmann 定律计算：

$$\varphi_{\mathrm{br}} = \sigma\varepsilon_{\mathrm{w}}\left(273 + T_{\mathrm{s}}\right)^4 \tag{6-11}$$

式中，ε_{w} 为水体的长波发射率，ε_{w} =0.965；T_{s} 为水体表面温度(℃)。

(4)水面蒸发热损失 φ_{e}。

水体由于蒸发损失的热量根据空气与水面的蒸发压力计算。

$$\varphi_{\mathrm{e}} = \frac{4}{3} f\left(W\right)\left(e_{\mathrm{s}} - e_{\mathrm{a}}\right) \tag{6-12}$$

式中，$f(W)$ 为风函数，反映自由对流和强迫对流对蒸发的影响；e_{s} 为 T_{s} 对应的紧靠水面的饱和蒸气压。

$$f(W) = \sqrt{22.0 + 12.5W^2 + 2.0(\Delta T)} \tag{6-13}$$

式中，W 为水面上方 10m 处的风速(m/s)；ΔT 为水温和气温差(℃)；e_{s} 为 T_{s} 对应的紧靠水面的空气饱和蒸发压力(hPa)。

$$e_{\mathrm{s}} = 6.11 \times 10^{\frac{7.5T_{\mathrm{s}}}{(T_{\mathrm{s}}+273)}} \tag{6-14}$$

(5)热传导通量 φ_{c}。

当气温和水温存在温度梯度时，水气交界面会通过传导进行热交换，热传导通量与温差成正比。

$$\varphi_{\mathrm{c}} = 0.47 f\left(W\right)\left(T_{\mathrm{s}} - T_{\mathrm{a}}\right) \tag{6-15}$$

3. 过饱和 TDG 输运方程

$$\frac{\partial G}{\partial t} + u\frac{\partial G}{\partial x} = \frac{\partial}{\partial x}\left(E_x \frac{\partial G}{\partial x}\right) + S_G \tag{6-16}$$

式中，G 为 TDG 饱和度(%)；E_x 为 TDG 纵向扩散系数($\mathrm{m^2/s}$)；S_G 为过饱和 TDG 释放源项(%/s)；u 为断面平均流速(m/s)。

$$S_G = -k_{\mathrm{TDG},T}(G - G_{\mathrm{eq}}) \tag{6-17}$$

式中，$k_{\mathrm{TDG},T}$ 为温度 T 条件下的过饱和 TDG 释放系数(1/s)，可采用原型观测率定结果或者参考 5.3.3 节过饱和 TDG 释放系数估算方法计算；G_{eq} 为 TDG 平衡饱和度(%)，在一维模型中直接采用 100%。

6.1.2 模型验证

1. 计算条件说明

四川大学于 2007 年 7 月对雅砻江二滩水坝泄水期间的过饱和 TDG 进行了原型观测，观测断面分别位于二滩电站坝下及坝址下游 32km 的雅砻江与金沙江汇口(以下简称“汇口”)。采用 2007 年 7 月 27 日 9:00 至 7 月 28 日 9:00 时段内二滩电站坝下至金沙江汇口间河段的实测结果对模型进行验证。

2. 边界条件与初始条件

计算流量边界为二滩电站出库流量过程，流量过程如图 6-1 所示。河道初始水温采用计算时段初入流水温，TDG 饱和度初值为 100%。

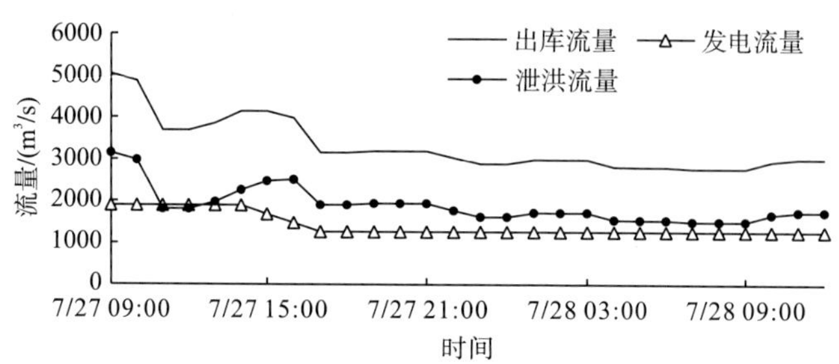

图 6-1 二滩电站出库流量过程(2007 年)

入流断面 TDG 饱和度和水温采用原型观测期间坝下实测结果(图 6-2)，以二滩电站附近攀枝花、德昌、盐边等气象站资料进行加权平均作为气象条件。

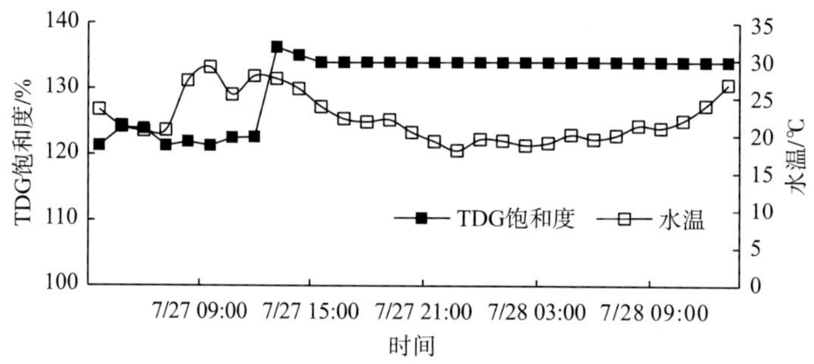

图 6-2 计算河段 TDG 饱和度与水温的入流过程(2007 年)

3. 参数确定

河道糙率取 0.03，过饱和 TDG 释放综合系数 ϕ_{TDG} 采用原型观测率定成果，为 1.05×10^{-9}(1/s)。

4. 验证结果

典型时刻过饱和 TDG 释放系数沿程变化如图 6-3 所示。计算河段内释放系数存在一定的波动变化，最大值为 $0.15h^{-1}$，最小值为 $0.06h^{-1}$，平均值为 $0.10h^{-1}$，与研究河段原型观测得到的释放系数 0.097～$0.099h^{-1}$ 较接近。

图 6-4 为二滩坝下 32km 汇口断面在计算时段内 TDG 饱和度随时间的变化过程。比较模型计算结果与原型观测结果可以得出，模型计算结果与原型观测结果的 TDG 饱和度之差小于 5%，表明建立的纵向一维非恒定流过饱和 TDG 释放预测模型可以较好地预测河道内过饱和的 TDG 释放过程。

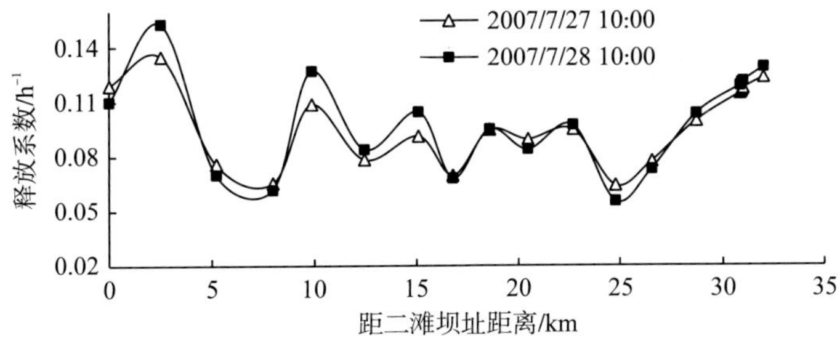

图 6-3 二滩坝址下游河段典型时刻过饱和 TDG 释放系数沿程变化

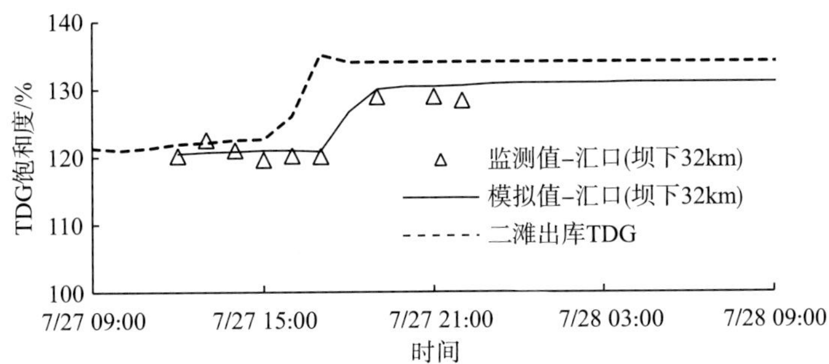

图 6-4 TDG 饱和度计算结果与观测后果对比

6.2 交汇区深度平均平面二维过饱和 TDG 输移释放模型

对于泄水与发电水流交汇、干支流交汇等平面分布特征显著的宽浅水体，溶解气体垂向分布相对均匀，可采用深度平均平面二维数学模型模拟过饱和 TDG 输移释放过程(Shen et al.，2016)。

6.2.1 模型方程

1. 水动力学方程

连续方程：

$$\frac{\partial h}{\partial t}+\frac{\partial(u_x h)}{\partial x}+\frac{\partial(u_y h)}{\partial y}=hS_{\mathrm{Q}} \tag{6-18}$$

动量方程：

$$\frac{\partial u_x}{\partial t}+u_x\frac{\partial u_x}{\partial x}+u_y\frac{\partial u_x}{\partial y}=-g\frac{\partial(h+z_{\mathrm{b}})}{\partial x}+\nu_{\mathrm{t}}\left(\frac{\partial^2 u_x}{\partial x^2}+\frac{\partial^2 u_x}{\partial y^2}\right)+\frac{\tau_{sx}}{\rho h}-\frac{g}{C_{\mathrm{z}}^2}\cdot\frac{u_x\sqrt{u_x^2+u_y^2}}{h} \tag{6-19}$$

$$\frac{\partial u_y}{\partial t}+u_x\frac{\partial u_y}{\partial x}+v\frac{\partial u_y}{\partial y}=-g\frac{\partial(h+z_{\mathrm{b}})}{\partial y}+\nu_{\mathrm{t}}\left(\frac{\partial^2 u_y}{\partial x^2}+\frac{\partial^2 u_y}{\partial y^2}\right)+\frac{\tau_{sy}}{\rho h}-\frac{g}{C_{\mathrm{z}}^2}\cdot\frac{u_y\sqrt{u_x^2+u_y^2}}{h} \tag{6-20}$$

式中，u_x 为 x 方向的流速(m/s)；u_y 为 y 方向的流速(m/s)；z_b 为河底高程(m)；ν_t 为紊动黏滞系数(m^2/s)，根据流场特征，可采用不同的紊流模型封闭求解；C_z 为谢才系数($m^{1/2}/s$)；τ_{sx}、τ_{sy} 分别为 x 和 y 方向的水面风应力(N/m^2)；S_Q 为单位时间单位体积内的流量汇入源(汇)项(1/s)。

2. 水温方程

$$\frac{\partial(hT)}{\partial t}+u_x\frac{\partial(hT)}{\partial x}+u_y\frac{\partial(hT)}{\partial y}=\frac{\partial}{\partial x}\left(\frac{\nu_t}{\sigma_T}\frac{\partial hT}{\partial x}\right)+\frac{\partial}{\partial y}\left(\frac{\nu_t}{\sigma_T}\frac{\partial hT}{\partial y}\right)+\frac{S_T}{\rho C_p} \tag{6-21}$$

式中，σ_T 为温度普朗特数；S_T 为水体与大气间的热交换通量(W/m^2)。

3. 过饱和 TDG 输运方程

$$\frac{\partial hG}{\partial t}+u_x\frac{\partial hG}{\partial x}+u_y\frac{\partial hG}{\partial y}=\frac{\partial}{\partial x}\left(\frac{\nu_t}{\sigma_G}\frac{\partial hG}{\partial x}\right)+\frac{\partial}{\partial y}\left(\frac{\nu_t}{\sigma_G}\frac{\partial hG}{\partial y}\right)+hS_G \tag{6-22}$$

式中，G 为 TDG 饱和度(%)；σ_G 为 TDG 饱和度普朗特数，通常取 1.0；S_G 为单位时间单位体积内过饱和 TDG 的释放源项(%/s)，计算方法见式(6-17)。

6.2.2 模型验证

1. 验证工况

计算区域为金沙江、岷江和长江三江汇口河段，从金沙江向家坝水电站到长江汇口下游 45km。验证时段为 2020 年 7 月 27 日 0 时到 2020 年 8 月 10 日 22 时。

采用三角网格对计算区域进行网格划分，并对三江汇口区域进行局部网格加密处理，网格共 46343 个。

2. 边界条件与初始条件

将 2020 年 7 月 27 日 0 时至 2020 年 8 月 10 日 22 时金沙江向家坝出库流量和岷江高场水文站流量作为来流边界，其间金沙江流量范围为 7750～14200m^3/s，岷江流量范围为 3380～12400m^3/s。金沙江来流 TDG 饱和度采用向家坝坝下监测值，岷江来流 TDG 饱和度由岷江汇口 TDG 饱和度向上游推算得到。

初始条件下计算区域流速为 0，TDG 饱和度设置为 110%。

3. 参数确定

Smagorinsky 系数取常数 0.28，普朗特数取值为 1.0，糙率取 0.03。过饱和 TDG 释放系数 k_{TDG} 由原型观测结果率定得到，为 $7.4\times10^{-7}(s^{-1})$。

4. 验证结果

选取金沙江与岷江汇口下游的长江干流断面(距向家坝坝址 32km)监测值对模拟结

果进行验证。左岸 TDG 饱和度随时间变化过程，模拟结果与监测结果的对比如图 6-5 所示，结果显示二者趋势一致，仅在 8 月初存在一定误差，最大误差值为 4%。2020 年 8 月 10 日交汇区的 TDG 分布如图 6-6 所示，从图 6-6 中看出模拟结果与实测结果较为接近，表明建立的深度平均平面二维模型能较好地模拟河流交汇区过饱和 TDG 时空变化过程。

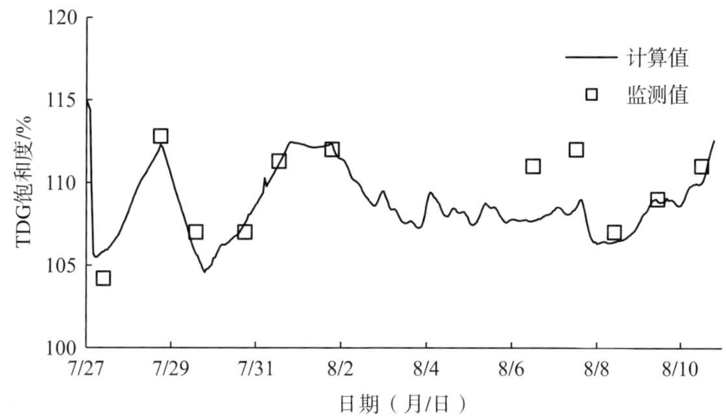

图 6-5 计算时段岷江汇口下游过饱和 TDG 的模拟值与实测值对比图(2020 年)

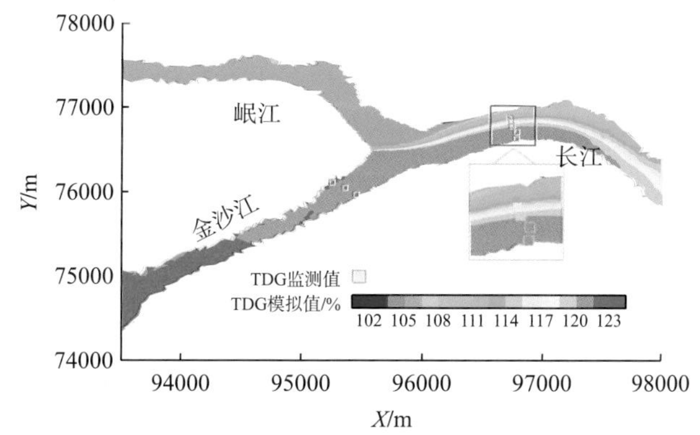

图 6-6 金沙江岷江交汇区过饱和 TDG 分布图(2020 年 8 月 10 日)

6.2.3 模型应用

1. 计算工况

脚木足河拟建的巴拉水电站坝址下游 400m 有磨子沟汇入，谌霞(2018)模拟计算交汇区的过饱和 TDG 分布。计算区域中脚木足河干流为汇口上游 500m 至下游 700m 的河段。采用非结构化计算网格，网格总数为 29658。

2. 边界条件与初始条件

对两年一遇洪水条件下，溢洪洞单泄情况开展泄洪下游干支流交汇区的过饱和 TDG 模拟。巴拉水电站的泄洪流量为 $635m^3/s$，过饱和 TDG 生成采用 Li 等(2009)的研究成果进行预测，干流来流的饱和度为 130.5%；支流磨子沟来流流量为 $8.25m^3/s$，饱和度为 100%。

计算区域初始 TDG 饱和度设置为 100%。

3. 参数确定

本节紊动黏滞系数 v_t 采用 Smagorinsky 模型，

$$v_t = C_t^2 \Delta l^2 \sqrt{2S_{ij}S_{ij}} \tag{6-23}$$

式中，Δl 为网格间距(m)；C_t 为模型参数，本节取 0.28；S_{ij} 为应变率，

$$S_{ij} = \frac{1}{2}\left(\frac{\partial u_x}{\partial y} + \frac{\partial u_y}{\partial x}\right) \tag{6-24}$$

温度普朗特数和 TDG 饱和度普朗特数均取 1.0，糙率取 0.03，过饱和 TDG 释放系数 k_{TDG} 取值参考大渡河中下游河段原型观测成果，利用平均断面面积修正后的值为 $2.78\times10^{-5}s^{-1}$。

4. 模拟结果与分析

预测结果如图 6-7 所示，由于磨子沟流量与干流相差悬殊，干流洪水对支流的顶托作用明显。受支流低 TDG 饱和度的影响，在汇口下游右岸边形成狭长的低 TDG 区域，统计 TDG 饱和度小于 120%、115%和 110%的区域面积分别为 $355m^2$、$223m^2$ 和 $55m^2$。

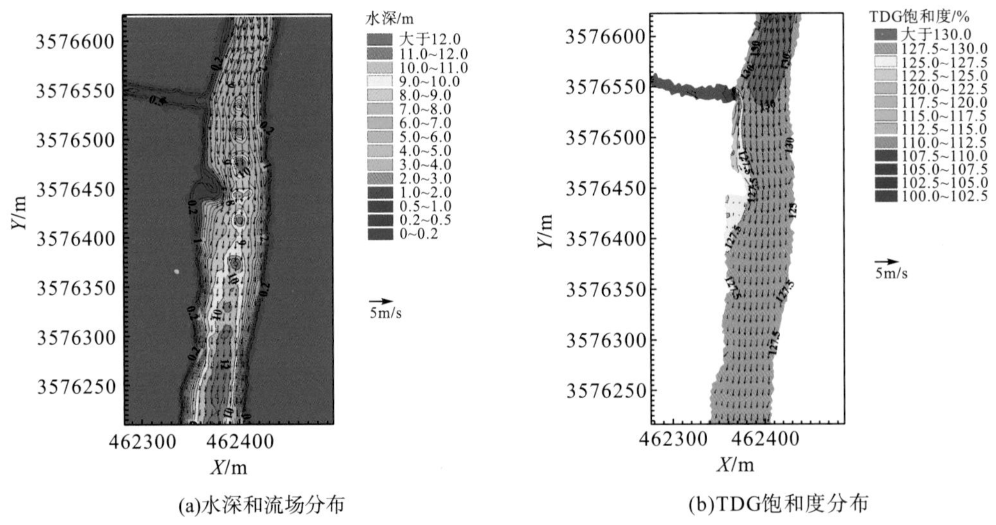

(a)水深和流场分布

(b)TDG饱和度分布

图 6-7 磨子沟交汇口模拟结果分布图

6.3 深水库区宽度平均立面二维过饱和 TDG 输移释放模型

宽度平均立均二维过饱和 TDG 输移释放模型适用于模拟预测水库或湖泊水体中横向均匀混合状况下的过饱和 TDG 输移释放过程(Feng et al.，2014)。

6.3.1 模型方程

深水库区宽度平均立面二维过饱和 TDG 输移释放模型包括状态方程、水动力学方程、水温方程和过饱和 TDG 输运方程。

1. 状态方程

模型中仅考虑水温变化对密度的影响：

$$\rho = f\left(T_{\mathrm{w}}\right) \tag{6-25}$$

式中，T_{W} 为水体温度(℃)。

根据布西内斯克(Boussinesq)假定，在密度变化不大的浮力流问题中，只在重力项中考虑密度的变化，而控制方程的其他项中不考虑浮力作用。

2. 水动力学方程

1) 连续方程

$$\frac{\partial}{\partial x}(Bu_x) + \frac{\partial}{\partial z}(Bu_z) = BS_{\mathrm{Q}} \tag{6-26}$$

2) 动量方程

$$\frac{\partial(Bu_x)}{\partial t} + \frac{\partial(Bu_x{}^2)}{\partial x} + \frac{\partial(Bu_z u_x)}{\partial z} + \frac{B}{\rho}\frac{\partial P}{\partial x} = \frac{\partial}{\partial x}\left(BE_{\mathrm{h}}\frac{\partial u_x}{\partial x}\right) + \frac{\partial}{\partial z}\left(BE_z\frac{\partial u_z}{\partial z}\right) - \frac{\tau_{\mathrm{wx}}}{\rho} \tag{6-27}$$

垂向动量方程采用静压假定：

$$\frac{1}{\rho}\frac{\partial P}{\partial z} = g\cos\alpha_{\mathrm{r}} \tag{6-28}$$

式中，u_x、u_z 分别为纵向流速和垂向流速(m/s)；B 为宽度(m)；S_{Q} 为流量源汇项(1/s)；P 为压强(Pa)；E_{h} 和 E_z 分别为水平方向和垂直方向的涡黏系数($\mathrm{m^2/s}$)；τ_{wx} 为边壁阻力(N)；α_{r} 为河床的坡度。

3) 自由水面方程

$$B\frac{\partial \eta}{\partial t} = \frac{\partial}{\partial x}\int_{\eta}^{h} uB\mathrm{d}z \int_{\eta}^{h} S_{\mathrm{Q}}B\mathrm{d}z \tag{6-29}$$

式中，η 为水面高程(m)；h 为水深(m)；B 为水面宽度(m)。

3. 水温方程

$$\frac{\partial(BT)}{\partial t}+\frac{\partial(u_x BT)}{\partial x}+\frac{\partial(u_z BT)}{\partial z}=\frac{\partial}{\partial x}\left(B\frac{E_h}{\sigma_T}\frac{\partial T}{\partial x}\right)+\frac{\partial}{\partial z}\left(B\frac{E_z}{\sigma_T}\frac{\partial T}{\partial z}\right)+S_T B+BS_Q T_L \quad (6\text{-}30)$$

式中，S_T 为热通量(W/m^2)，表示水气界面的热通量，包括辐射、蒸发和传导三部分；T_L 为源汇项温度(℃)。

4. 过饱和 TDG 输运方程

$$\frac{\partial(BG)}{\partial t}+\frac{\partial(u_x BG)}{\partial x}+\frac{\partial(u_z BG)}{\partial z}=\frac{\partial}{\partial x}\left(B\frac{E_h}{\sigma_G}\frac{\partial G}{\partial x}\right)+\frac{\partial}{\partial z}\left(B\frac{E_z}{\sigma_G}\frac{\partial G}{\partial z}\right)+S_G B+BS_Q G_L \quad (6\text{-}31)$$

式中，S_G 为过饱和 TDG 传质源项(%)；S_Q 为单位时间单位体积内的流量汇入源项(1/s)；G_L 为入汇水流的饱和度(%)。

S_G 通常包括两部分：

$$S_G=S_h+S_s \quad (6\text{-}32)$$

式中，S_h 为水体内部承压改变引起的过饱和 TDG 释放(%/s)，简称内部释放源项；S_s 为水体内溶解气体分压与大气压之间不平衡引起的自有水面向大气的 TDG 释放，简称自由表面释放源项。

1) 内部释放源项 S_h

过饱和 TDG 在水体内输移，水体承压不断发生变化，导致水体与过饱和 TDG 间的传质，传质源项 S_h 表示为

$$S_h=-k_{TDG,T}\left(G-G_{eq}\right) \quad (6\text{-}33)$$

式中，S_h 为水体内部承压变化引起的 TDG 传质源项(%/s)；$k_{TDG,T}$ 为过饱和 TDG 释放系数(1/s)；G_{eq} 为考虑水深承压影响的 TDG 平衡饱和度(%)。

首先根据 5.4.3 节过饱和 TDG 释放系数确定方法计算得到仅考虑水动力学条件影响的过饱和 TDG 释放系数，并进一步采用式(5-16)和式(5-28)分别考虑水温、壁面介质的定量影响。工程预测中，为简化计算，也常类比采用原型观测得到的释放系数值，参见表 5-1。

$$G_{eq}=\frac{P}{P_B}\times 100\% \quad (6\text{-}34)$$

式中，P 为当地水深对应的压强(Pa)；P_B 为大气压(Pa)。

忽略动水压强影响，TDG 平衡饱和度

$$G_{eq}=\frac{P}{P_B}\times 100\%=\frac{P_B+\rho_W gh}{P_B}\times 100\% \quad (6\text{-}35)$$

式中，h 为当地水深(m)；ρ_W 为水的密度(kg/m^3)。

代入式(6-33)可以得

$$S_h=-k_{TDG,T}\left(G-G_{eq}\right)=-k_{TDG,T}\left(G-\frac{P_B+\rho_W gh}{P_B}\times 100\%\right) \quad (6\text{-}36)$$

当 $G>G_{eq}$ 时，S_h 为负，水体中过饱和 TDG 释放。当 $G<G_{eq}$ 时，S_h 为正，水体中气

泡溶解，产生过饱和 TDG。对于距离泄水处较远的水域，由于天然流动水体内气泡通常较少，因此发生气泡溶解生成过饱和 TDG 的可能性较小，假定源项接近为 0，由此得

$$\begin{cases} S_{\text{h}} = -k_{\text{TDG},T}\left(G - G_{\text{eq}}\right), & G > G_{\text{eq}} \\ S_{\text{h}} = 0, & G < G_{\text{eq}} \end{cases} \tag{6-37}$$

在实际模型计算中，可视水体中气泡含量情况选择式(6-36)或式(6-37)进行源项计算。

2) 自由表面释放源项 S_{s}

自由表面释放源项 S_{s} 为水体内溶解气体分压与大气压之间不平衡引起的自由水面向大气的 TDG 释放。由于释放驱动力来源于水体内溶解气体分压与大气压之间的差额，因此源项可直接表示为

$$S_{\text{s}} = -K_{\text{L,s}} a_{\text{s}} \left(G - 100\%\right) \tag{6-38}$$

式中，S_{s} 为自由水面 TDG 传质源项(%/s)；G 为水体内 TDG 饱和度(%)；$K_{\text{L,s}}$ 为自由水面传质系数(m/s)；a_{s} 为自由水面对应的比表面积(m^{-1})。

引入式(5-16)考虑水温对自有水面过饱和 TDG 传质系数的影响，同时借鉴 5.5.3 节关于风速影响的研究成果[式(5-20)]，得到：

$$K_{\text{L,s}} = K_{\text{L,s,20}} \times 1.060^{T-20} \times 1.408^{W} \tag{6-39}$$

式中，W 为水体表面 10m 处的风速(m/s)；$K_{\text{L,s,20}}$ 为 20℃时自由水面过饱和 TDG 传质系数(m/s)，推荐采用表 4-10 中的研究成果，同时辅以原型观测成果进行验证。

6.3.2 模型验证

Feng 等(2014)采用四川大学 2008 年 7 月 26 日至 8 月 1 日澜沧江大朝山库区过饱和 TDG 原型观测结果对模型进行验证。

1. 计算区域

计算区域为漫湾电站坝址至大朝山坝前约 91km 的大朝山库区水域。验证时段为 2008 年 7 月 26 日 0:00 至 8 月 1 日 14:00 时。

采用均匀网格进行计算区域网格划分，网格纵向间距和垂向间距分别为 1000m 和 1m，共划分 6072 个网格，计算区域网格划分示意图如图 6-8 所示。

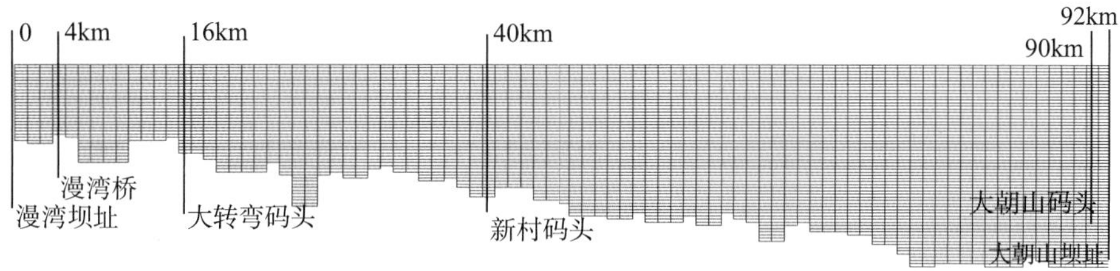

图 6-8 大朝山库区计算区域网格划分示意图

2. 边界条件与初始条件

1）水库运行调度

大朝山库区过饱和 TDG 原型观测期间（2008 年 7 月 26 日 0:00 至 8 月 1 日 14:00）上游漫湾电站出库流量为 1953～2799m^3。

大朝山电站出库流量包括发电流量和泄洪流量两部分，采用表孔和底孔两种泄洪方式，其中发电流量为 1476～2200m^3/s，泄洪流量为 160～2000m^3/s。

计算区域入流过程即漫湾水坝泄水过程，出流过程为大朝山泄水过程，考虑水坝泄水建筑物调度运行方式。大朝山水库入出库流量边界条件如图 6-9 所示，大朝山电站泄洪和发电调度过程如图 6-10 所示。

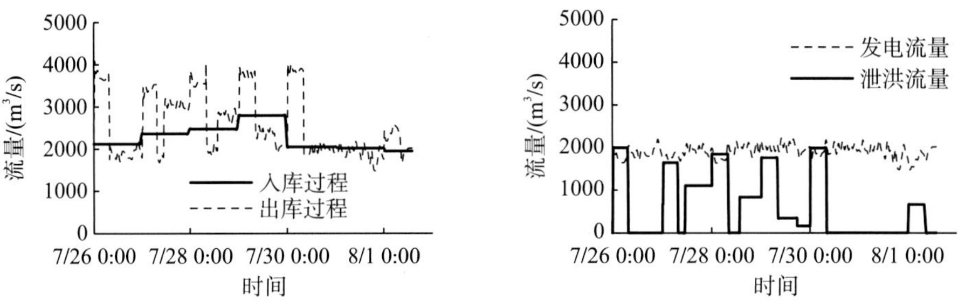

图 6-9 大朝山水库入出库流量边界条件（2008 年） 图 6-10 大朝山水库泄洪和发电调度过程（2008 年）

2）水温和 TDG 饱和度

计算时段内入库水温和 TDG 饱和度分别采用漫湾坝下约 4km 漫湾桥测点的逐日水温监测数据和 TDG 饱和度监测结果，如图 6-11 所示。

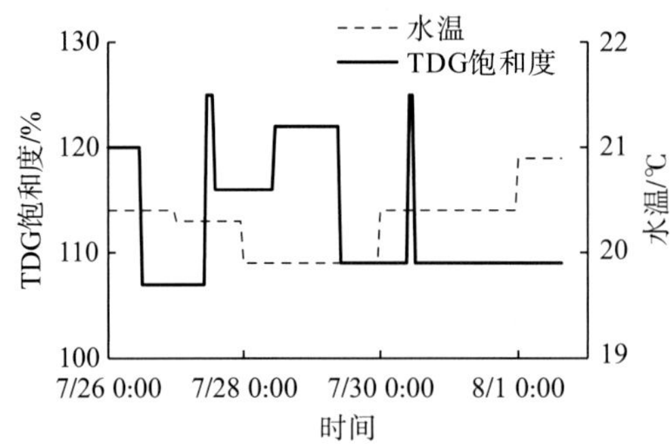

图 6-11 大朝山水库水温和 TDG 饱和度入流过程（2008 年）

库区初始水位采用 2008 年 7 月 26 日零时大朝山坝前水位，为 893m；以 2008 年 7 月 26 日测量的大朝山码头处（位于大朝山坝址上游 2km）垂向水温分布观测结果作为计算初始水温；TDG 饱和度初始值为上游漫湾电站未泄水条件下的尾水饱和度，为 106%。

3. 参数确定

TDG 输运方程中的自由水面传质系数 $K_{L,s}$ 和水体内部释放系数 k_{TDG} 分别采用表 4-10 和式(5-28)进行计算，同时考虑库区风速和水温对水气界面传质的影响。$k_{TDG,20}$ 采用原型观测率定所得的数值，为 0.003(1/h)。

4. 验证结果

图 6-12 为计算时段大朝山坝前水位模拟结果和坝前水位监测值对比情况，由模拟结果可以看出，模型可以较好地反映水库自由水面的变化。

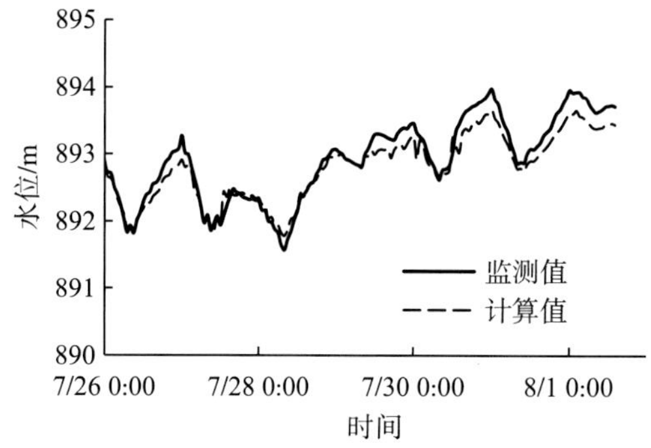

图 6-12 大朝山坝前水位模拟结果与监测值对比图(2008 年)

选取大朝山库区新村码头(漫湾坝下 40km)和大朝山码头(漫湾坝下 90km)两个断面，对比分析各断面过饱和 TDG 随时间的变化过程。大朝山码头和新村码头表层水体 TDG 饱和度随时间的变化结果如图 6-13 所示。受过饱和 TDG 沿程输移释放的作用，TDG 饱和度沿程降低，峰值被坦化，并且峰值出现时间有一定的延迟。对比 TDG 饱和度模拟结果和观测值可以看出，计算结果与实测结果符合较好，建立的紊流数学模型能较好地模拟库区内过饱和 TDG 随时间的变化过程。

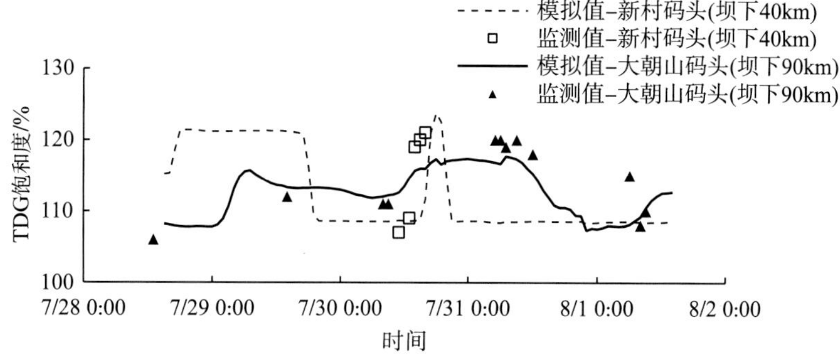

图 6-13 新村码头和大朝山码头 TDG 饱和度模拟结果与监测值对比图(2008 年)

采用大朝山码头断面监测结果分析TDG饱和度的垂向分布规律。大朝山码头过饱和TDG计算结果与原型观测结果对比如图6-14所示。在水体表层，受风的影响，水气交界面处过饱和TDG释放速率较快，TDG饱和度接近平衡饱和度(100%)。随着水深的增加，TDG饱和度沿水深增大，至水下9m左右区域饱和度最大，为117%；水深9m以下区域TDG饱和度表现为随水深的增加而降低，并在一定水深处基本趋于稳定。模拟结果与原型观测TDG饱和度在垂向上的变化趋势类似，均呈沿水深方向先增大后降低再增大的趋势，二者符合较好。

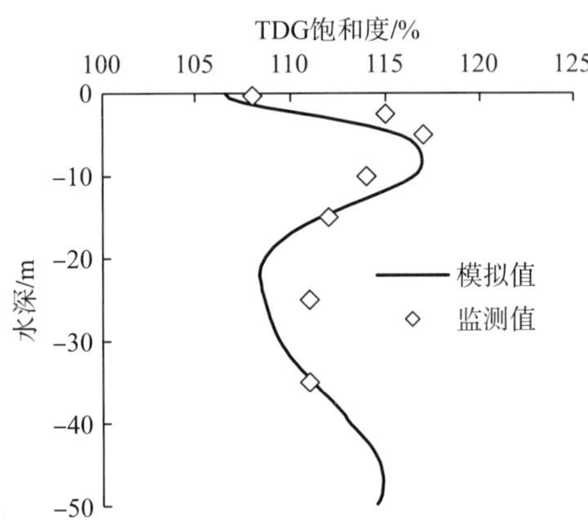

图6-14　大朝山码头TDG饱和度分布模拟与监测结果对比图(2008/08/01　10:00)

6.3.3　模型应用

马倩(2016)采用建立的宽度平均立面二维过饱和TDG输移释放模型对金沙江下游溪洛渡水电站泄水在向家坝库区的输移释放过程开展模拟研究。

1. 模拟时段及网格划分

模拟时段为2014年7月4日至7月28日，流量等水位数据来自溪洛渡电站运行调度资料，TDG饱和度采用4.2.4节模型预测得到。

计算区域为溪洛渡坝址至向家坝坝址间全长约156km的库区水域，表层区域和入库段网格加密，垂向网格尺寸为0.4～1.0m，纵向网格尺寸为500～1000m，其余区域采用均匀网格进行计算区域的离散，网格纵向间距和垂向间距分别为1000m和1m，计算区域内共计22646个网格，网格划分如图6-15所示。

2. 边界条件与初始条件

采用计算时段内向家坝库区入出库流量过程作为流量边界条件，如图6-16所示；库尾TDG饱和度采用溪洛渡泄水与发电尾水完全掺混后的TDG饱和度计算结果，水温边界采用溪洛渡坝下溪洛渡电站的水温监测数据，入库TDG饱和度和水温过程如图6-17所示。气象资料采用向家坝库区屏山和绥江气象站逐日监测数据。

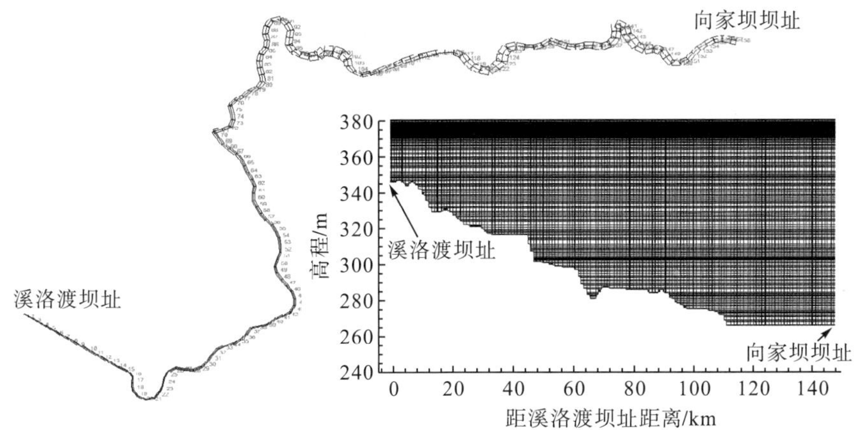

图 6-15　向家坝库区过饱和 TDG 输移释放计算区域网格划分示意图

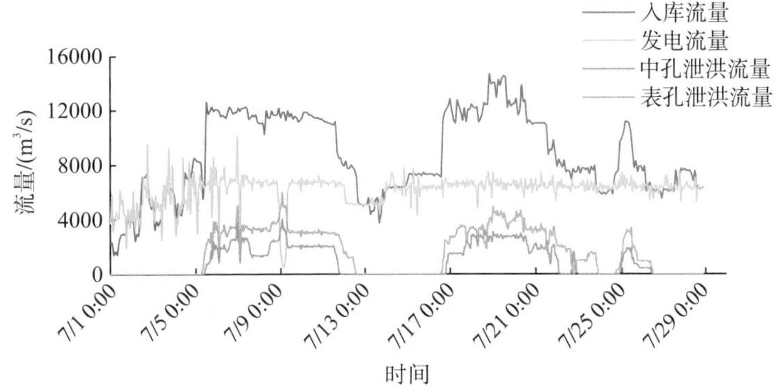

图 6-16　向家坝库区入出库流量过程(2014 年)

注：出库流量=发电流量+表孔泄流+中孔泄流

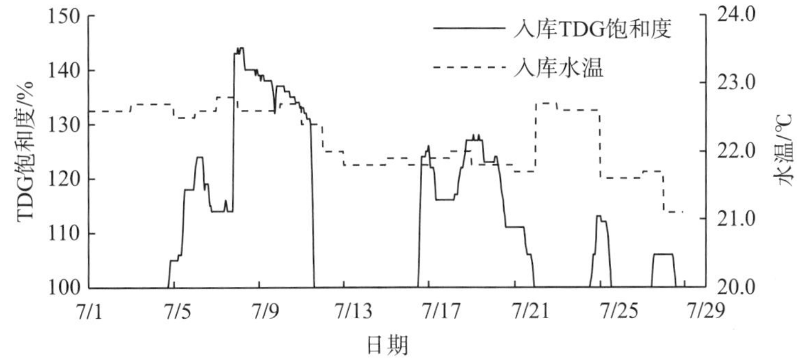

图 6-17　向家坝库区入库水温和 TDG 饱和度过程(2014 年)

水库初始水位采用计算时段初库区的水位值；采用 2012～2014 年向家坝库区水温和气象资料进行水温循环计算，得到 2014 年 7 月 1 日库区水温分布，将其作为计算时段的水温初始场。2014 年溪洛渡电站于 7 月 4 日开始泄洪，同时该河段内无其他电站运行，因此，库区内 TDG 饱和度初始值设为 100%。

3. 参数确定

TDG输运方程中的水气界面传质系数 $K_{L,s}$ 采用表4-10中推荐的方法(李然等，2000)。水体内部释放系数 k_{TDG} 采用式(5-28)进行计算，利用式(5-16)考虑水温对计算区域释放系数影响，利用式(5-20)考虑风对表层水体释放系数的影响。20℃无风条件下的释放系数 $k_{TDG,20,0}$ 为原型观测率定所得的数值，为 $0.004h^{-1}$。

4. 模拟结果与分析

图6-18为计算时段向家坝库区典型时刻TDG饱和度分布结果。2014年7月7日19:00，溪洛渡电站泄洪洞开始泄洪，向家坝库区入流TDG饱和度由114%上升至143%。随着TDG入库高饱和度持续地升高，TDG高饱和水体随水流输移至库中，导致库区TDG饱和度升高。7月8日0:00，溪洛渡电站泄洪洞泄洪生成的高TDG饱和水体已至溪洛渡坝下90km处，深孔泄洪生成的TDG过饱和水体到达向家坝坝前，并通过发电尾水以及表孔和中孔下泄。7月11日14:00～7月16日12:00溪洛渡电站停止泄洪，向家坝入库水流TDG饱和度为100%，受来流低TDG饱和度水体的稀释以及水体输移作用，7月15日0:00库区内饱和度基本恢复至100%。

模拟结果显示，向家坝坝址上游约70km的范围内，表层和库底TDG饱和度水平明显小于库中，其原因主要为以下几点：①表层风力作用促进了水气界面气体的传质过程，加速过饱和TDG的释放；②受上游来水温度较低以及向家坝泄水建筑物开启的影响，库区高饱和度的主流趋近于出水口高程范围流动，造成中间水层饱和度较高。

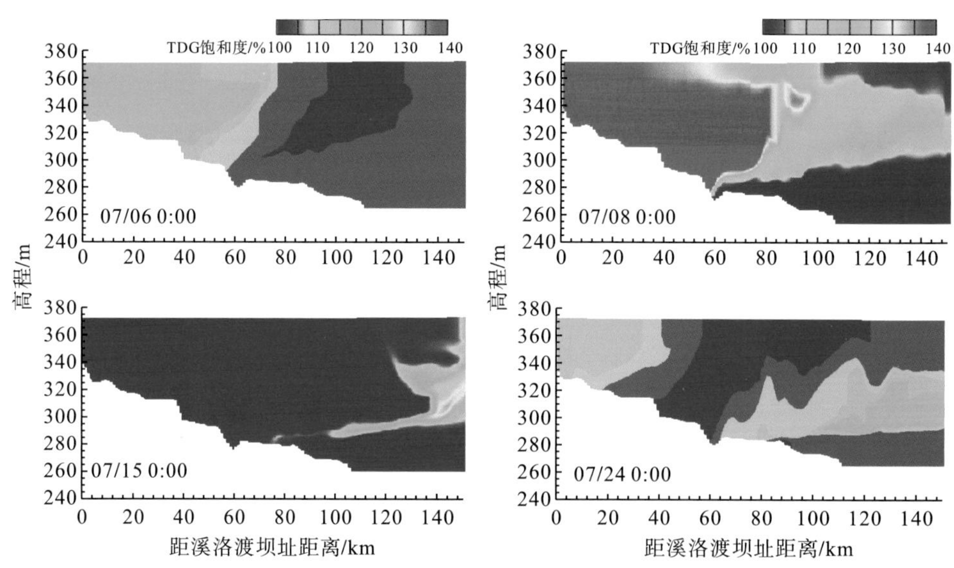

图6-18 向家坝库区TDG饱和度分布(2014年)

以各泄洪孔口及发电取水口中心高程对应的饱和度作为孔口出流的TDG饱和度，图6-19为得到的向家坝库区出流TDG饱和度随时间变化过程。由图6-19可以看出，向家坝电站发电引水下泄的 TDG 饱和度随时间变化过程与入库过程规律一致，由于库区水流速度小，过饱和 TDG 的释放较缓慢，溪洛渡电站泄水产生的过饱和 TDG 至向家坝坝前饱和度最大降低幅度为 9%，坝前断面 TDG 饱和度变化范围为 100%～135%。泄洪水流 TDG 饱和度随时间变化过程与入库过程也保持相似的规律，但出流 TDG 饱和度较发电尾水小，泄水期间表孔出流 TDG 饱和度变化范围为 100%～115%，中孔出流 TDG 饱和度变化范围为 100%～119%。

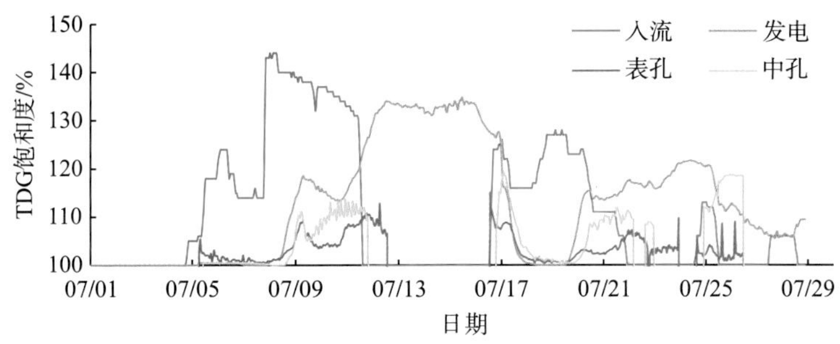

图 6-19 向家坝入出库水流 TDG 饱和度随时间变化过程（2014 年）

6.4 壁面介质影响的三维过饱和 TDG 输移释放模型

在地形复杂以及复式河槽、植被作用等三维水流条件下，过饱和 TDG 的空间分布差异显著，为此，需要考虑植被等壁面介质影响，研发三维过饱和 TDG 输移释放模型。

6.4.1 模型方程及源项

模型方程包括三维流场控制方程和过饱和 TDG 输运方程。

为考虑复杂地形条件下的水面变化，采用 VOF 方法进行水气自由界面和流场模拟，流场控制方程参见 4.3.1 节。

过饱和 TDG 输运方程形式同式(4-82)，记作：

$$\frac{\partial G}{\partial t}+\nabla\cdot\left(\boldsymbol{U}G\right)=\nabla\cdot\left[\left(\nu_{\mathrm{w}}+\frac{\nu_{\mathrm{t}}}{\sigma_C}\right)\nabla G\right]+S_G \tag{6-40}$$

式中，G 为 TDG 饱和度(%)；σ_C 为施密特(Schmidt)数；ν_{w} 为水的运动黏度($\mathrm{m^2/s}$)；ν_{t} 为紊动黏滞系数($\mathrm{m^2/s}$)；S_G 为单位时间单位水体内 TDG 源项(%/s)。

考虑壁面边界影响，过饱和 TDG 释放源项 S_G 包括水体内部释放、自由水面传质和壁面吸附三部分(图 5-32)。

$$S_G=S_{\mathrm{h}}+S_{\mathrm{s}}+S_{\mathrm{v}} \tag{6-41}$$

式中，S_{h} 为水体内部承压改变引起的过饱和 TDG 释放(%/s)，简称内部释放源项，计算参见 6.3.1 节；S_{s} 为水体内溶解气体分压与大气压之间不平衡引起的自由水面向大气的过饱和 TDG 释放，简称自由表面释放源项，参见 6.3.1 节；S_v 为水体内存在的固壁、植被等壁面表面形成的附壁气泡引起的过饱和 TDG 释放(%/s)，这一部分释放简称壁面释放源项，根据壁面吸附通量(式 5-24)与固壁比表面积计算得到。

6.4.2 模型验证

1. 计算工况与边界条件

针对 5.5.5 节开展的流动水体中壁面介质对过饱和 TDG 影响试验，分别选取工况 1[固壁比表面积为 0.87m^{-1}，流量 9.5L/s，纵向间距 20cm]和工况 2[固壁比表面积 0.26m^{-1}，流量 9.5L/s，纵向间距 60cm]作为数值模拟时流场的验证工况。工况边界条件设置见表 6-1。

表 6-1 壁面影响验证工况边界条件设置

工况编号	流量/(L/s)	固壁比表面积/(m^{-1})	入口流速/(m/s)	入口 TDG 饱和度/%
1	9.5	0.87	0.22	149.0
2	9.5	2.60	0.20	149.7

2. 计算区域网格划分

计算区域为水槽 15m 试验段，在垂向上采用渐变 σ 网格，在平面上采用矩形网格和三角形网格的混合网格，网格划分示意图如图 6-20 所示。

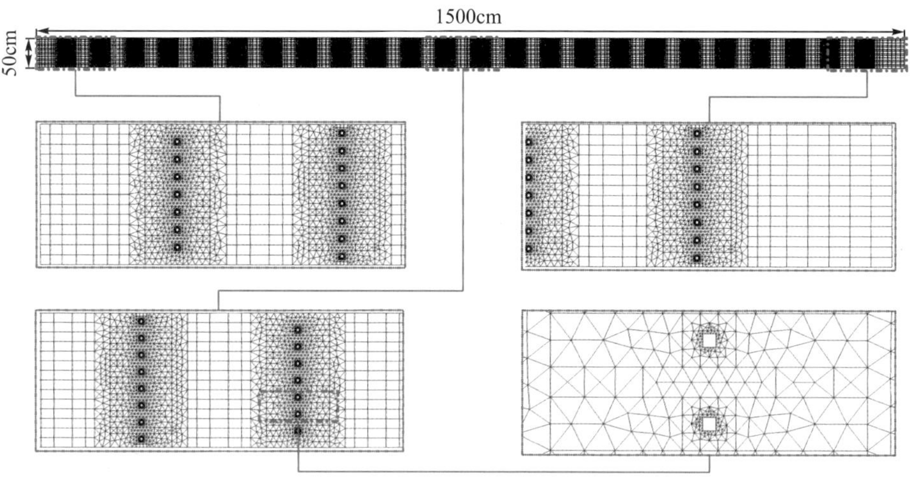

图 6-20 壁面影响验证工况平面网格划分图[固壁比表面积 0.87m^{-1}，流量 9.5L/s]

3. 参数确定

在过饱和 TDG 输运方程源项中，过饱和 TDG 自由界面传质系数 $K_{L,s}$ 由 4.3.1 节表 4-10 计算；壁面作用通过壁面吸附通量描述，根据 5.5.5 节式(5-24)计算得到；考虑壁面影响的水体内部释放系数 $k_{TDG,v}$ 由 5.5.5 节式(5-28)计算，其中工况 1 和工况 2 的 $k_{TDG,v}$ 分别为 0.0025(1/s)和 0.0037(1/s)。

4. 验证结果

工况 1[固壁比表面积 0.87(m^{-1})，流量 9.5L/s]和工况 2[固壁比表面积 2.60(m^{-1})，流量 9.5 L/s]典型横断面垂向平均流速的模拟结果与实测结果对比如图 6-21 所示。计算结果反映了实测流速在横断面上的变化，工况 1 和工况 2 流速平均误差分别为 0.023m/s 和 0.017m/s，平均相对误差分别为 8.0%和 7.3%。

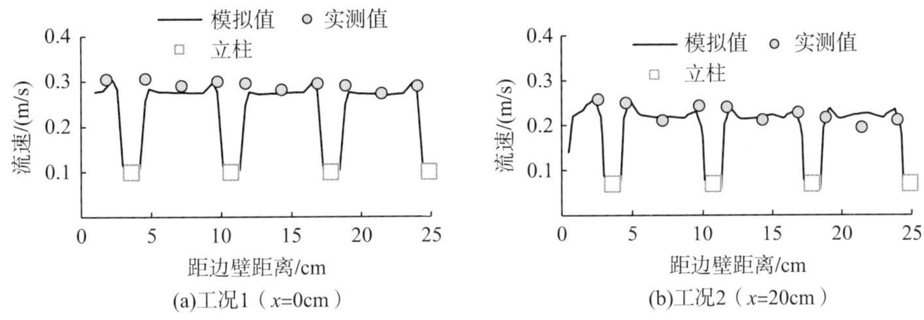

图 6-21 立柱所在横断面流速模拟结果与实测结果对比图

工况 1 和工况 2 典型纵断面的垂向平均流速模拟结果与实测结果对比如图 6-22 所示。对比结果表明，工况 1 在 y=0.7cm 和 y=10.7cm 两个纵断面的流速平均误差分别为 0.010m/s 和 0.013m/s，平均相对误差分别为 4.0%和 6.4%；工况 2 在 y=10.7cm 和 y=14.3cm 两个纵

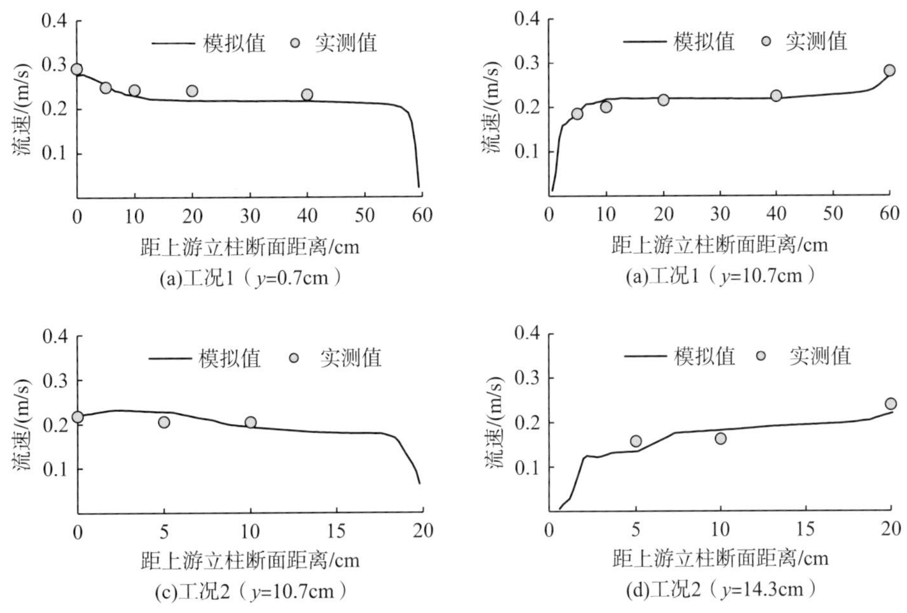

图 6-22 立柱下游纵面流速模拟结果和实测值对比图

断面的流速平均误差分别为 0.011m/s 和 0.018m/s，平均相对误差分别为 5.1%和 10.4%。分析表明，各断面的流速分布模拟结果与实测结果基本一致。

验证工况 TDG 饱和度模拟结果与实测结果对比如图 6-23 所示。工况 1 和工况 2 在监测点的计算值分别为 144.4%和 142.3%，与实测结果的差值均小于 0.3%。

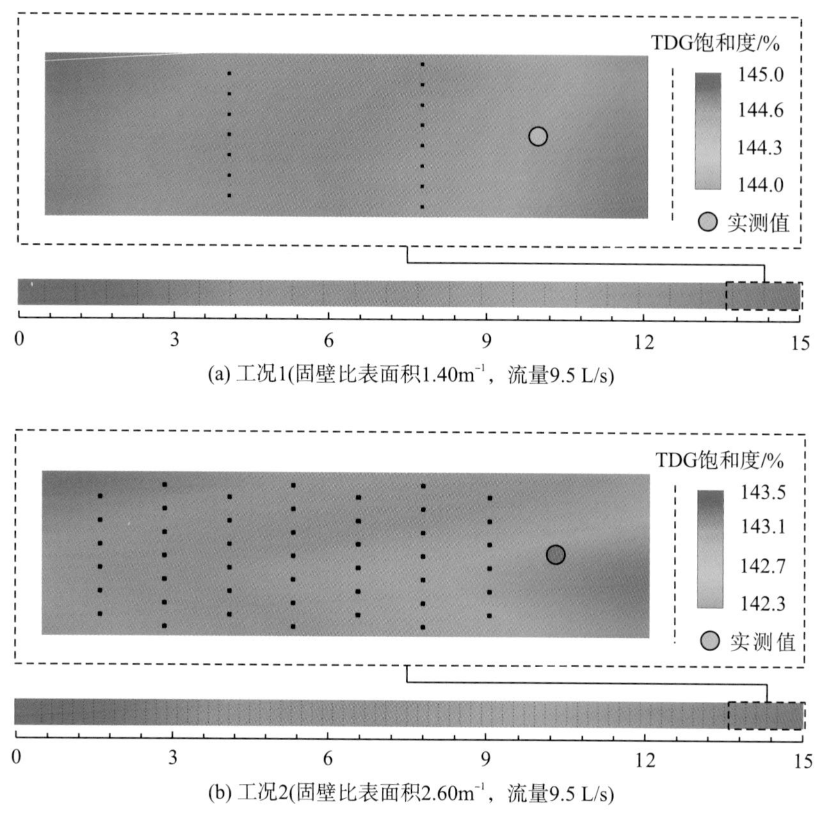

(a) 工况1(固壁比表面积1.40m^{-1}，流量9.5 L/s)

(b) 工况2(固壁比表面积2.60m^{-1}，流量9.5 L/s)

图 6-23 壁面影响验证工况 TDG 模拟结果与实测值对比

综上表明，壁面影响的三维模型由于涉及水面线的精细模拟和壁面近区网格的精细化处理以及 TDG 传质通量的计算，模型的收敛性和经济性受到限制，因此目前该模型仅用于试验模拟以及天然小尺度水体的模拟，对天然水体中模型参数的率定也有待于开展更为系统深入的研究。

6.5 小 结

本章主要总结了实际工程常用的几种过饱和 TDG 输移释放模型，包括河道纵向一维过饱和 TDG 输移释放模型、交汇区深度平均平面二维过饱和 TDG 输移释放模型、深水库区宽度平均立面二维过饱和 TDG 输移释放模型和固壁介质影响的三维过饱和 TDG 输移释放模型。模型的选择视研究问题的水动力学特征和过饱和 TDG 分布特征而定。

各类过饱和 TDG 输移释放模型中过饱和 TDG 释放系数的确定是决定模型预测精度的关键。本书根据机理试验和原型观测成果，建立了一系列考虑水动力学条件、温度、风以及壁面影响的过饱和 TDG 释放系数计算方法。由于天然水体影响要素复杂多变，各类公式在实际水体中的推广应用和验证有待进一步丰富和完善，因此模型预测中对各类模型参数通常采用公式计算结合实测结果率定的方式获得。

7　引水发电对过饱和 TDG 的影响研究

前述章节重点针对水坝泄流过程的 TDG 过饱和问题进行研究。除水坝泄流外，为充分发挥电站的发电效益，引水发电也常常是坝前水流进入下游河道或库区的重要途径。因此，为揭示水坝溶解气体过饱和规律，还需要探明引水发电对 TDG 过饱和的影响。特别是在一些情况下，坝前溶解气体可能呈过饱和状态，TDG 过饱和水流在引水发电系统中的变化不仅影响发电尾水和泄洪水流的掺混过程，还将进一步影响下游河道过饱和 TDG 的输移过程及其对鱼类的危害程度。

关于引水发电中的总溶解气体过饱和变化，通常认为引水发电系统不改变水体 TDG 浓度，但普遍缺乏理论和实证研究。Roesner 等学者最早在他们建立的过饱和 TDG 生成解析模型中假定发电系统不改变水体 TDG 浓度(Roesner et al.，1972)。近年来四川大学针对水坝泄水过程中引水发电对 TDG 过饱和的影响问题，开展了系统的原型观测和模拟分析研究(李纪龙，2018；Wan et al.，2020)，以下重点介绍这一方面的研究成果。

7.1　引水发电系统概况

根据集中水头方式的不同，水电站可以分为三类：坝式水电站、引水式水电站和混合式水电站。不同类型水电站引水发电系统的工程布置如图 7-1 所示。

坝式水电站由挡水建筑物及泄水建筑物、压力管道、发电厂房及机电设备等组成，由坝体抬高上游水位形成集中水头，如图 7-1(a)所示。

引水式水电站主要由首部枢纽建筑物、引水道及其辅助建筑物、发电厂房及机电设备等组成，如图 7-1(b)所示。引水式水电站主要通过首部枢纽建筑物壅高河流水位，将水流引向引水道的挡水建筑物和导流建筑物。引水式水电站一般引用流量较小，水量利用率差，不具备调节径流作用，适用于河流比降较大、流量相对较小的山区或丘陵地区河流。

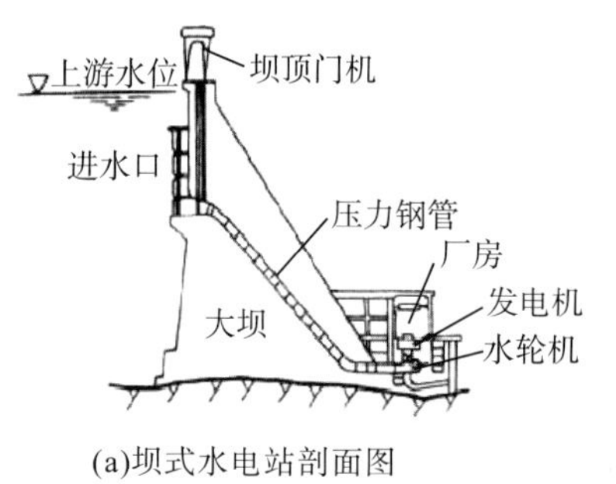

(a)坝式水电站剖面图

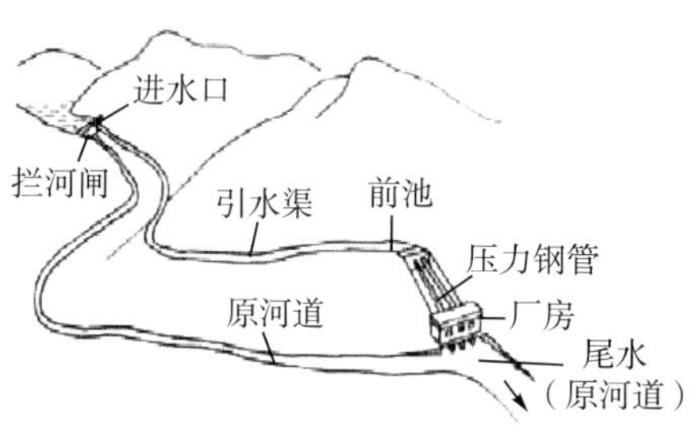

(b)引水式水电站平面图

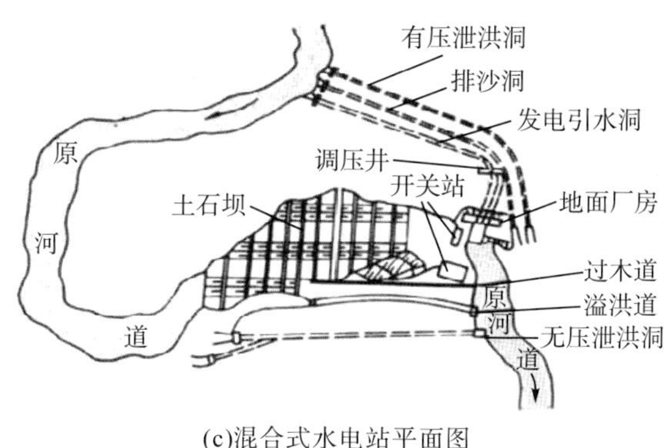

(c)混合式水电站平面图

图 7-1 不同类型水电站的引水系统布置示意图

混合式水电站由坝体、引水道及发电厂房等组成，发电水头由两部分构成，即拦河坝壅高水位和引水道集中落差，如图 7-1(c)所示。混合式水电站通常兼有坝式水电站及引水式水电站的优点和工程特点。在实际工程中混合式电站与引水式电站的区分不明显，一般统称为引水式电站。

7.2 引水发电对过饱和 TDG 影响的原型观测研究

过饱和 TDG 影响主要与水坝泄水流量和泄水水头相关。由于一般引水式电站泄水流量和泄水水头较小，因此引水发电对过饱和 TDG 影响的观测也主要针对坝式水电站开展。

李纪龙(2018)汇总分析了四川大学对多个电站发电尾水过饱和气体的原型观测成果，见表 7-1。可以看出，大岗山电站 2016 年 9 月 15～19 日观测期间，坝前水体 TDG 浓度变化不大，变化范围为 111.0%～113.0%。水流流经发电系统后，TDG 饱和度略有降低，平均降低 2.6%；2017 年 9 月 20～24 日观测期间，坝前 TDG 饱和度为 111.0%～113.0%，发电尾水 TDG 饱和度略有降低，平均降低 1.8%。龚嘴电站 2009 年发电尾水 TDG 饱和度略小于坝前，TDG 饱和度平均降低 1.7%。漫湾电站和大朝山电站 2008 年发电尾水与坝前 TDG 饱和度原型观测对比结果表明，发电尾水 TDG 饱和度均较坝前有一定程度降低，其中漫湾电站 TDG 饱和度平均降低 3.5%，大朝山电站平均降低 2.0%。除此之外，马马崖一级电站 2017 年泄水期间坝前 TDG 饱和度为 104.0%，发电尾水处 TDG 饱和度为 107.0%，发电流量为 720m^3/s，发电水流通过发电系统后 TDG 饱和度升高了 3 个百分点。

表 7-1 不同电站发电尾水 TDG 饱和度观测结果统计表

序号	电站名称	所在流域	水轮机类型	观测时间	发电流量/(m^3/s)	坝前 TDG 饱和度/%	尾水 TDG 饱和度/%	坝前 TDG 饱和度-尾水 TDG 饱和度/%
1	漫湾电站	澜沧江	反击式	2008.7	1927～2437	108.0～116.0	105.0～112.0	3～4
2	大朝山电站	澜沧江	反击式	2008.7	1950～2200	111.0～118.0	110.0～114.0	1～4
3	龚嘴电站	大渡河	反击式	2009.8	1300～1700	114.0	111.0～113.0	1～3
4	铜街子电站	大渡河	反击式	2009.8	2060	131.0	130.0	1

续表

序号	电站名称	所在流域	水轮机类型	观测时间	发电流量/(m^3/s)	坝前 TDG 饱和度/%	尾水 TDG 饱和度/%	坝前 TDG 饱和度-尾水 TDG 饱和度/%
5	向家坝电站	金沙江	反击式	2013.7	3370	143.0	139.0	4
				2014.9	6460	133.1	132.0	1
6	功果桥电站	澜沧江	反击式	2014.8	1539	107.0	105.0	2
7	大岗山电站	大渡河	反击式	2016.9	559～1250	111.0～113.0	108.0～110.0	1～4
				2017.9	789～1600	111.0～113.0	110.0～112.0	1～3
8	马马崖一级电站	北盘江	冲击式	2017.7	720	104.0	107.0	-3
9	乌东德电站	金沙江	反击式	2020.6	1300	108.0	107.0	-1

综合分析表明，TDG 过饱和的水流经过引水发电系统，可使过饱和 TDG 饱和度较坝前略有降低，多数工程变化量小于 2%，最大变化量均小于 4%，因此，在过饱和 TDG 研究中，通常忽略引水发电对溶解气体饱和度的影响。

7.3 引水发电对过饱和 TDG 影响的模拟分析研究

发电水流在引水发电系统中主要流经三个部位，即引水通道、水轮机和尾水管道，如图 7-2 所示。以下分别对各阶段过饱和气体的变化进行分析探究。

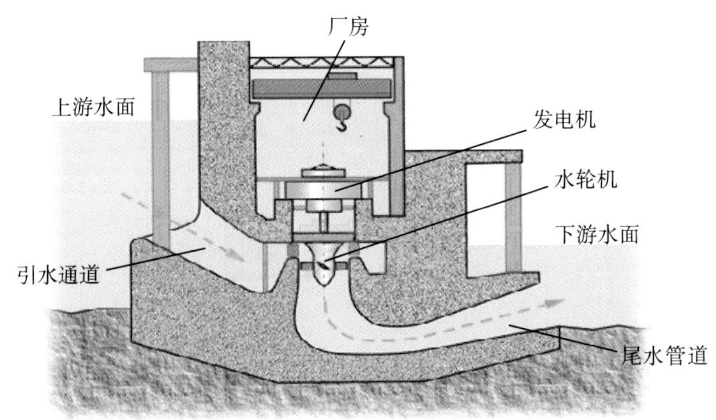

图 7-2 发电系统剖面示意图

7.3.1 引水通道内溶解气体饱和度变化分析

坝式水电站引水通道为压力钢管，水流流经引水管道时处于承压状态。引水式水电站引水部分由引水渠道及其辅助建筑物和压力管道组成，水流流经引水渠道及其辅助建筑物时具有与大气接触的自由表面，进入水轮机前水流流经压力管道，水体处于承压状态。混合式水电站引水通道中的水流状态兼具坝式水电站与引水式水电站中水流状态的特点。总体来看，三类水电站的引水系统可以笼统概括为有压引水系统和无压引水系统。

有压引水系统中水体通常处于承压状态，溶解气体饱和度相对于引水系统内的较高压力而言，通常处于欠饱和状态，因而不易发生过饱和气体的释放，而由于引水系统中极少存在掺气，因此系统内气体溶解导致过饱和 TDG 生成的可能性极小。基于这一分析，通常认为坝式电站压力管道较短，可忽略其中的 TDG 饱和度变化。这一结论与 7.2 节原型观测结果相符。

无压引水系统中引水渠道具有与大气接触的自由表面，如果水流中溶解气体呈过饱和状态，则可能发生过饱和气体的释放，释放程度与引水渠道的长度相关。对于引水渠道较短的引水式电站，这一释放作用可以忽略；但对于一些引水渠道较长的引水式水电站，则可通过原型观测或采用第 6 章介绍的纵向一维过饱和 TDG 释放模型进行模拟研究。

7.3.2 水轮机内溶解气体饱和度变化分析

水轮机将水流能量转换为机械能。大型高坝电站较多采用反击式水轮机，如图 7-3 所示。水轮机中水流流速较大，蜗壳中局部最大流速可达到 30m/s（幸智，2013），水体滞留时间极短。水轮机内水流充满整个水轮机的流道，属于有压流动，溶解气体相对于这一承压而言，通常属于欠饱和水平，因而难以发生显著的释放。为此，在 TDG 过饱和问题研究中，通常忽略水轮机蜗壳、导水机构和转轮中的过饱和 TDG 变化。

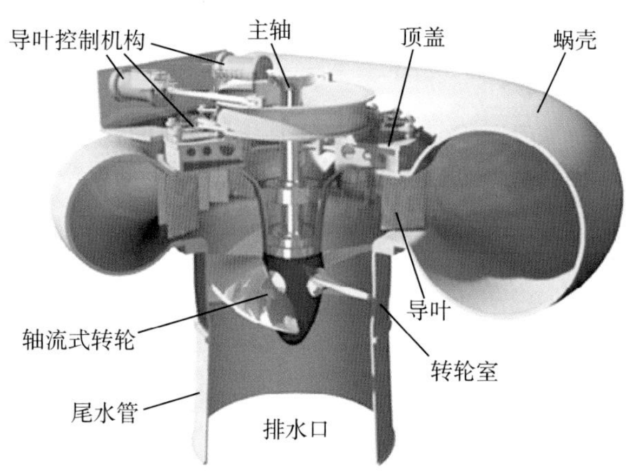

图 7-3 反击式水轮机剖面图

7.3.3 尾水管道中溶解气体饱和度变化模拟

当发电水流经过水轮机完成能量交换后，进入尾水管道。尾水管道中的水流压力较水轮机前引水管道内的压力大幅减小，因而过饱和溶解气体在新的环境压力下发生释放的可能性增大。

李纪龙（2018）建立了有压尾水管道中三维过饱和 TDG 输运模型。模型方程包括水动力学方程和 TDG 输运方程［式（6-40）］。考虑承压变化导致的气体传质过程，源项表达式采用式（6-37）。

表 7-2 为典型发电工况尾水管道内过饱和 TDG 模拟结果统计表。图 7-4 为大岗山电站典型发电工况(尾水管流量 599m^3/s，来流 TDG 饱和度 112%)发电尾水管道内过饱和 TDG 分布图。可以看出，尾水管道内过饱和 TDG 总体呈沿程递减的变化趋势，但由于尾水管道内水体滞留时间较短，过饱和 TDG 释放量总体较小，模拟工况中出流的 TDG 饱和度最大降低值为 2.9 个百分点。

表 7-2　大岗山电站尾水管道内过饱和 TDG 变化预测结果统计表

工况	观测日期	发电流量/(m^3/s)	入口流速/(m/s)	入流 TDG 饱和度/%	出流 TDG 饱和度/%	TDG 饱和度变化/%
1	2016.09.15	599	1.0	112	109.1	2.9
2	2017.07.05	1240	2.0	113	110.8	2.2
3	2017.07.04	1600	2.7	111	109.4	1.6

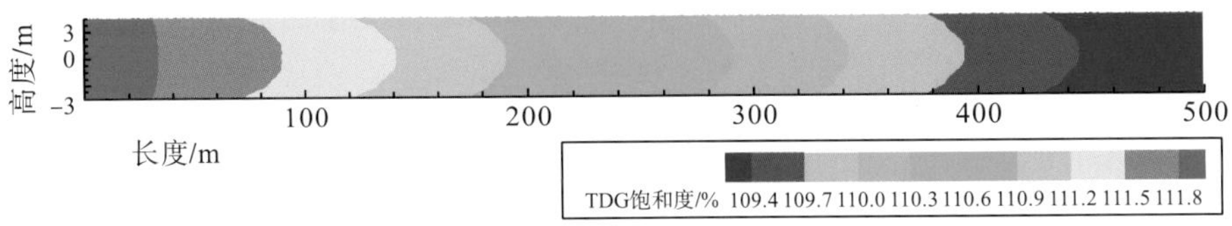

图 7-4　大岗山电站发电尾水管道内过饱和 TDG 分布示意图

7.4　发电尾水与泄流的过饱和 TDG 掺混作用研究

通常发电水流与泄流的溶解气体饱和度不同，因此在发电尾水下游将出现两股水流的掺混，掺混过程中过饱和 TDG 逐渐释放，导致河道内 TDG 饱和度呈现出显著的空间分布特征。

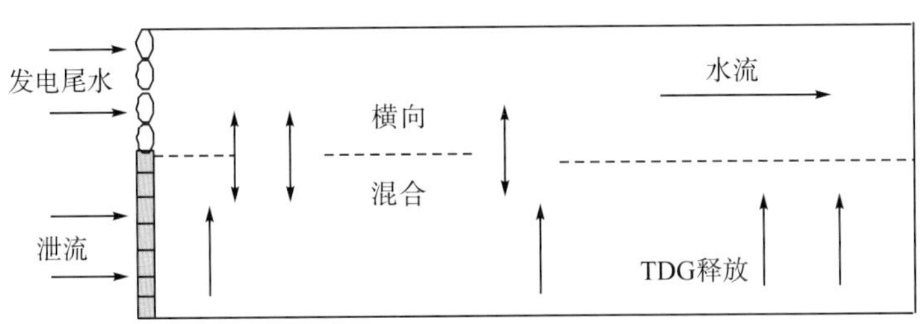

图 7-5　发电尾水与泄流的掺混作用示意图

7.4.1　数学模型

用于发电尾水与泄流掺混作用模拟的模型包括完全掺混模型和深度平均平面二维模型。

1. 完全掺混模型

$$G_m = \frac{G_s Q_s + Q_p G_f}{Q_s + Q_p} \tag{7-1}$$

式中，Q_s 为泄水流量(m^3/s)；Q_p 为发电流量(m^3/s)；G_m 为水流完全掺混后的 TDG 饱和度(%)；G_s 为二道坝下游 TDG 饱和度(%)；G_f 为坝前 TDG 饱和度(%)。

完全掺混模型不考虑发电尾水与泄流掺混过程中的 TDG 饱和度不均匀分布影响，适用于泄水下游较远区域的模拟。

2. 深度平均平面二维数学模型

通常泄流与发电尾水 TDG 饱和度存在较大差异，受发电与泄水建筑物布置影响，两股水流间相互卷吸和掺混可导致泄水近区过饱和 TDG 在横向上存在较显著的空间分布特征(图 7-6)。由于通常河道水深较浅、紊动较大，过饱和 TDG 在垂向上无明显分布差异，因此，对于发电尾水掺混过程的模拟，可采用深度平均平面二维数学模型(详见 6.2 节)。

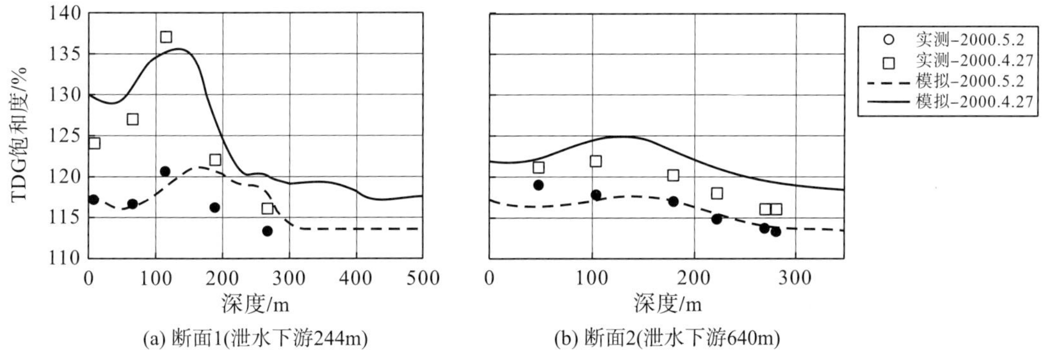

图 7-6 瓦纳普姆(Wanapum)水坝下游典型断面过饱和 TDG 横向分布(Politano et al.，2009)

7.4.2 发电调度对过饱和 TDG 分布的影响模拟

以金沙江向家坝电站为例，采用深度平均平面二维过饱和 TDG 预测模型，模拟不同发电调度方案下发电水流与泄流掺混过程中的过饱和 TDG 分布特征。

1. 工况设置与边界条件

向家坝电站工程布置示意图如图 7-7 所示。模拟河段为向家坝电站坝址下游约 32km 的河段，如图 7-8 所示。

发电调度工况设置见表 7-3。工况 1 为向家坝左、右岸电站同时满负荷发电方案(8 台机组满发)，引用流量为 7144m^3/s。工况 2 为左岸满负荷发电方案(单侧 4 台机组满发)，引用流量为 3320m^3/s。工况 3 为右岸满负荷发电方案(单侧 4 台机组满发)，引用流量为 3572m^3/s。三个工况对应的泄水流量均为 4990m^3/s。

图 7-7 向家坝水电站平面布置示意图

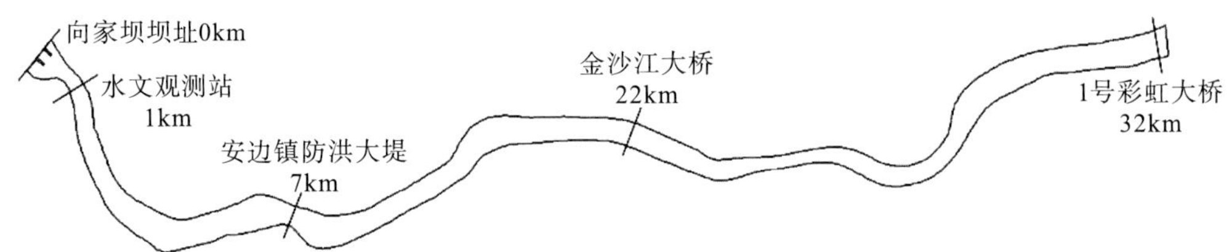

图 7-8 模拟河段位置示意图

表 7-3 向家坝电站模拟工况及边界条件统计表

工况编号	工况	泄流		左岸发电水流		右岸发电水流	
		流量/(m^3/s)	TDG 饱和度/%	流量/(m^3/s)	TDG 饱和度/%	流量/(m^3/s)	TDG 饱和度/%
1	左右岸发电+表孔泄水	4990	141.8	3572	120	3572	120
2	左岸发电+表孔泄水	4990	141.8	3320	120	0	—
3	右岸发电+表孔泄水	4990	141.8	0	—	3572	120

根据原型观测成果，向家坝电站坝前来流 TDG 饱和度与发电尾水 TDG 饱和度均采用 120%，泄流 TDG 饱和度采用 141.8%。三个工况发电尾水 TDG 饱和度均假定为 120%。

2. TDG 饱和度分布模拟结果

图 7-9～图 7-11 为不同发电调度工况下向家坝下游 32km 河段 TDG 饱和度分布情况。三个工况模拟结果均表明，随着河道纵向距离的增加，TDG 沿程逐渐释放。模拟河段的下游出口断面(坝下 32km)TDG 平均饱和度分别为 126.4%、129.8%和 130.0%，左右岸同时发电(工况 1)较左岸发电(工况 2)的饱和度低 3.4%，较右岸发电(工况 3)的饱和度低 3.6%。由此表明，由于发电尾水饱和度较泄水低，因而增大发电流量有利于河道内饱和度的降低。

模拟河段内过饱和 TDG 分布结果表明，因各工况下发电尾水与泄流之间的流量和 TDG 饱和度有差异，过饱和 TDG 存在显著的空间分布特征，且不同工况间的 TDG 饱和

图 7-9 左右岸发电情况下，坝下 32km 河道 TDG 饱和度分布图(工况 1)

图 7-10 左岸发电情况下，坝下 32km 河道 TDG 饱和度分布图(工况 2)

图 7-11 右岸发电情况下，坝下 32km 河道 TDG 饱和度分布图(工况 3)

度分布特征差异显著，并影响下游河道过饱和 TDG 沿程变化。三个工况的发电与泄流分别在坝址下游约 2.5km、2.1km 和 3.0km 的断面达到均匀混合，对应的断面平均 TDG 饱和度分别为 135.9%、137.5%和 137.2%。分析结果认为，近坝区过饱和 TDG 掺混程度与左右岸电站间的发电流量分配和 TDG 饱和度差异相关，泄水和发电尾水饱和度差值越大，断面掺混均匀所需要的距离越长。模拟河段掺混所需长度排序为：右岸满负荷发电＞左右岸均满负荷发电＞左岸满负荷发电。

7.5 小　结

根据对国内已建的大岗山电站、龚嘴电站、铜街子电站和向家坝电站等工程的 TDG 过饱和原型观测结果，结合尾水管内 TDG 过饱和的数值模拟，研究认为 TDG 过饱和水流经过引水发电系统，可导致过饱和 TDG 水平较坝前略有降低，但变化量较小，已有观测结果均小于 4%，多数工程小于 2%。因此，在过饱和气体研究中，通常忽略引水发电对溶解气体饱和度的影响。

由于发电尾水与泄流之间的流量和 TDG 饱和度差异，两股水流交汇引起的掺混作用使泄水近区过饱和 TDG 存在显著的空间分布特征，过饱和 TDG 掺混程度与流量分配和 TDG 饱和度差异相关。

8　过饱和 TDG 减缓措施研究

本章在分析低流量养殖水源过饱和 TDG 处理措施基础上，重点针对水坝泄水，从工程措施、调度措施和重点区域生态功能利用几个方面，介绍过饱和溶解气体的减缓措施。

8.1　低流量水流的 TDG 过饱和处理措施

低流量养殖水源的气体过饱和处理措施主要有虹吸法和填料柱等方法。

8.1.1　虹吸法

Monk 等(1980)利用虹吸管顶部压力减小使溶解气体析出的原理，将 TDG 过饱和水流引入虹吸管，在虹吸管顶部安装真空泵等集气装置，排除析出的溶解气体，从而使水流中溶解气体饱和度降低。虹吸装置示意图如图 8-1 所示。试验采用一根内径 5.1cm，长 61m 的虹吸管，其中有 35.1m 的长度位于虹吸顶部。在真空水头 6.1m，静水头 3.5m 条件下，可以将流速为 0.9m/s 水流的氮气饱和度从 115%降至 87%。

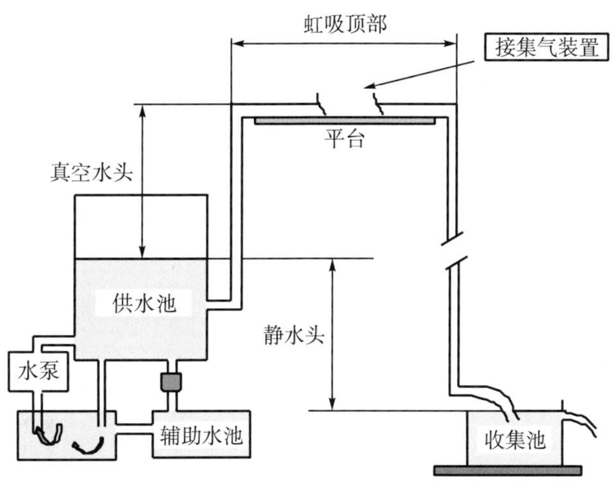

图 8-1　虹吸装置示意图(Monk et al.，1980)

虹吸法的效果取决于水流初始饱和度、水流在管顶部的滞留时间和管顶部的紊动强度。该方法曾被尝试用于养殖鱼塘供水中过饱和溶解气体的去除，其缺陷在于处理流量较小，且控制不当容易导致溶解氧水平过低。

8.1.2 填料柱

填料柱最早用来改善鱼苗孵化场供水水源的溶解气体过饱和问题(Bouck et al.，1984；Colt and Bouck，1984；Hargreaves and Tucker，1999)。填料柱为一内部充满填充材料(简称填料)的垂直容器，其中填料孔隙率较大，约 90%。填料柱典型结构示意图如图 8-2 所示，典型填料形式和尺寸如图 8-3 所示。

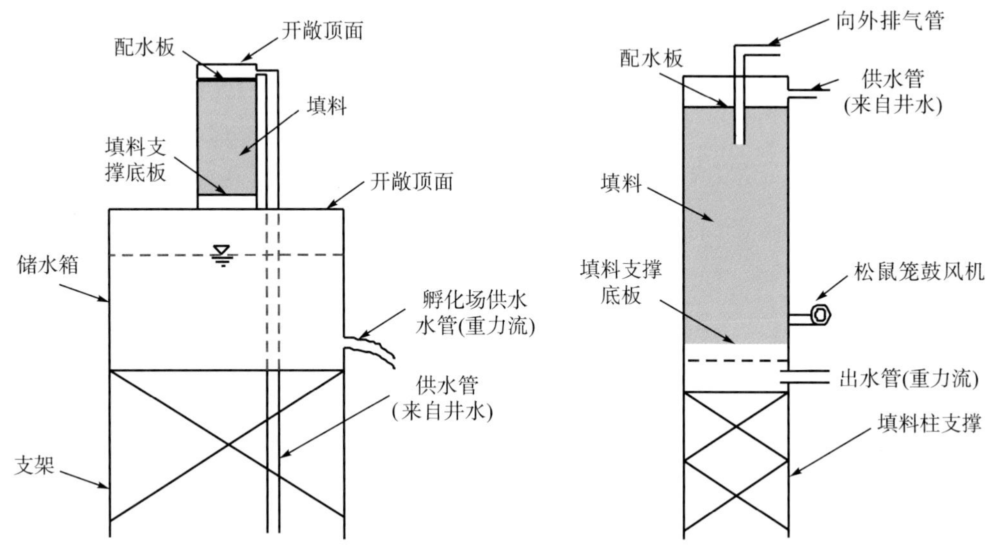

图 8-2 典型填料柱结构形式示意图(Hargreaves and Tucker，1999)

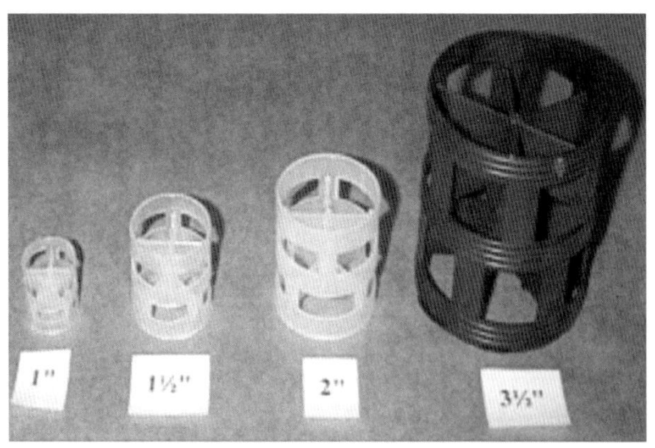

图 8-3 填料柱内不同尺寸的填料(Hargreaves and Tucker，1999)

填料柱内 TDG 过饱和水流沿填料表面自上而下流动，气体与液体呈逆流或并流。水流沿填料表面流动形成液膜，分散在连续流动的气体之中，液膜表面气液两相接触面的增加大大促进了气液界面传质，从而使水体中溶解气体水平快速恢复。填料柱有两方面的作用，即当来水的溶解气体过饱和时，填料柱可以降低气体饱和度；当来水的溶解气体不饱和时，填料柱可以为水体补充溶解气体。

在对气体过饱和水流进行处理过程中，出水的溶解气体水平与填料类型、填料柱直径和高度、通气管尺寸、水流和气流流量等相关。Hargreaves 和 Tucker(1999) 在对密西西比三角洲鱼苗孵化场的地下水水源处理中，得到水流出水溶解气体饱和度变化与填料柱高度的相关关系，如图 8-4 所示。

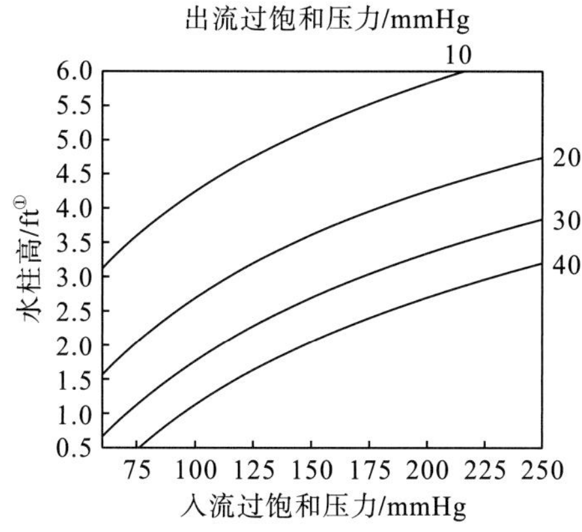

图 8-4 溶解气体饱和度与填料柱高度关系(Hargreaves and Tucker，1999)

①1ft=3.048×10^{-1}m。

填料柱技术可应用于对鱼池或鱼苗孵化场等水源处理中，其工程可行性及适用性等优于 Monk 等(1980) 的虹吸管法，但装置体积大，处理流量偏低(一般小于 1L/s)，大大限制了其在大尺度或大流量水体处理中的应用。

8.2 减缓泄水 TDG 过饱和的工程措施

水坝泄水的过饱和溶解气体生成水平与掺气水流承压大小和承压时间密切相关，因此降低过饱和 TDG 生成的途径主要在于通过泄流消能建筑物的设计优化，减小消力池内气体承压大小，缩短承压时间，进而达到降低过饱和 TDG 生成水平的目的。

8.2.1 导流坎

导流坎(deflector) 安装在溢流道坝面，其作用是将溢洪道水流导入下游消力池表层，从而避免掺气水流进入消力池深处造成过多的气体溶解成为过饱和溶解气体(Cain，1997；Orlins and Gulliver，2000；Dierking and Weber，2002)。导流坎的作用示意图如图 8-5 所示。

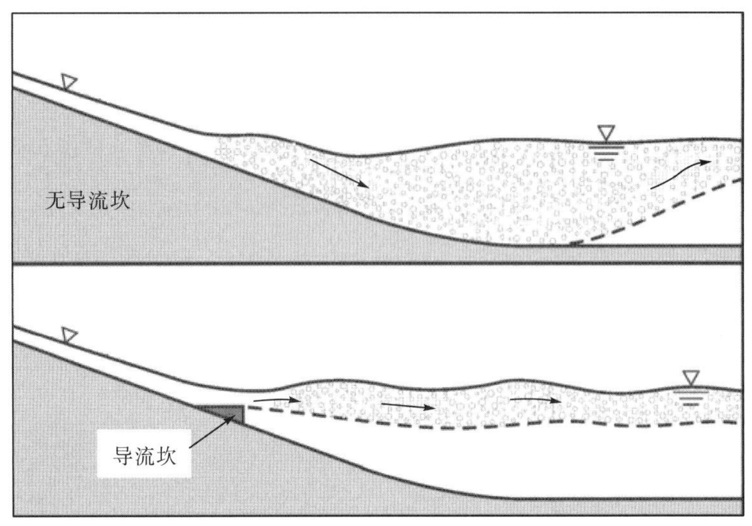

图 8-5 导流坎作用示意图(Politano et al.，2009)

为保护鱼类，在哥伦比亚(Columbia)河及其支流斯内克(Snake)河上的冰港(Ice Harbor)(Cain，1997)、麦克纳里(McNary)(Northwest Hydraulic Consultants，2001)(图 8-6)、瓦纳普姆(Wanapum)(Weber et al.，2004)和地狱峡谷(Hells Canyon)(Carbone，2013)等水坝溢洪道上均安装了导流坎，以尽可能减少过饱和气体生成。阿根廷的 Yacyretá 坝也曾尝试通过安装导流装置减少过饱和 TDG 的产生(Angelaccio et al.，1997)。Politano 等(2009)以及 Orlins 和 Gulliver(2000)对美国哥伦比亚(Columbia)河瓦纳普姆(Wanapum)水坝的导流坎布置开展了系统的水力学试验和 TDG 减缓效果模拟研究(图 8-7)。

图8-6 美国麦克纳里(McNary)水坝(Northwest Hydraulic Consultants，2001)

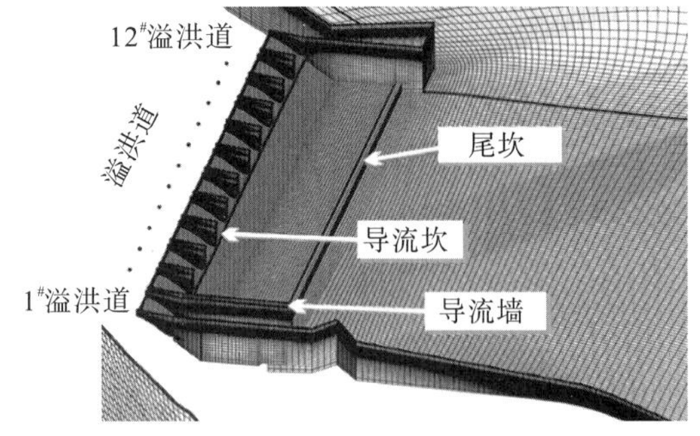

图8-7 瓦纳普姆(Wanapum)水坝导流坎效果模拟(Politano et al.，2009)

Orlins 等(2000)依托瓦纳普姆(Wanapum)水坝物理模型，采用 ADV 激光测速仪试验测量了不同导流坎安装高程下消力池内流场分布，结果如图 8-8 所示。对于无导流坎工况[图 8-8(a)]，消力池内的逆时针环流使小气泡长时间滞留于深层水体，可能导致大量溶解气体的产生。对于低导流坎工况[图 8-8(b)]，消力池内水流在导流坎的作用下形成顺时针环流，避免了大量气泡被带入底部，但在水流流过消力池底坎后部分气泡的溶解使饱和度出现一定程度的升高，但仍较无导流坎工况低。对于高导流坎工况[图 8-8(c)]，消力池内顺时针环流较低导流坎工况弱，因而只有很少的气泡被带入深层。

根据 Orlins 和 Gulliver(2000)紊流模拟结果，不同导流坎安装高程条件下消力池内 TDG 沿程分布结果如图 8-9 所示。可以看出，在无导流坎情况下，TDG 饱和度最高，而在安装导流坎后，TDG 饱和度明显降低。不同的导流坎方案相比，在低尾水位时，高导流坎和低导流坎饱和度接近；但在高尾水位时，低导流坎的气体饱和度明显较低，显著优于高导流坎工况。低导流坎的优势还表现在下游水体中的紊动强度显著较低，从而使紊动扩散系数较小和气泡溶解较少。为评估导流坎安装对过饱和 TDG 的减缓效果，USACE(2001a)对比测试了工程原型导流坎安装前后过饱和 TDG 水平，发现导流坎安装可以使 TDG 饱和度降低 3%～12%(Pickett et al.，2004)。

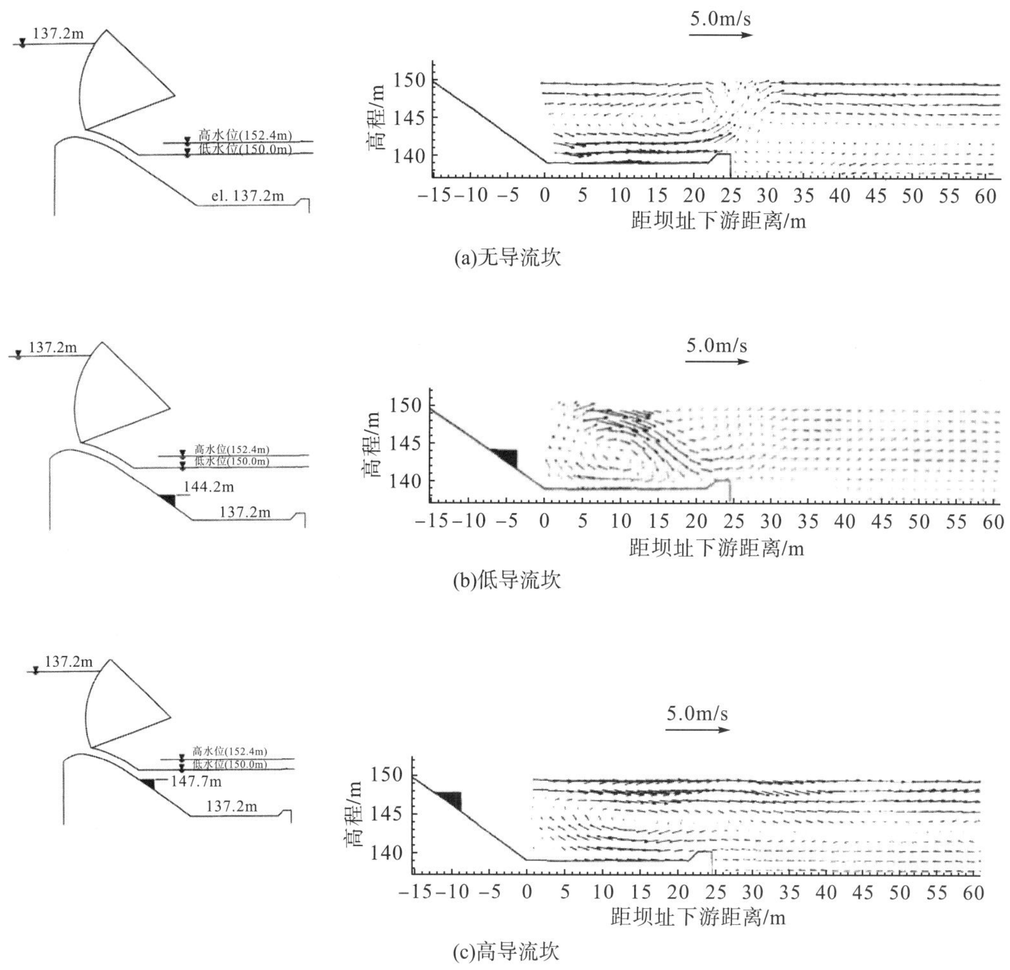

图 8-8 瓦纳普姆(Wanapum)水坝不同导流坎方案以及下游低尾水位条件下流场测试结果图(Orlins and Gulliver，2000)

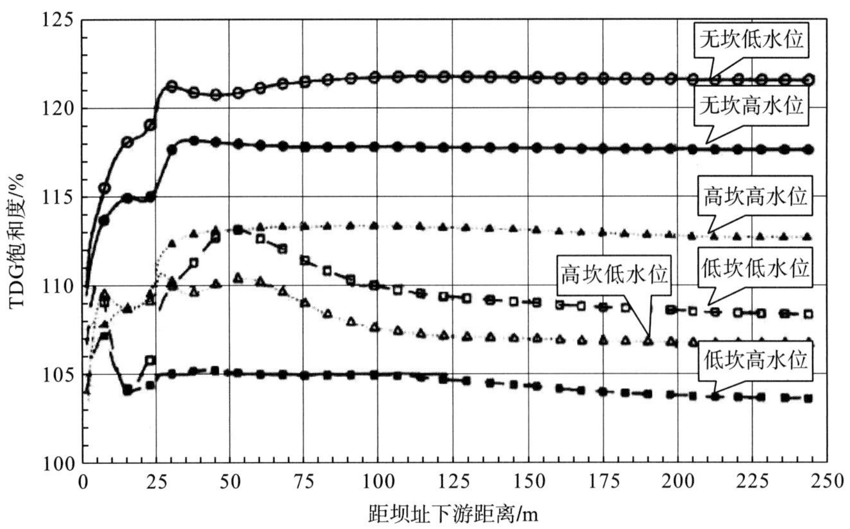

图 8-9 瓦纳普姆(Wanapum)水坝不同导流坎方案 TDG 饱和度模拟结果对比(q_s=9.3m^2/s)(Orlins and Gulliver，2000)

8.2.2 消能墩

消能墩是工程上较常见的一种辅助消能装置(四川大学水力学与山区河流开发保护国家重点实验室，2016)，但关于利用消能墩减缓过饱和 TDG 生成的研究尚未见报道。黄菊萍(2021)采用基于紊动掺气的过饱和 TDG 两相流数学模型(4.3.2 节)，分别选择典型底流消能工程和挑流消能工程，模拟研究了消能墩对过饱和 TDG 生成的减缓效果。

1. 底流消能工程过饱和 TDG 的减缓效果模拟

选择大渡河铜街子电站为代表工程进行模拟研究。铜街子电站位于大渡河梯级开发的下游河段，工程泄水采用底流消能方式，工程布置参见 4.2.1 节。

采用数学模型模拟研究有无消能墩工况下过饱和 TDG 分布。根据 4.3.2 节的参数率定结果，初始气泡特征粒径 D_0 取值为 0.6mm。

1)消能墩布置与计算区域网格划分

拟研究的消能墩设计尺寸为 5m×3m×6m(长×宽×高)，5 个消能墩并排布置在消力池内。模拟工况选择的泄水建筑物为 1#和 3#溢洪道，泄水流量为 629m^3/s，下游水深 16.34m，来流 TDG 饱和度为 100%。计算区域与网格划分如图 8-10 所示。

2)消能墩效果模拟与结果分析

有无消能墩条件下，铜街子电站 1#溢洪道中心纵断面速度分布如图 8-11 所示，图中白线表示 VOF 模型中水相体积分数 α_w=0.5 对应的自由液面。对比图 8-11(a)、(b)可以看出，在有消能墩条件下[图 8-11(b)]，水流从溢流坝面下泄至消力池时，下泄水流与消力

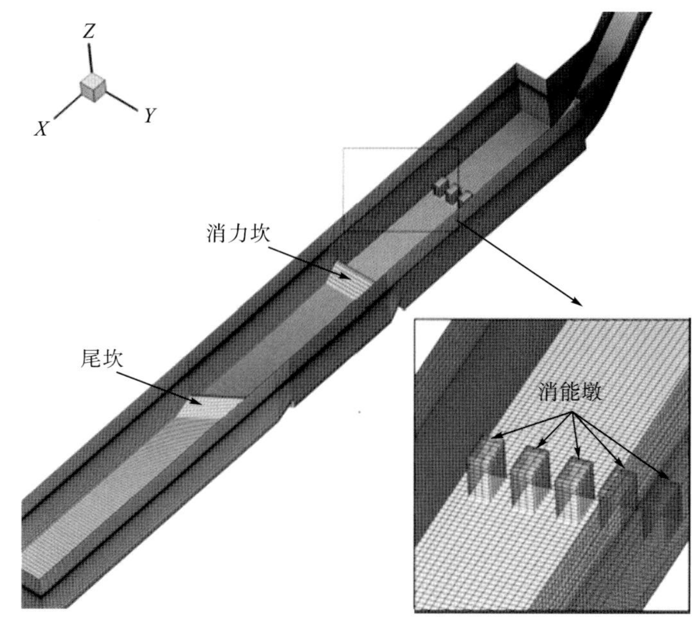

图 8-10 铜街子电站消能墩布置及局部网格示意图

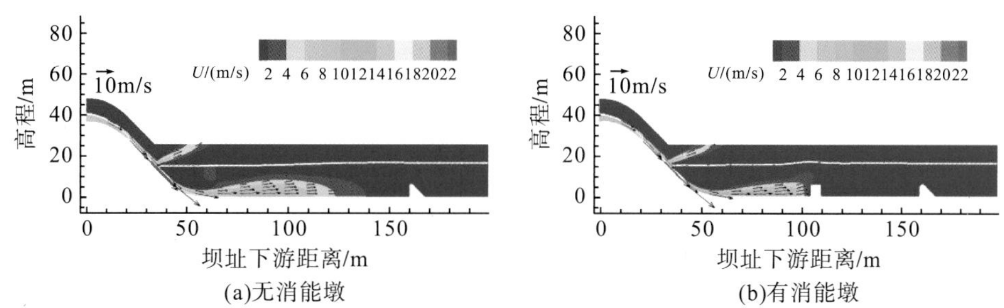

图 8-11 铜街子电站有无消能墩情况下速度分布对比图

池中的水体强烈碰撞，消力池内流速急剧增大，最大流速达到 14m/s。当高速水流流经消能墩时，由于过流断面面积减小，导致水面出现壅高，同时由于消能墩的阻挡作用，水流向上运动的速度变大，在经过消能墩后流速显著降低，约为 2m/s；而在无消能墩条件下[图 8-11(a)]，这一区域的流速约为 7m/s。由此表明，消能墩显著降低了消力池内的流速。

铜街子电站有无消能墩工况下气泡速度流线如图 8-12 所示。无消能墩情况下，气泡跟随水流向下游流动，仅在受到消力坎阻挡作用时，产生漩涡运动，在经过消力坎后运动速度降低。在有消能墩情况下，气泡受到消能墩的阻挡作用，在消能墩的上游区域产生大量漩涡。在越过消能墩后，气泡从水体底层逐渐运动到水体中层或表层。有无消能墩情况下掺气浓度的分布情况如图 8-13 所示。由图 8-13 可以看出，无消能墩情况下的掺气主要集中在消力池内中部和底部，有消能墩情况下的掺气则更多集中在自由液面附近。

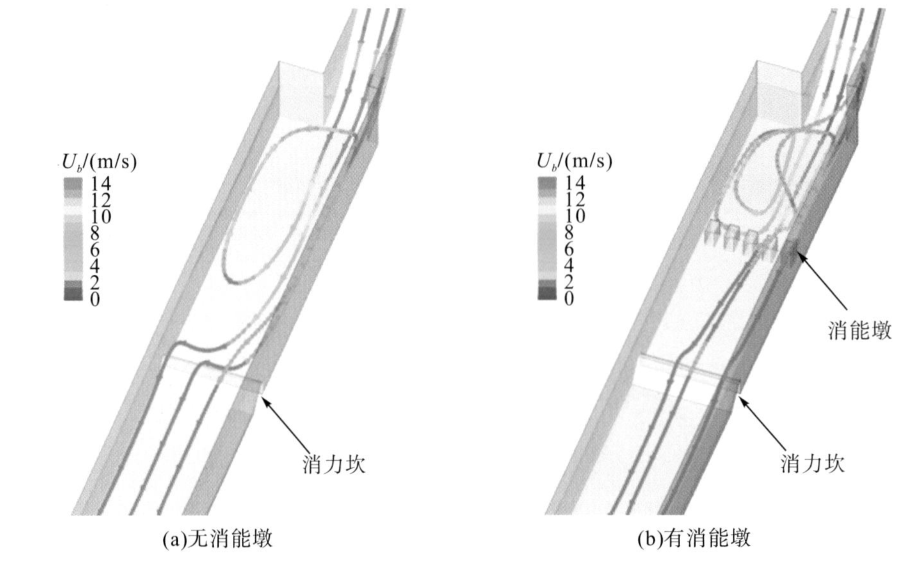

(a)无消能墩 (b)有消能墩

图 8-12 铜街子电站有无消能墩情况下气泡速度流线对比图

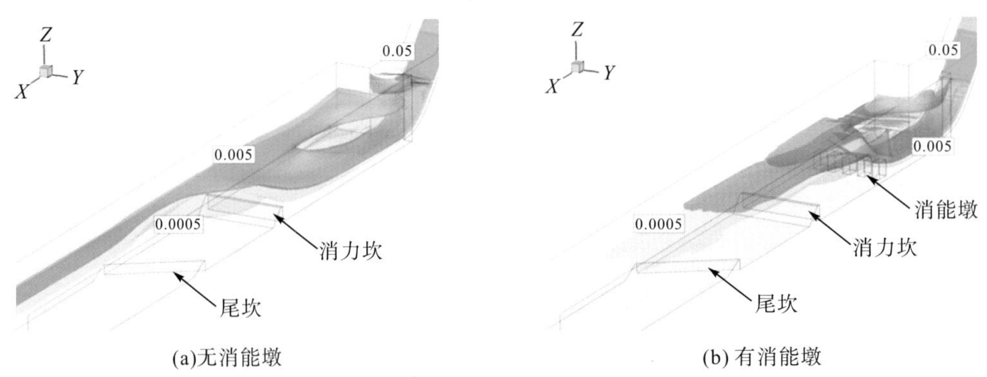

(a)无消能墩 (b) 有消能墩

图 8-13 铜街子电站有无消能墩情况下气相体积分数分布对比图

铜街子电站消能墩布置对 TDG 分布的影响对比如图 8-14 所示。由图 8-14 可以看出，有消能墩情况下，气泡在越过消能墩之后聚集在自由液面附近，由于表层气泡承压较深层水体小，气泡传质减少，从而使产生的 TDG 饱和度减小。无消能墩情况下 TDG 饱和度最大值为 159.9%，有消能墩后 TDG 饱和度在靠近消能墩处达到最大值，为 150.0%。无消能墩情况下，坝址下游 160m 断面的 TDG 饱和度为 132.0%，布置消能墩后降低为 126.8%，两者相差 5.2 个百分点。由此表明，消力池内安装消能墩可以促进气泡向上运动，从而使气泡承压减小，同时减少了气泡在高压区域的滞留时间，进而有效减少过饱和 TDG 的生成。

2. 挑流消能工程过饱和 TDG 的减缓效果模拟

选择大渡河大岗山电站为典型挑流消能工程开展消能墩对过饱和 TDG 生成的减缓效果模拟。

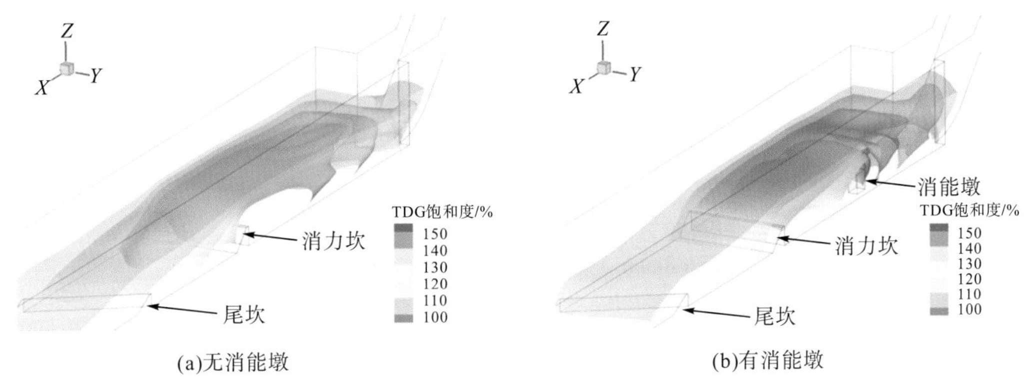

(a)无消能墩 (b)有消能墩

图 8-14 铜街子电站消能墩布置对 TDG 分布影响对比图

1) 大岗山电站工程概况

大岗山水电站位于大渡河中游，上游与硬梁包水电站衔接，下游与龙头石水电站衔接，工程任务主要为发电，兼顾防洪，大岗山电站泄水照片如图 3-1 所示。

挡水建筑物采用混凝土抛物线双曲拱坝，最大坝高 210.0m，电站总装机容量 2600MW（4×650MW）。引水发电建筑物布置于左岸，厂房为地下式厂房。泄水建筑物由坝身 4 个深孔和右岸 1 条无压泄洪洞组成。深孔宽 6m、高 6.6m，采用挑流消能。坝下设水垫塘，水垫塘中心线与拱坝中心线重合，水垫塘末端设置二道坝。

四川大学于 2017 年 9 月对大岗山水电站进行过饱和 TDG 原型观测，观测指标包括过饱和 TDG、溶解氧（DO）和水温等，观测断面分别位于坝前 2 km 和坝址下游 2 km。

2) 数学模型的选择与参数率定

采用 4.3.2 节中紊动掺气的过饱和 TDG 两相流数学模型模拟消能墩安装前后过饱和 TDG 分布。选择 2#和 3#深孔同时泄水条件下的原型观测结果进行参数率定。对应的泄水流量为 2640m³/s，计算工况详见表 8-1。

表 8-1 大岗山电站参数率定工况表

电站名称	泄水建筑物	泄水流量/(m³/s)	下游水深/m	坝前 TDG 饱和度/%	泄水 TDG 饱和度/%
大岗山电站	2#和 3#深孔	2640	29.5	123.6	135.7

通过率定得到掺气初始气泡特征粒径 D_0 取值为 0.1mm（黄菊萍，2021）。

3) 消能墩布置与计算区域网格划分

拟在大岗山电站二道坝下游交错布置 3 个消能墩，尺寸均为 5m×2m×5m，如图 8-15 所示。

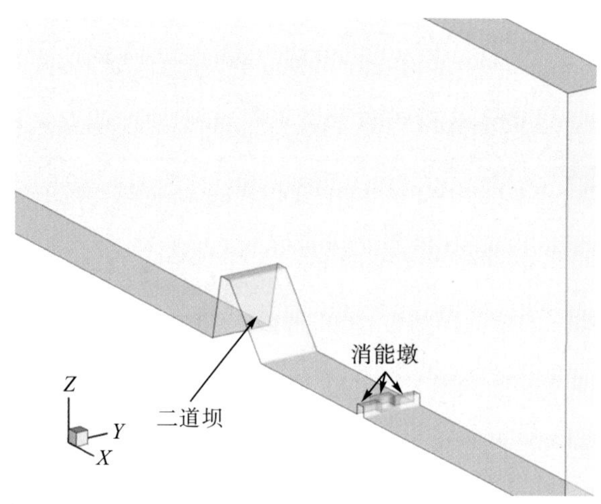

图 8-15 大岗山电站消能墩布置示意图

4)消能墩效果模拟与结果分析

大岗山电站 2#泄水孔中心纵断面速度矢量分布如图 8-16 所示，图中白线表示以 VOF 模型中的水相体积分数 α_w=0.5 确定的自由液面。由图 8-16 可以看到，消能墩的安装使消能墩处的过流断面减小，从而导致水面壅高和断面流速增大。受消能墩的阻挡作用，水流在遇到消能墩时向上流动的速度变大，在经过消能墩后水流流速降低。

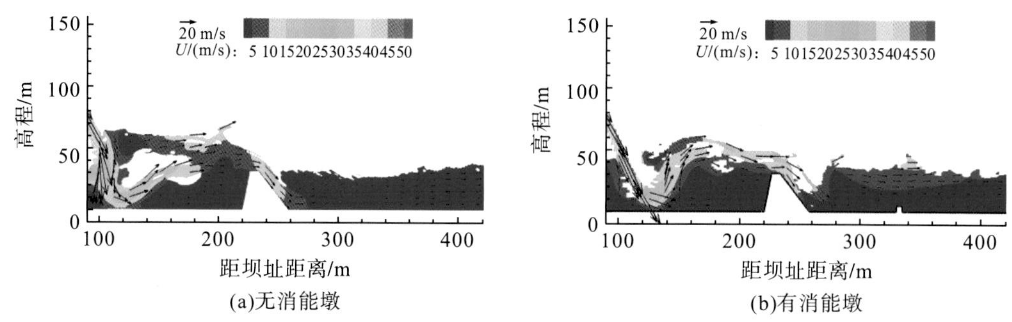

(a)无消能墩 (b)有消能墩

图 8-16 大岗山电站有无消能墩情况下速度矢量对比图

大岗山电站有无消能墩工况下，2#泄水孔中心纵断面掺气浓度分布如图 8-17 所示。由图 8-17 可以看出，气泡随水流向下游流动过程中，在经过消能墩时向上浮动，导致有消能墩工况下更多气泡趋于向自由液面附近移动。

有无消能墩工况下，2#泄水孔中心纵断面过饱和 TDG 分布如图 8-18 所示。由图 8-18 可以看出，由于气泡受到消能墩的作用而上浮，受压强的影响，自由液面处的 TDG 有效饱和浓度较小，因此气泡传质和过饱和 TDG 生成较少。对比发现，有消能墩工况下二道坝下游区域的 TDG 饱和度低于无消能墩工况，其中，在坝下 500m 断面 TDG 饱和度分别为 133.8%和 120.9%，相差 12.9 个百分点。这表明，在二道坝下游安装消能墩可以有效减少过饱和 TDG 的生成。

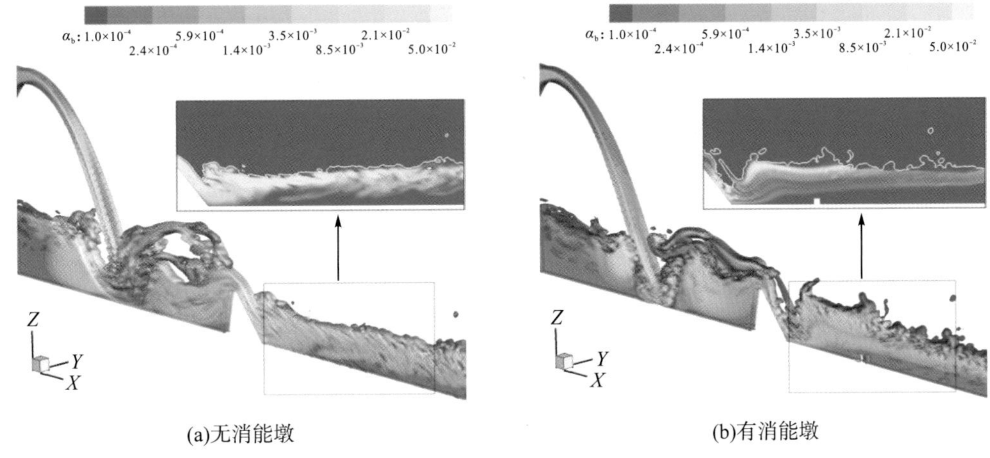

图 8-17 大岗山电站有无消能墩情况下掺气浓度分布对比图

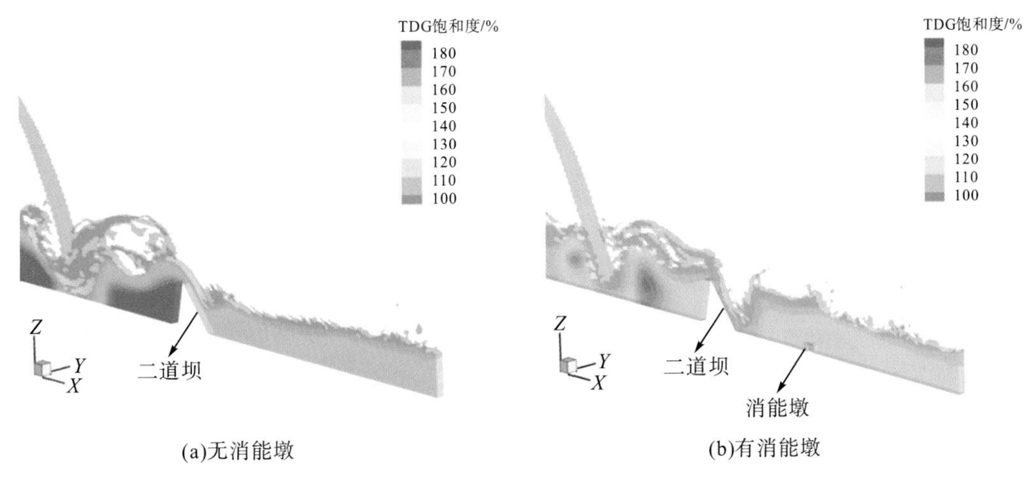

图 8-18 大岗山电站有无消能墩情况下 TDG 饱和度分布对比图

8.2.3 阶梯溢流坝

水流流经溢流坝面过程中发生掺气，形成掺气水流。掺气水流具有更大的气液接触面，同时泄流流场和压力分布也随着与空气和坝面的接触而不断发生变化，由此大大促进了气液界面间溶解气体的传质。研究表明，当坝面来流的溶解气体水平为欠饱和态时，坝面溢流有助于溶解气体(包括溶解氧)的恢复(Baylar et al.，2007；Khdhiri et al.，2014)；当来流溶解气体水平呈过饱和态时，坝面溢流过程中气液界面间的传质有利于过饱和溶解气体自水相向气相的传递，从而促进过饱和水流的恢复。

溢流坝面可以分为光滑坝面和阶梯坝面，不同形式的坝面 TDG 传质效率不同。传统的坝面以光滑坝面为主，而阶梯溢流坝具有提高水流紊动掺气、改善消能效率等优点(杨庆，2002)，被应用在糯扎渡、丹江口和东西关等多个工程。卢晶莹(2020)开展了阶梯溢流坝 TDG 传质试验，结合坝面流态分析，研究了阶梯溢流坝对过饱和 TDG 的减缓效果。

1. 试验装置及方法

阶梯溢流坝过饱和TDG传质试验装置如图8-19所示。试验装置主要包括阶梯溢流坝、量水堰以及TDG过饱和水流供给装置(李然等，2011)。

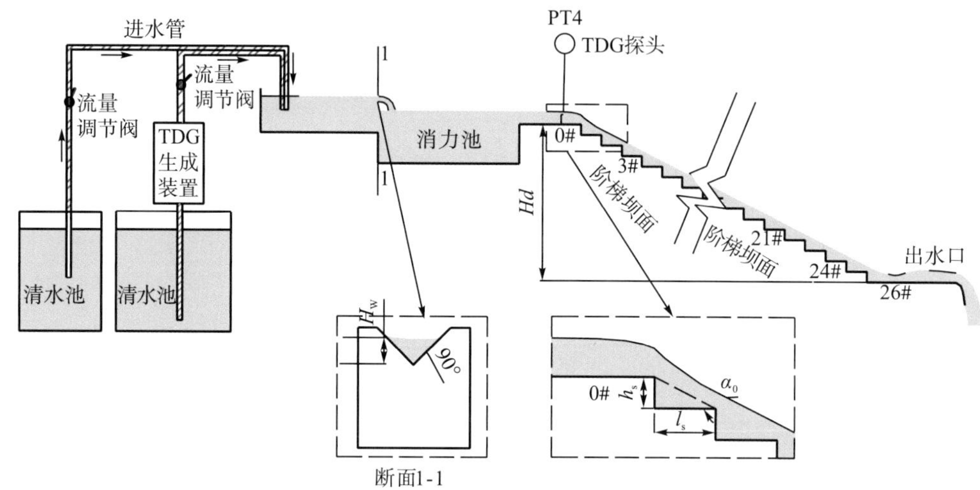

图8-19 阶梯溢流坝传质试验装置示意图

为探究不同阶梯形式对TDG传质的影响，设计了a(0.1m×0.06m)、b(0.1m×0.03m)、c(0.07m×0.03m)三种不同长高比的阶梯形式，详见表8-2和图8-20。

表8-2 不同类型阶梯溢流坝几何特征统计表

阶梯形式	台阶长 l_s/m	台阶高 h_s/m	台阶角度 α_0 ($\tan\alpha_0 = h_s/l_s$)	台阶数量 n_s
a	0.1	0.06	31.0	26
b	0.1	0.03	16.7	26
c	0.07	0.03	23.2	26

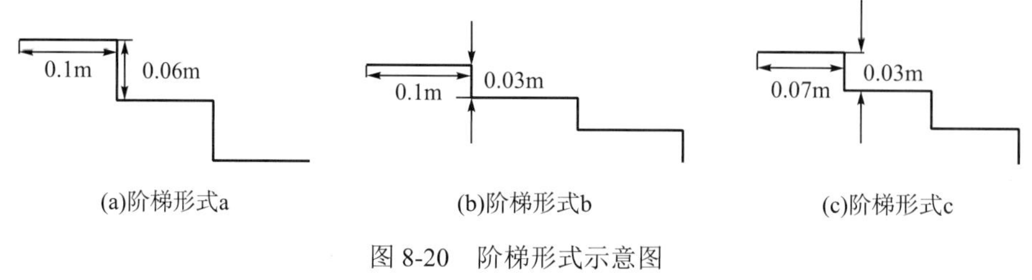

图8-20 阶梯形式示意图

2. 试验结果分析

1) 坝面水流流态分析

坝面水流形态直接决定水流掺气特性，进而影响气液界面面积和TDG传质过程，因此首先对水流流态进行分析。

受水流流量及阶梯形态的影响，阶梯溢流坝坝面水流主要为三种，分别为跌落水流(nappe flow)(Toombes and Chanson，2008)、过渡水流(transition flow)(Chanson and Toombes，2004)和滑行水流(skimming flow)(Chanson，2006)，不同水流的流态示意图如图 8-21 所示。

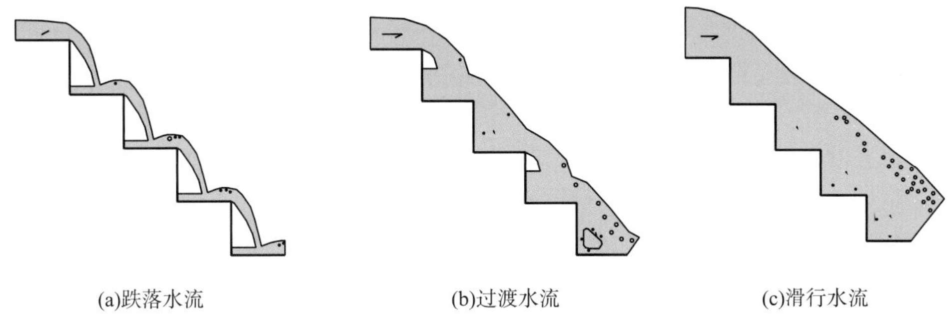

(a)跌落水流　(b)过渡水流　(c)滑行水流

图 8-21　阶梯溢流坝上的水流流态示意图

Khdhiri 等(2014)和 Baylar 等(2006)提出了阶梯溢流坝流态判别的无量纲数 Fr_x。

$$\begin{cases} Fr_x \leqslant 0.5, & \text{跌落水流} \\ 0.5 < Fr_x < 1.1, & \text{过渡水流} \\ Fr_x \leqslant 1.1, & \text{滑行水流} \end{cases} \tag{8-1}$$

式中，Fr_x 为阶梯溢流坝流态判别的无量纲数。

$$Fr_x = \left[h_c / (h_s \cos\alpha_0)\right]^{0.5} \tag{8-2}$$

式中，h_c 为临界水深(m)；h_s 为台阶高度(m)；α_0 为台阶角度($\tan\alpha_0 = h_s/l_s$)。

h_c 计算式为

$$h_c = Q_s^{2/3} / (B_W^{2/3} g^{1/3}) = q_s^{2/3} / g^{1/3} \tag{8-3}$$

式中，Q_s 为流量(m^2/s)；B_W 为台阶宽度(m)；q_s 为坝面单宽流量(m^2/s)；g 为重力加速度(m/s^2)。

在上述研究基础上，卢晶莹(2020)根据阶梯溢流坝传质试验结果，提出了不同台阶角度的糙率弗劳德数及其临界值判别方法：

$$Fr^* = q_s / (g \sin\alpha_0 h_s^3)^{0.5} \tag{8-4}$$

跌落-过渡流态临界值：

$$Fr^* = 4.07\exp(-3.15\alpha_0 \pi / 180) \tag{8-5}$$

过渡-滑行流态临界值：

$$Fr^* = 5.64\exp(-2.49\alpha_0 \pi / 180) \tag{8-6}$$

式中，q_s 为坝面单宽流量(m^2/s)；g 为重力加速度(m/s^2)；α_0 为台阶角度($\tan\alpha_0 = h_s/l_s$)；h_s 为台阶高度(m)。

2）TDG 传质效率分析

引入坝面过饱和 TDG 传质效率，定义如下：

$$E_{\text{TDG}} = \frac{G_{\text{in}} - G_{\text{out}}}{G_{\text{in}} - G_{\text{eq}}} \tag{8-7}$$

式中，G_{in} 为入口 TDG 饱和度(%)；G_{out} 为出口 TDG 饱和度(%)；G_{eq} 为平衡态 TDG 饱和度(%)。

图 8-22 为阶梯 a（0.1m×0.06m）与阶梯 b（0.1m×0.03m）在初始饱和度 165%条件下 TDG 传质效率 E_{TDG} 与台阶数量 n_s 的关系图。可以看出，各种形式阶梯的 TDG 传质效率均随着台阶数量的增多而增大，呈明显的正相关关系。分析认为，台阶数量增大，坝高增加，一方面使得过饱和水流与空气传质时间增长，另一方面使得水体紊动加强，水体与空气接触更加充分，从而增大了 TDG 传质效率。对于图 8-22(b)的阶梯 b，TDG 传质效率在台阶数量较小时并不明显，而到阶梯溢流坝下游段却大幅增加。分析认为，当台阶数量较小时，水流流态为滑行流态，水体与空气之间的传质面积较小，而当台阶数量逐渐增加时，水体逐渐掺气，水体内部气泡数量的增加使得气液传质面积和紊动强度增加，因而传质效率 E_{TDG} 相对于上游段显著上升。

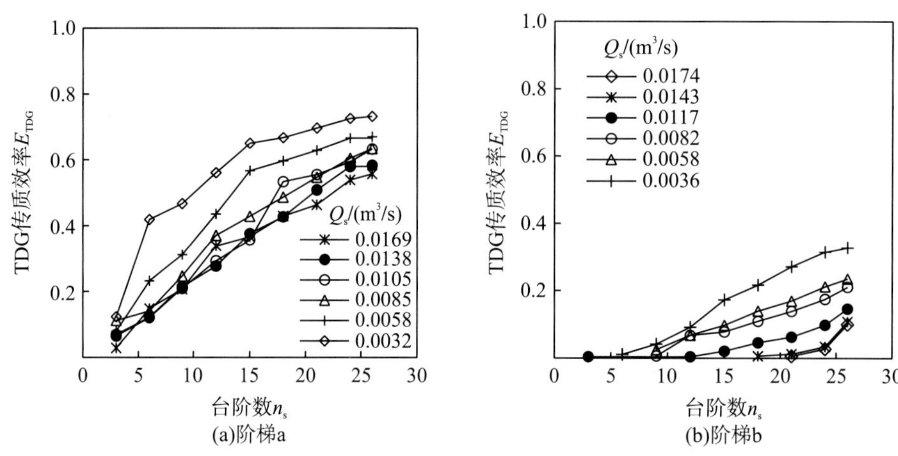

图 8-22　阶梯溢流坝 TDG 传质效率与台阶数量关系图

定义 h_s / l_s 为台阶斜率(图 8-19)。在初始饱和度为 165%时 TDG 传质效率与台阶斜率的关系如图 8-23 所示。总体来说，在相同台阶数量和溢流流量情况下，TDG 传质效率 E_{TDG} 与台阶斜率 h_s / l_s 基本呈正相关关系。这是因为斜率的增大有利于促进水流从滑行流态向跌落流态变化，使掺气量和气液传质增加。阶梯 a(台阶斜率为 0.6)与阶梯 b(台阶斜率为 0.3)台阶长度 l_s 一致，但阶梯 a 传质效率明显较大，主要原因在于斜率的增大促使了流态的改变，并且水流流动距离增加，过饱和水体与空气的传质时间增长，从而提升了过饱和 TDG 传质效率。阶梯 b(台阶斜率为 0.3)和阶梯 c(台阶斜率为 0.43)的 TDG 传质效率差别并不明显。分析认为，虽然阶梯 c 的斜率较大，但台阶长度 l_s 为 0.07m，小于阶梯 b(0.1m)，因此在相同台阶数量的情况下，阶梯 c 对应的水流流动距离有所减小，影响了传质效率的提高。

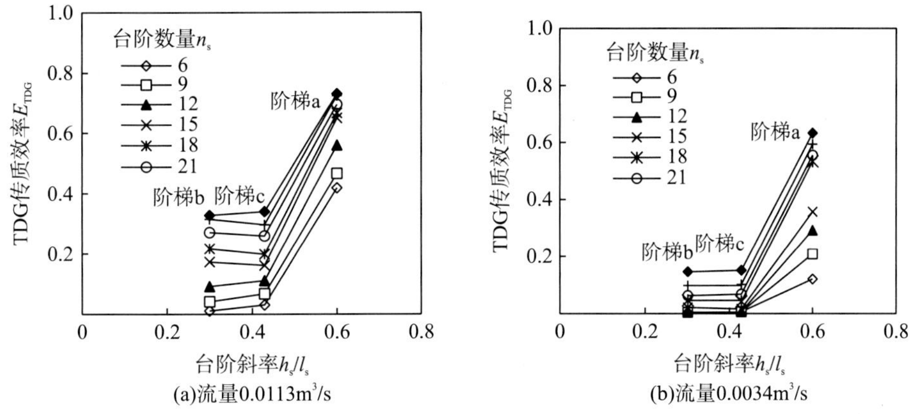

图 8-23 TDG 传质效率与台阶斜率关系图（G_0=165%）

TDG 传质效率与临界水深的关系如图 8-24 所示。由图 8-24 可以看出，在相同的 TDG 初始饱和度和台阶数量的情况下，临界水深 h_c 增大导致过饱和 TDG 传质效率减小，两者呈负相关关系。分析表明，临界水深增加使水流从跌落流态向滑行流态转变，从而影响 TDG 的传质效率。同时，在同一种流态下，水深的增加也代表着气液传质比表面积的减小，从而使 TDG 传质效率降低。

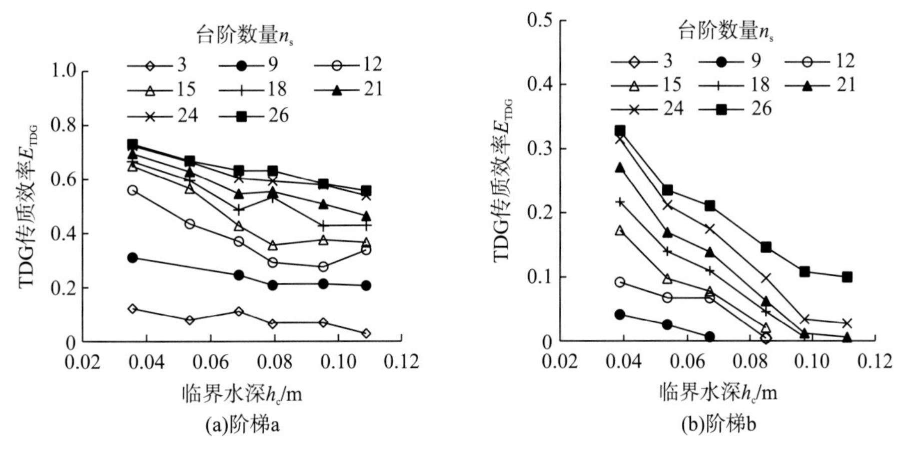

图 8-24 TDG 传质效率与临界水深的关系图（G_0=165%）

图 8-25 为入流初始饱和度为 165%的情况下，TDG 传质效率随 h_c / H_d 的变化过程。坝高 H_d 为台阶高度 h_s 与台阶数量 n_s 的乘积。可以看出，E_{TDG} 随着 h_c / H_d 的增大而降低，两者呈近似负指数关系。

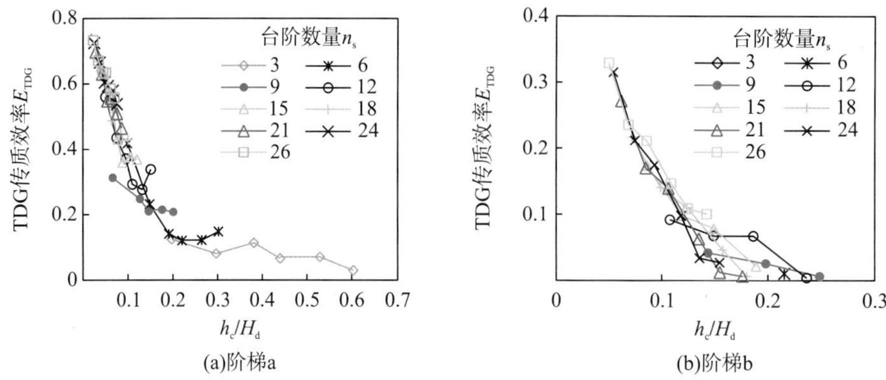

图 8-25　TDG 传质效率与 h_c/H_d 的关系图（G_0=165%）

3）阶梯坝面 TDG 传质模型的建立

选择 H_d/h_s、h_s/l_s 以及 h_c/H_d 三个无量纲数，分析 TDG 传质效率与无量纲数之间的定量关系。其中，H_d/h_s 反映特定台阶形式下，台阶数量对 TDG 传质效率的影响；h_s/l_s 代表台阶角度（即 $\tan\alpha_0$）对 TDG 传质效率的影响；h_c/H_d 代表水流条件的影响。E_{TDG} 可表示为

$$E_{TDG}=f\left(\frac{h_s}{l_s},\frac{h_c}{H_d},\frac{H_d}{h_s}\right)=f\left(\tan\alpha,\frac{h_c}{H_d},\frac{H_d}{h_s}\right)=b_1(\tan\alpha)^{b_2}\left(\frac{h_c}{H_d}\right)^{b_3}\left(\frac{H_d}{h_s}\right)^{b_4} \tag{8-8}$$

式中，$b_1\sim b_4$ 为待定系数，根据试验结果拟合得到。

根据阶梯 a 和阶梯 b 的流态划分结果，将不同流态下的 590 组试验数据采用多元非线性回归方法进行拟合，以确定式（8-8）中的待定系数 $b_1\sim b_4$。不同流态下 TDG 传质效率拟合结果与试验结果对比如图 8-26 所示。跌落、过渡以及滑行流态下相关系数 R^2 分别为 0.91、0.94 和 0.93。拟合得到跌落、过渡以及滑行流态过饱和 TDG 传质效率公式为

跌落流态：

$$E_{TDG}=0.16(\tan\alpha_0)^{3.58}\left(\frac{h_c}{H_d}\right)^{-0.37}\left(\frac{H_d}{h_s}\right)^{0.59} \tag{8-9}$$

过渡流态：

$$E_{TDG}=0.016(\tan\alpha_0)^{0.55}\left(\frac{h_c}{H_d}\right)^{-2.42}\left(\frac{H_d}{h_s}\right)^{-1.10} \tag{8-10}$$

滑行流态：

$$E_{TDG}=0.021(\tan\alpha_0)^{1.61}\left(\frac{h_c}{H_d}\right)^{-0.76}\left(\frac{H_d}{h_s}\right)^{0.6} \tag{8-11}$$

采用阶梯 c 试验结果（共计 300 组）对式（8-9）～式（8-11）进行验证，传质效率的公式拟合值与试验值的对比结果如图 8-27 所示。拟合结果与试验结果具有良好的相关性，相关系数为 0.89。最大和最小绝对误差均发生在过渡流态，分别为 0.12 和 0.00037，平均绝对误差为 0.048。由此认为上述基于不同流态建立的 TDG 传质效率公式［式（8-9）～式（8-11）］可以满足精度要求。

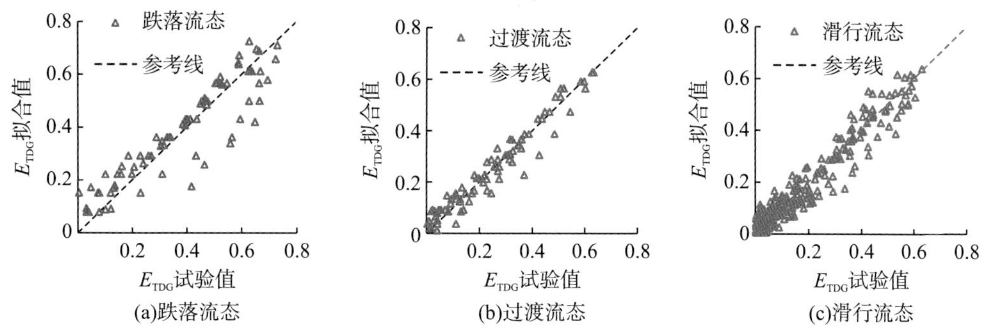

图 8-26　不同流态 TDG 传质效率的拟合值与试验值对比图

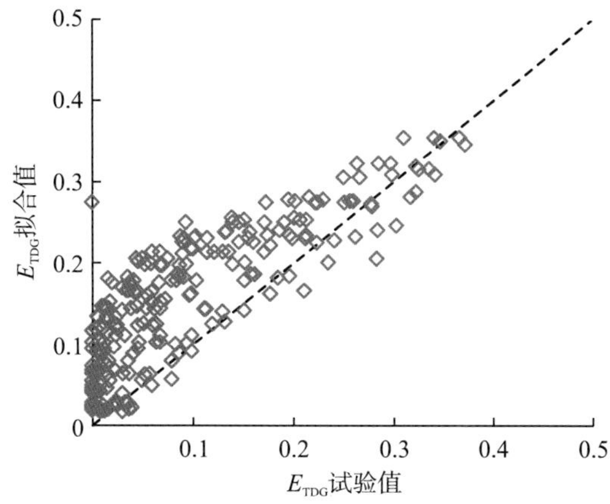

图 8-27　TDG 传质效率公式拟合值与试验值对比图

4)光滑坝面 TDG 传质效率分析

光滑坝面可以被认为是阶梯溢流坝在阶梯尺寸趋于无限小的极限情况，即 $h_s \to 0$，$l_s \to 0$。根据式(8-4)可知，此时 Fr^* 趋近于无穷大，即

$$Fr^* = q_s / (g\sin\alpha_0 h_s^3)^{0.5} \geqslant 5.65\exp(-0.043\alpha_0) \tag{8-12}$$

由此可以将光滑坝面上的流态概化为滑行流态。式(8-12)进一步改写为

$$h \leqslant \left[0.177 q_s / (g\sin\alpha_0)^{0.5} \exp(-0.043\alpha_0)\right]^{\frac{2}{3}} \tag{8-13}$$

采用滑行流态下过饱和 TDG 传质效率公式[式(8-11)]对光滑坝面的 TDG 传质效率进行估算，可得到光滑坝面下 TDG 传质效率，即

$$E_{TDG} = \frac{G_{in} - G_{out}}{G_{in} - G_{eq}} = 0.021(\tan\alpha_0)^{1.61}\left(\frac{q_s^{2/3}}{H_d g^{1/3}}\right)^{-0.76} \tag{8-14}$$

对不同单宽流量下($0.04m^2/s$、$0.06m^2/s$、$0.08m^2/s$、$0.10m^2/s$ 以及 $0.12m^2/s$)，坡度 $\alpha_0 = 16.7°$，溢流坝坝高 $H_d = 0.78m$ 的光滑坝面以及阶梯坝面(即阶梯形式 b)，分别采用式(8-14)计算得到各工况 TDG 传质效率，计算结果对比如图 8-28 所示。结果表明，光滑坝面的 TDG 传质效率仅为 0.0027～0.0031，而阶梯溢流坝的 TDG 传质效率为 0.09～0.17，可见阶梯坝面 TDG 传质效率明显大于光滑坝面。

根据上述阶梯坝面和光滑坝面的 TDG 传质效率对比分析认为，同等流量条件下，阶梯坝面水体紊动较强，水气间掺混程度较高，从而 TDG 传质效率显著更高。

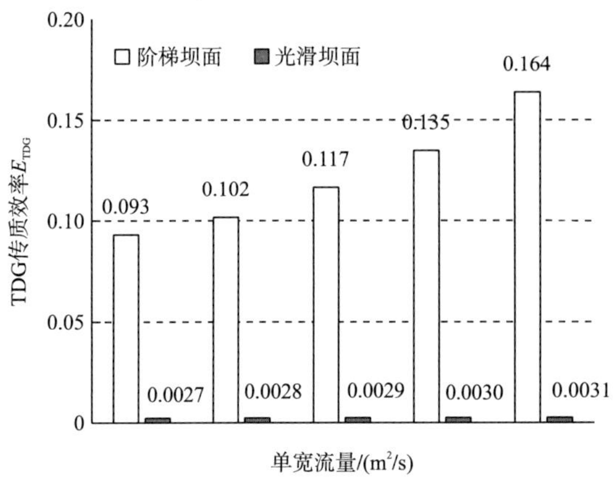

图 8-28 阶梯坝面与光滑坝面的 TDG 传质效率对比图

8.3 减缓泄水 TDG 过饱和的调度措施

减缓气体过饱和影响的调度措施主要包括合理协调发电与泄水流量、优选泄水建筑物、实施分散泄水方式和非连续泄水方式等几个方面。

8.3.1 合理协调发电与泄水流量

过饱和 TDG 的生成与泄水流量和单宽泄水流量呈正相关关系。图 8-29 为紫坪铺电站泄洪洞泄水 TDG 饱和度变化与泄水流量关系图。图 8-30 为乌东德电站部分泄水时段 TDG 饱和度与泄水流量相关关系图。由图 8-29 和图 8-30 可以看出，过饱和气体的生成与流量呈较好的相关性。美国哥伦比亚河上的罗基雷什(Rocky Reach)电站监测资料表明，泄水流量从 850m³/s 降低到 425m³/s，TDG 饱和度可从 116.1%降低到 113.9%。

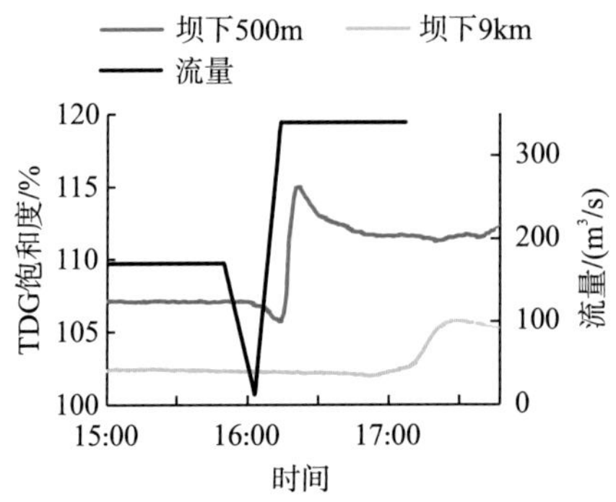

图 8-29 紫坪铺电站 TDG 饱和度变化与泄水流量关系图

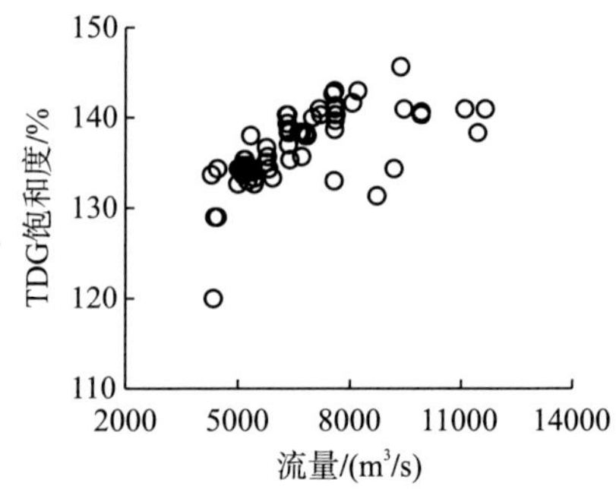

图 8-30 乌东德电站 TDG 饱和度与泄水流量相关关系图

诸多电站观测资料表明，发电尾水基本不改变溶解气体饱和度(Anderson et al.，2000；李纪龙，2018)，而通常发电尾水饱和度较泄水饱和度低，因此增大发电流量、减小泄水流量可以降低水坝下游过饱和 TDG。

8.3.2 优选泄水建筑物

不同泄水建筑物过饱和 TDG 的生成水平不同，因此电站宜尽量选用 TDG 过饱和生成水平较低的泄水建筑物。本节以溪洛渡电站为例，根据不同泄水情景下 TDG 饱和度时空分布特征的模拟研究，探讨过饱和总溶解气体对鱼类影响的泄水建筑物优选方案。

1. 泄水方案

溪洛渡电站 2014 年 7 月 4 日 18:00 至 7 月 28 日 12:00 实际泄水过程如图 8-31 所示。电站泄水共分 5 个时段，其中 7 月 7 日 20:00～7 月 11 日 12:00 为泄洪洞泄洪，流量为 1240～3370m^3/s，其余时段为深孔泄水，流量为 332～6280m^3/s。

为降低溪洛渡电站泄水期间的 TDG 过饱和水平，推荐采用全深孔泄水方案，即将实际泄水方案中泄洪洞泄洪改由 3～6#深孔泄水，且保持泄水流量与实际方案相同，如图 8-32 所示。

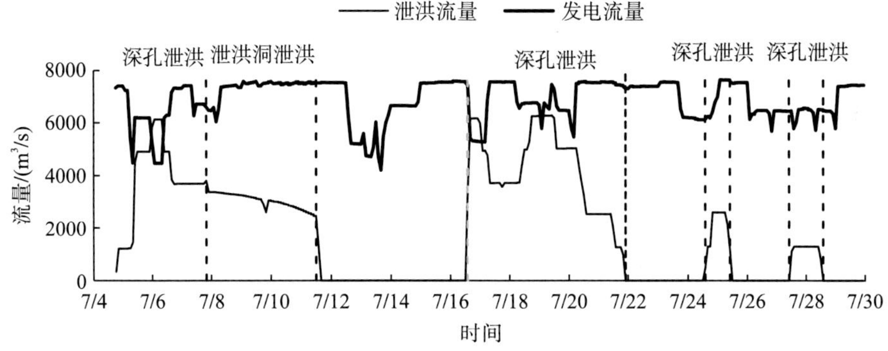

图 8-31 溪洛渡电站实际泄水方案(2014 年 7 月 4～28 日)

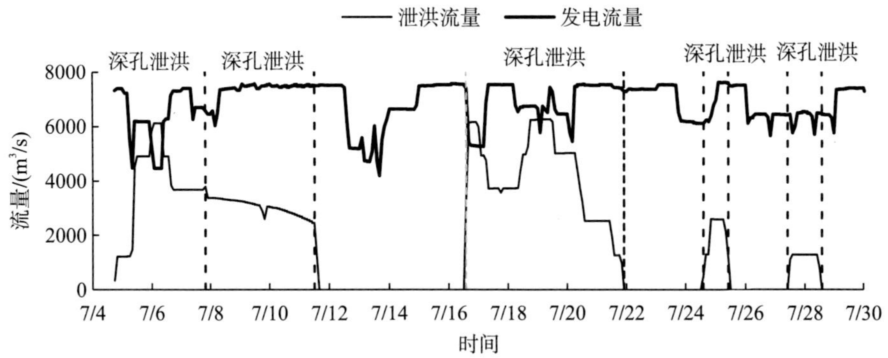

图 8-32 溪洛渡电站优化泄水方案(全深孔泄水)

2. TDG 时空分布模拟与结果分析

采用本书 4.2.3 节建立的挑流泄水过程解析模型[式(4-43)]开展溪洛渡电站不同泄水建筑物泄水情况下过饱和 TDG 的生成预测。图 8-33 为预测得到的溪洛渡电站坝下 TDG 饱和度随时间变化过程。可以看出，原 7 月 7 日 20:00 至 7 月 11 日 12:00 泄洪洞泄水改为深孔泄水后，坝下 TDG 饱和度最大值由原来的 144%降低至 128%，TDG 过饱和水平明显降低。结果表明，合理选择泄水建筑物可有效降低坝下 TDG 过饱和水平。

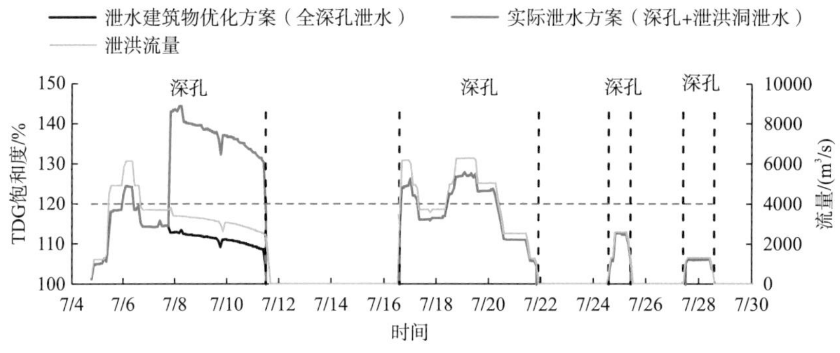

图 8-33 溪洛渡电站不同泄水方案的坝下过饱和 TDG 生成对比图

根据上述过饱和 TDG 生成预测结果，采用本书 6.3 节建立的宽度平均立面二维过饱和 TDG 输移释放预测模型开展泄水建筑物优化方案下向家坝库区过饱和 TDG 分布预测。图 8-34 为溪洛渡不同泄水建筑物泄水情况下，向家坝库区各典型时刻 TDG 饱和度沿程分布。预测结果表明，库区 TDG 饱和度时空分布受上游泄水产生的 TDG 生成过程影响显著。原泄洪洞泄水时段(7 月 8 日 0:00)改为深孔泄水后，不仅使该时段内向家坝库区过饱和 TDG 分布普遍降低[图 8-34(a)]，而且使后续时段内 TDG 饱和度也明显降低。

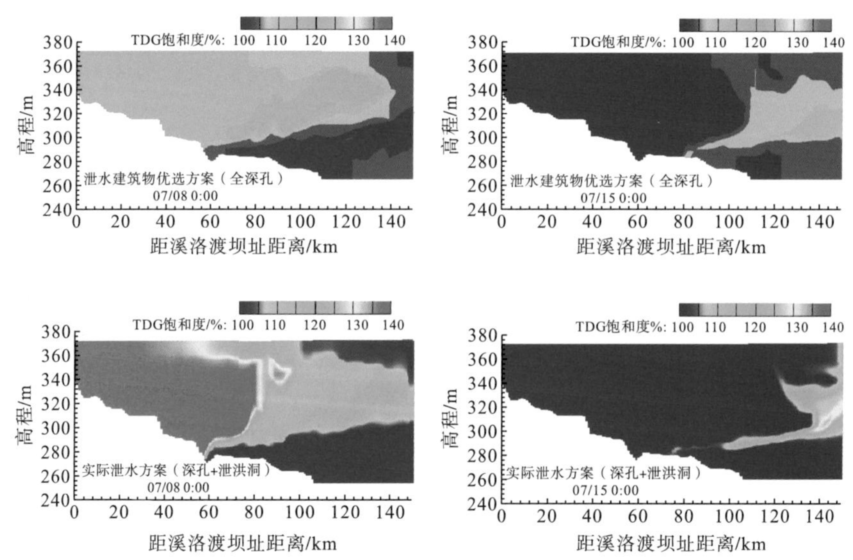

图 8-34 溪洛渡电站不同泄水方案下向家坝库区 TDG 饱和度分布对比图

根据不同时刻向家坝坝前过饱和 TDG 分布情况，得到向家坝表孔、中孔以及发电尾水出口对应高程下泄流 TDG 饱和度随时间变化过程，如图 8-35 所示。两种方案下向家坝发电尾水 TDG 饱和度对比结果如图 8-36 所示。以深孔泄水代替泄洪洞以后，向家坝电站发电尾水 TDG 饱和度最大值约为 116%，较实际泄水方案的 135%降低了约 19 个百分点。可见，采用深孔泄水代替泄洪洞泄水可明显降低向家坝电站发电尾水的 TDG 饱和度。

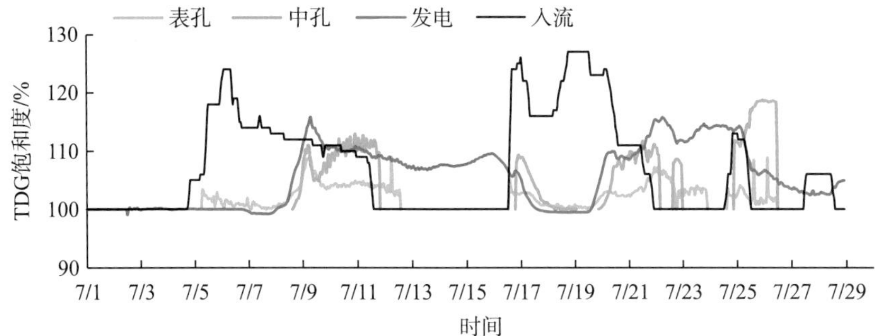

图 8-35 向家坝下泄 TDG 饱和度随时间变化过程(全深孔优选方案)

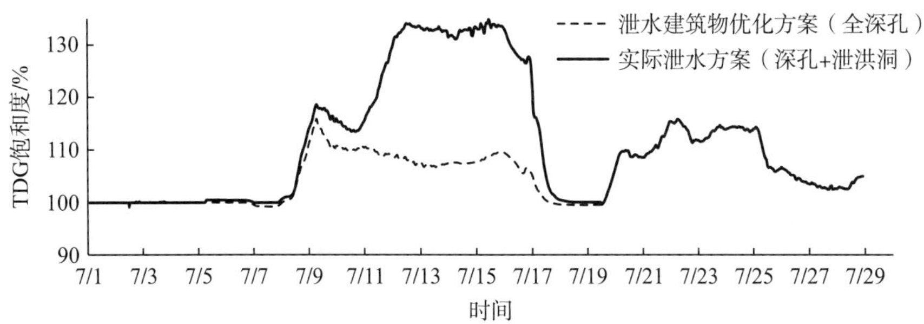

图 8-36 泄水建筑物优选方案和实际泄水方案的向家坝发电尾水 TDG 饱和度对比

图 8-37 为优化方案下向家坝泄水的过饱和 TDG 生成与实际泄水方案对比结果。受上游溪洛渡泄水建筑物改变的影响，原泄洪洞泄水时段入库水流 TDG 饱和度降低，该部分水体至向家坝坝前通过发电引水系统下泄。在向家坝电站运行调度方式不变的情况下，发电尾水 TDG 饱和度的降低提高了对泄水过饱和 TDG 的稀释程度，使向家坝坝下近坝区域的 TDG 饱和度明显降低。

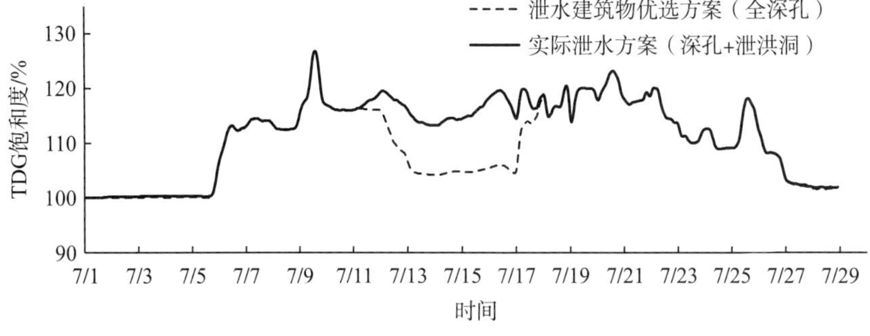

图 8-37 向家坝坝下 0.5kmTDG 饱和度随时间变化过程

图 8-38 为优化方案和原泄水方案在南溪断面(向家坝下游 77km)TDG 饱和度对比结果。向家坝泄水期间坝下 TDG 饱和度最大值为 144%，由于该时刻发电流量很小，水流掺混作用小，TDG 饱和度无较大差异；在非泄水时段，坝下河道流量仅为发电尾水，TDG 饱和度最大值由实际泄水方案的 130%降低至 110%，改善效果显著。另外，因非泄水时段 TDG 饱和度的大幅降低，原本为持续高 TDG 饱和度的时段成为高饱和度与低饱和度交替出现的时段，缩短了高饱和度的最大持续时间。

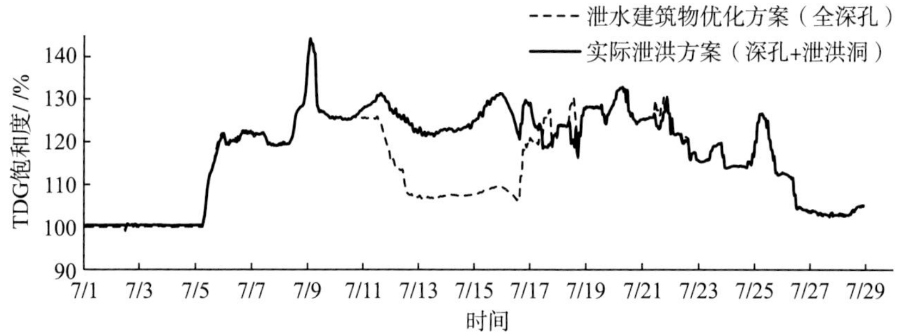

图 8-38 泄水建筑物优选方案和实际泄洪方案下南溪断面向家坝下游(77km)TDG 饱和度对比

3. 基于鱼类耐受性的 TDG 过饱和影响分析

根据鱼类耐受性研究成果，总结得到过饱和水体中鱼类半致死时间(LT_{50})，见表 8-3(王远铭等，2015)。

表 8-3 不同 TDG 过饱和环境中鱼类半致死时间 LT_{50} （单位：h）

鱼种类	TDG 饱和度				
	140%	135%	130%	125%	120%
岩原鲤	1.2	3.2	4.8	9.9	14.0
胭脂鱼	3.9	4.6	7.4	12.4	—
齐口裂腹鱼	6.4	3.1	5.5	11.4	16.6

根据计算分析得到的典型断面不同 TDG 饱和度的最大持续时间，以表 8-3 中鱼类暴露于不同 TDG 过饱和环境中的半致死时间 LT_{50} 为标准，比较各断面 TDG 饱和度持续时间与对应 TDG 饱和度的半致死时间 LT_{50}，从而判断该区段内鱼类是否能够存活。

溪洛渡坝址下游典型断面不同气体饱和度的最大持续时间见表 8-4，其中向家坝库区饱和度为表层 3m 水深范围内的计算结果。向家坝库区未出现饱和度大于 130%的时间，溪洛渡坝下 40km 范围内饱和度大于 125%的最大持续时间为 15h，远远小于实际泄水方案对应的 87h。

表 8-4 溪洛渡坝址下游河段不同气体饱和度的最大持续时间(泄水建筑物优化方案)(单位：h)

溪洛渡坝址下游距离/km	最大持续时间					备注
	TDG 饱和度为 120%	TDG 饱和度为 125%	TDG 饱和度为 130%	TDG 饱和度为 135%	TDG 饱和度为 140%	
10	46	19	0	0	0	
40	22	15	0	0	0	
60	17	0	0	0	0	
80	5	0	0	0	0	
100	0	0	0	0	0	
120	0	0	0	0	0	
157	94	75	11	8	7	向家坝坝址
166	88	26	10	7	3	
176	81	17	9	6	0	
189	79	14	8	4	0	合江门
196	78	12	7	0	0	
209	46	8	5	0	0	李庄
216	20	8	0	0	0	
234	15	5	0	0	0	南溪
LT_{50}	14.0	9.9	4.8	3.2	1.2	

对比断面各 TDG 饱和度水平的持续时间与对应 TDG 饱和度下的半致死时间 LT_{50}，结合上游断面鱼类影响程度，判断得到向家坝库尾至溪洛渡坝下 40km 范围内和向家坝坝址至向家坝坝下 53km(李庄)范围内为鱼类致死区域。溪洛渡坝址以下 40～60km 范围内、向家坝坝下 53km(李庄)至向家坝坝下 60km 范围内为鱼类亚致死区域，其他河段均为鱼类安全区域。

泄水建筑物优化方案下鱼类致死风险程度分布如图 8-39 所示。与实际泄水方案下河道鱼类致死风险程度相比，泄水建筑物优化方案下鱼类致死区域范围减小，安全区域显著增加，尤其以向家坝库区的效果最为明显。向家坝坝址下游鱼类安全区域范围增大，但是鱼类致死区域无明显改善。分析其原因，认为上游梯级泄水导致 TDG 过饱和主要通过发电尾水对下游梯级产生累积影响，而向家坝泄流 TDG 饱和度较高的时段发电流量相对较小，发电尾水对泄水的稀释作用不明显。因此，虽然通过改变上游溪洛渡泄水建筑物减少了向家坝坝址下游 TDG 饱和度大于 120%和 125%的最大持续时间，但由于向家坝电站的持续泄水，河道内 TDG 饱和度大于 130%～140%的最大持续时间无明显变化。

根据优选泄水建筑物方案研究结果，合理选择泄水建筑物，以等流量条件下 TDG 过饱和程度相对较低的泄水建筑物替代 TDG 过饱和程度较高的泄水建筑物，可以有效改善金沙江下游河段 TDG 饱和度的时空分布，降低河道内 TDG 过饱和水平。TDG 饱和度的降低也使得高 TDG 饱和度持续的时间缩短，从而增大鱼类安全区域。

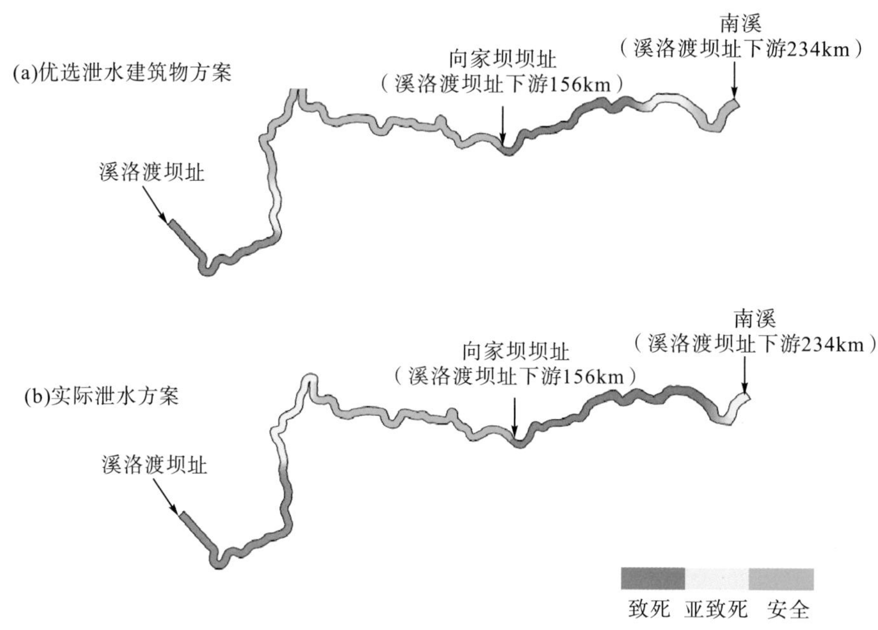

图 8-39 优选泄水建筑物方案和实际泄水方案的鱼类致死风险程度分布图

8.3.3 分散泄水方式

以大渡河大岗山电站为例，黄菊萍(2021)采用过饱和 TDG 紊流数学模型(4.3.2 节)模拟对比了在同等泄水流量下，采用集中泄水与多孔分散泄水的 TDG 饱和度差异。

1. 泄水方案

针对大岗山电站原型观测工况，设计采用 4 孔全开的分散泄水方式(表 8-5)。计算区域、网格划分及边界条件的设置参见 8.2.2 节。

表 8-5 大岗山电站集中泄水与分散泄水方案对比表

泄水方案	泄水建筑物	单孔泄水流量/(m^3/s)	下游水深/m	坝前 TDG 饱和度/%
集中泄水	2#、3#深孔	1320	29.5	100
分散泄水	1～4#深孔	660	29.5	100

2. 分散泄水的减缓效果分析

选择 2#泄水孔口中心断面，分析得到集中泄水和分散泄水方案下的速度矢量和掺气源项分布，如图 8-40 所示。当采用集中泄水时，挑射水流直接冲击进入水垫塘底部，最大流速位于水舌入水区域，达 35.4m/s。当采用分散泄水方案时，单宽泄水流量变小导致空中水舌的挑距减小，挑射水流主要冲击影响水体表层或中层，且动量较集中泄水小，分散泄水的水垫塘表层水体最大流速为 31.5m/s。由于集中泄水方案下，水垫塘内水流紊动更为强烈，因此水垫塘内生成的掺气量更大，分布范围也更广。

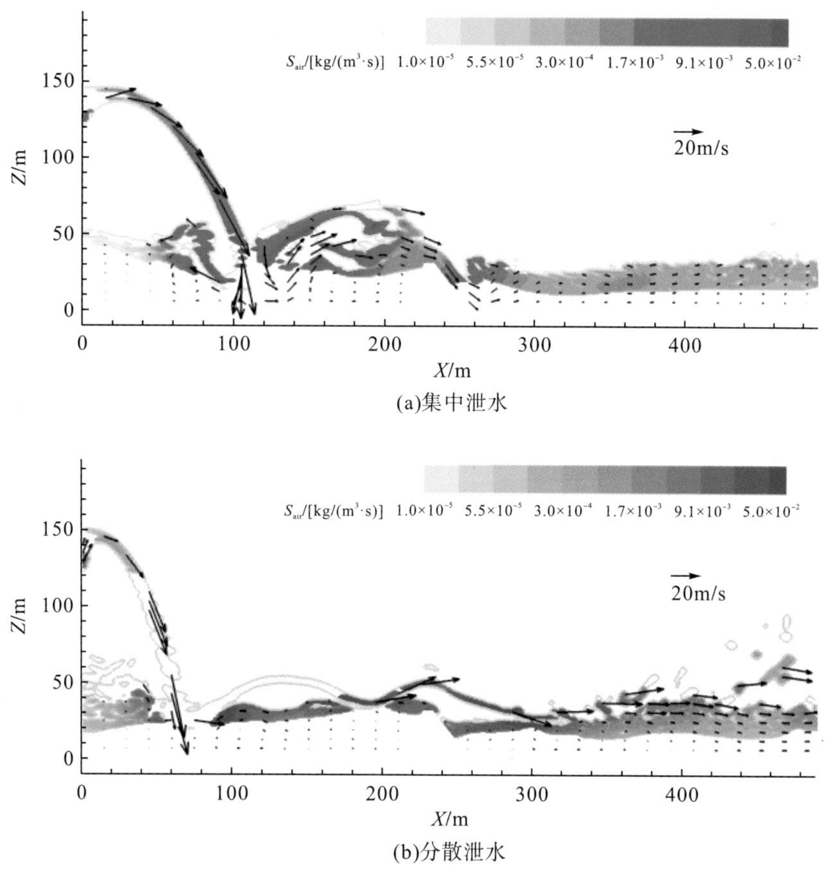

(a)集中泄水

(b)分散泄水

图 8-40 大岗山电站集中泄水和分散泄水方案下掺气源项与速度矢量分布对比图

注：X 为距坝址距离，Z 为泄水口高度，S_{air} 为掺气量。

大岗山电站集中泄水与分散泄水方案下的坝下气泡传质界面比表面积分布如图 8-41 所示。当采用分散泄水方案时，由于水垫塘内水体的紊动强度较弱，掺气源项较小，因此水垫塘内生成的气泡量也更小，气泡比表面积也相应变小。

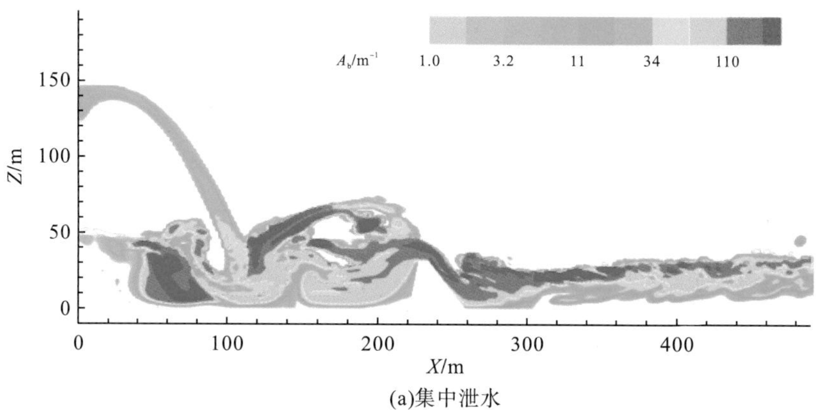

(a)集中泄水

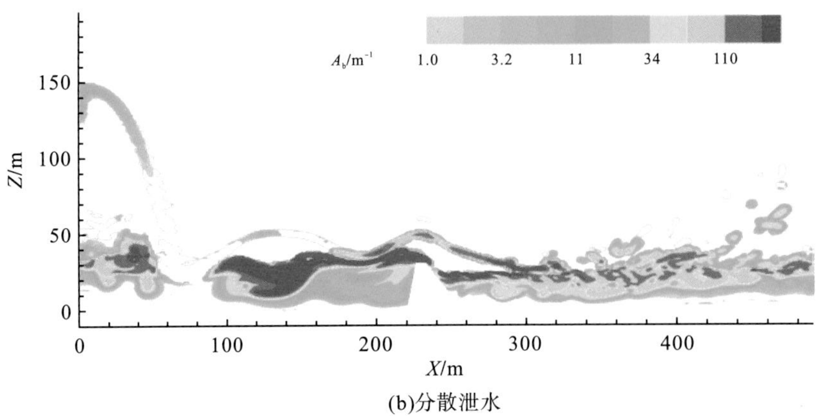

(b)分散泄水

图 8-41 大岗山电站集中泄水与分散泄水方案下气泡比表面积分布对比图

注：X 为距坝址距离，Z 为泄水口高度，A_b 为气泡比表面积。

水垫塘内 TDG 饱和度分布如图 8-42 所示。可以看出，分散泄水方案的 TDG 饱和度低于集中泄水方案。在坝下 500m 断面底部，集中泄水和分散泄水方案下 TDG 饱和度分别为 133.8%和 120.4%。计算结果表明，采用多孔分散泄水可以降低水垫塘内的紊动强度，使生成的气泡量与气泡传质比表面积变小，从而降低坝下过饱和 TDG 的饱和度。

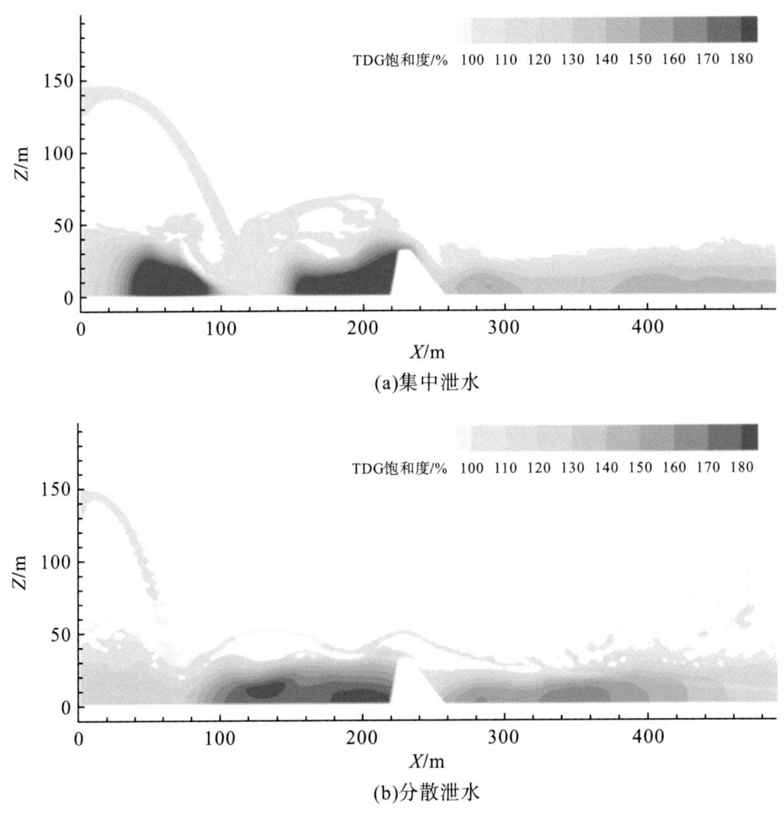

(b)分散泄水

图 8-42 大岗山电站集中泄水与分散泄水方案下 TDG 饱和度分布对比图

8.3.4 非连续泄水方式

已有研究表明，非连续暴露有利于鱼类恢复，从而提高鱼类耐受性(冀前锋等，2019；Ji et al.，2019)。基于此，我们利用非连续泄水方式减缓过饱和气体对鱼类的影响，即通过非连续泄水使河道内高、低饱和度的溶解气体交替出现，减少鱼类在高 TDG 饱和度水体中的持续暴露时间，提高耐受性。

1. 非连续泄水方案的拟定原则

在确保水库运行安全和泄水安全且不延长泄水时间的前提下，充分利用水库调蓄能力，调整泄水过程为间断泄水，其中每段泄水持续的时间根据鱼类 TDG 过饱和耐受性确定，因泄水间断减少的泄水量通过提高泄水时段内的泄水流量得到补偿。

2. 非连续泄水方案

本节重点对非连续泄水方案与连续泄水方案的效果开展对比研究。

连续泄水方案选择溪洛渡电站和向家坝 2014 年 7 月 4 日 18:00 至 7 月 28 日 12:00 调度过程进行研究(图 8-31)。根据鱼类耐受性研究成果(表 8-3)可以看出，岩原鲤在 TDG 饱和度为 120%的水体中持续暴露的半致死时间 LT_{50} 为 14.0h，齐口裂腹鱼为 16.6h，平均约为 15h。初步设定间断泄水中单次泄水持续时间不大于 10h，两次泄水的时间间隔为 5h。

考虑到溪洛渡泄洪洞泄水导致 TDG 饱和度高于深孔泄水，为避免泄洪洞下泄流量增加导致 TDG 过饱和水平升高，非连续泄水方案的泄洪洞流量不变，因泄洪洞泄水间断减少的下泄水量改由深孔下泄。非连续泄水方案与实际泄水方案的对比如图 8-43 所示。

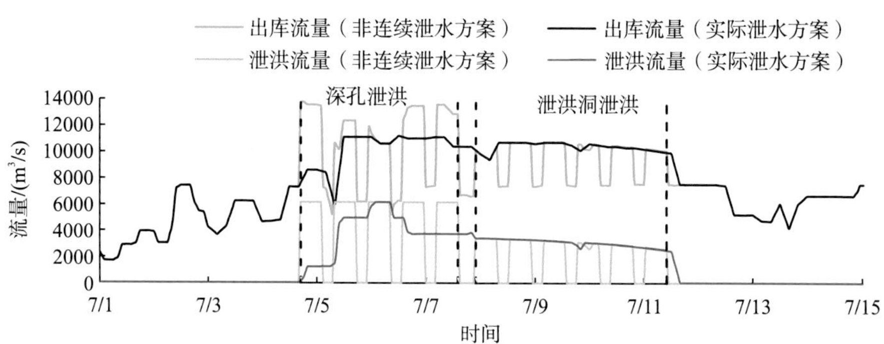

图 8-43 溪洛渡电站非连续泄水方案与实际泄水方案的流量过程对比(2014 年)

溪洛渡下游的向家坝电站仍采用表孔和中孔同时泄水的非连续泄水方案，且所有孔口均参与泄水。向家坝电站非连续泄水方案与实际泄水方案的对比如图 8-44 所示。

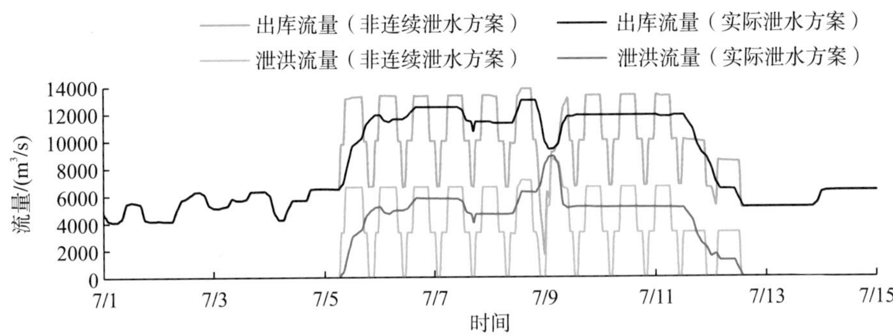

图 8-44 向家坝非连续泄水方案与实际泄水方案的流量过程对比(2014 年)

溪洛渡和向家坝实际入、出库流量和库区水位监测数据列于表 8-6。根据非连续泄水方案下溪洛渡和向家坝的入、出库流量过程，推算得到非连续泄水方案下两电站的坝前水位，见表 8-7。可以看出，非连续泄水方案下，溪洛渡库区蓄水量较实际泄水方案增加 1.6 亿 m^3，计算时段末库区水位为 566.7m，较实际泄水方案提高 1.5m，但仍低于水库汛限水位 570m；向家坝库区蓄水量较实际泄水方案增加 0.1 亿 m^3，计算时段末库区水位较实际泄水方案上涨 0.1m。

表 8-6 实际泄水方案下溪洛渡库区和向家坝库区水位流量统计

库区名称	正常蓄水位/m	计算时段初始水位/m	计算时段末水位/m	入库水量/亿 m^3	出库水量/亿 m^3	泄水量/亿 m^3	发电水量/亿 m^3	水库蓄水量/亿 m^3
溪洛渡	600	555.9	565.2	114.0	104.9	20.0	84.9	9.1
向家坝	380	373.1	373.1	110.0	110.0	30.0	80.0	0.0

表 8-7 非连续泄水方案下溪洛渡库区和向家坝库区水位流量统计

库区名称	正常蓄水位/m	计算时段初始水位/m	计算时段末水位/m	入库水量/亿 m^3	出库水量/亿 m^3	泄水量/亿 m^3	发电水量/亿 m^3	库区蓄水量/亿 m^3
溪洛渡	600	555.9	566.7	114.0	103.3	18.4	84.9	10.7
向家坝	380	373.1	373.2	106.9	106.8	26.8	80.0	0.1

3. TDG 饱和度时空分布模拟结果

采用 4.2.4 节挑流泄水传质动力学模型［式(4-53)］进行溪洛渡电站非连续泄水条件下过饱和 TDG 的生成预测。图 8-45 为非连续泄水方案下溪洛渡电站坝下 TDG 饱和度随时间的变化过程。可以看出，非连续泄水方式下坝下 TDG 饱和度呈周期性波动变化。非连续泄水方案下深孔泄水流量较实际泄水方案大(7 月 4 日 17:00 至 7 月 7 日 18:00)，导致该时段 TDG 饱和度略高于实际泄水方案，但仍较泄洪洞泄水时的饱和度低，而且总体上看，研究时段内高饱和度的持续时间大大缩短。

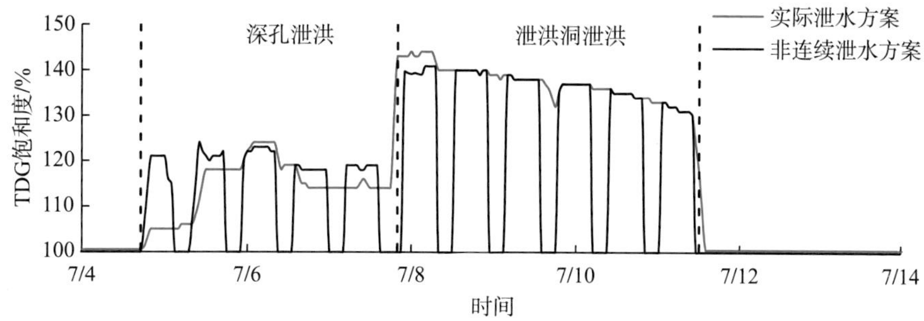

图 8-45 溪洛渡电站非连续泄水方案坝下过饱和 TDG 生成预测(2014 年)

基于过饱和 TDG 生成预测结果，采用本书第 6 章建立的深水库区宽度平均立面二维过饱和 TDG 预测模型，开展非连续泄水方案下向家坝库区过饱和 TDG 时空分布预测，结果如图 8-46 所示。可以看出，受上游泄水产生的 TDG 过饱和影响，库区内过饱和 TDG 空间上呈现间断式分布。随着向下游输移距离的增加，过饱和 TDG 分布的不连续现象逐渐减弱。

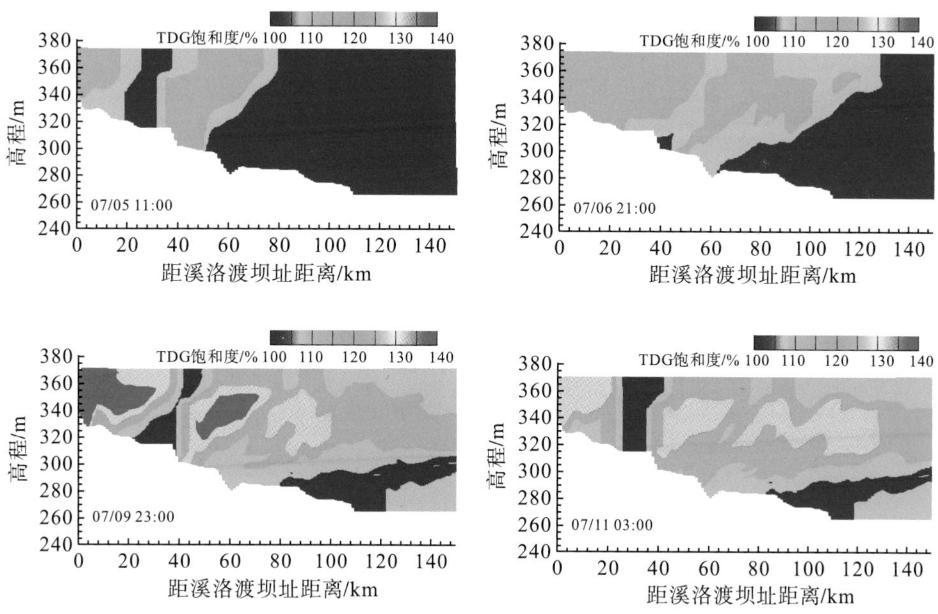

图 8-46 不同时刻向家坝库区 TDG 饱和度分布(非连续泄水方案)

非连续泄水方案下，向家坝表孔、中孔泄水以及发电尾水 TDG 饱和度随时间变化过程如图 8-47 所示，非连续泄水方案发电尾水 TDG 饱和度与实际泄水方案对比结果如图 8-48 所示。可以看出，非连续泄水方案下，向家坝库尾入流 TDG 饱和度的周期性变化，经过库区输运到达向家坝电站坝前，导致向家坝电站发电尾水 TDG 饱和度也呈现周期性波动，并且由于溪洛渡电站间断泄水的影响，向家坝电站发电取水的饱和度较实际连续泄水方案有一定程度的降低。

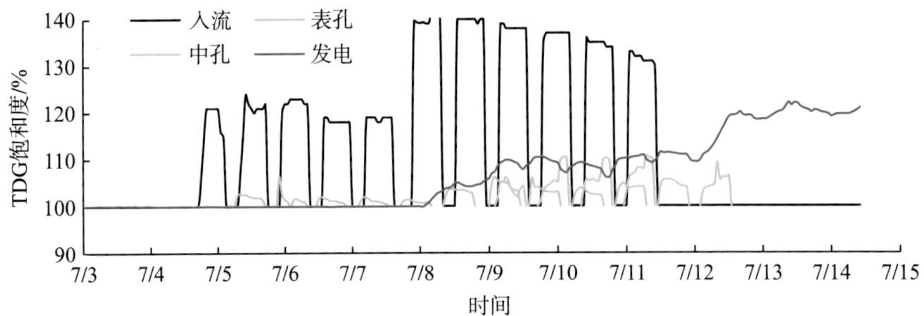

图 8-47 向家坝库区非连续泄水方案下下泄 TDG 饱和度随时间变化过程(2014 年)

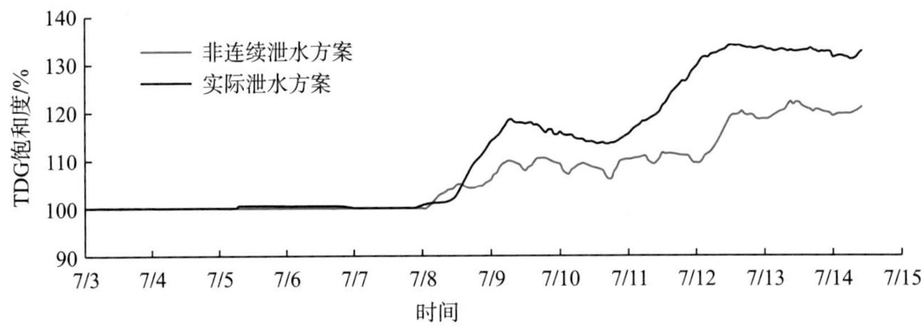

图 8-48 向家坝非连续泄水方案和实际泄水方案下发电尾水 TDG 饱和度对比图(2014 年)

非连续泄水方式下，向家坝坝址下游各典型断面 TDG 饱和度随时间变化过程如图 8-49 所示。可以看出，受溪洛渡电站和向家坝电站运行方式改变的影响，向家坝坝下过饱和 TDG 的生成以及坝址下游河道过饱和 TDG 分布均呈周期性波动。图 8-50 为非连续泄水

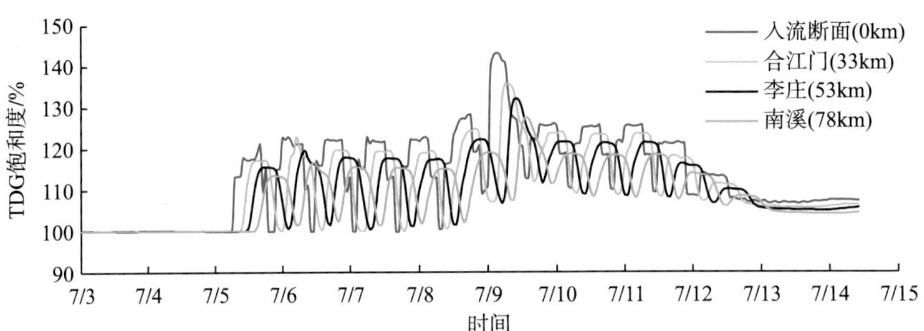

图 8-49 向家坝非连续泄水方案下坝址下游 TDG 饱和度时空分布

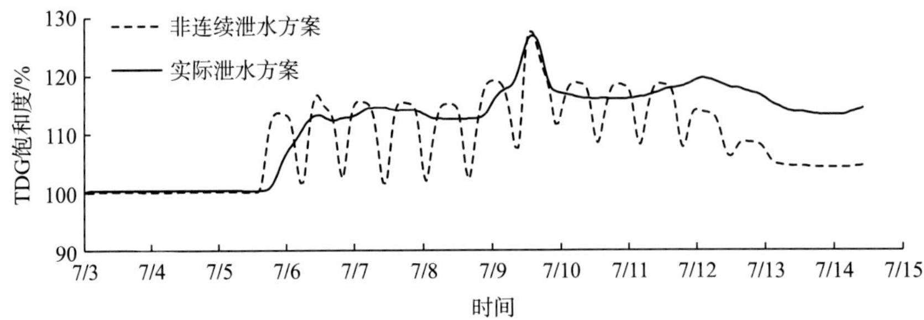

图 8-50 不同泄水方案下南溪断面(向家坝下游 77km)TDG 饱和度变化对比

与实际泄水方案下，南溪断面(向家坝下游 77km)过饱和 TDG 随时间的变化过程对比。可以看出，非连续泄水方案大大缩短了坝址下游 TDG 高饱和度的持续时间。

4. 基于鱼类耐受性的 TDG 过饱和影响分析

统计分析得到非连续泄水方案下溪洛渡坝址下游各断面不同 TDG 饱和度的最大持续时间(T)(表 8-8)，其中向家坝库区饱和度采用水深 3m 范围内的计算结果。利用表 8-8 的结果与表 8-3 中不同 TDG 过饱和环境下鱼类半致死时间 LT_{50} 进行对比，可判断鱼类是否能够存活。

表 8-8 非连续泄水方案溪洛渡下游河道不同 TDG 饱和度持续时间统计 (单位：h)

溪洛渡坝址下游距离	$T_{120\%}$	$T_{125\%}$	$T_{130\%}$	$T_{135\%}$	$T_{140\%}$	备注
10km	10	10	10	10	9	
40km	11	11	11	10	7	
60km	12	11	10	0	0	
80km	10	7	0	0	0	
100km	9	0	0	0	0	
120km	0	0	0	0	0	
157km	10	10	7	6	10	向家坝坝址
166km	10	9	6	5	10	
176km	9	8	6	5	9	
189km	9	8	6	3	9	合江门
196km	8	7	4	0	8	
209km	8	6	3	0	8	李庄
216km	7	5	0	0	7	
234km	7	4	0	0	7	南溪
LT_{50}	14.0	9.9	4.8	3.2	1.2	

由表 8-8 的统计结果可以看出，非连续泄水方案下，计算河段 TDG 高饱和度持续时间显著缩短，其中以 $T_{120\%}$降低幅度最为显著，整个向家坝库区及坝址下游河段 $T_{120\%}$均小于 120%对应的 LT_{50}。但由于溪洛渡泄洪洞泄水时坝下 TDG 饱和度高达 145%，因此虽然非连续泄水方案下计算河段 TDG 饱和度为 130%～140%的最大持续时间有明显降低，但仍高于对应的半数死亡时间 LT_{50}。溪洛渡坝址下游 40km 范围内，虽然 $T_{120\%}$为 10～12h，小于 TDG 饱和度 120%对应的 LT_{50}，但是 $T_{130\%}$～$T_{140\%}$为 7～11h，大于对应半数死亡时间 LT_{50}，由此得到溪洛渡坝址至下游 40km 范围内为鱼类致死区的结论。

溪洛渡坝址下游 40～60km 范围内 $T_{120\%}$、$T_{135\%}$和 $T_{140\%}$小于对应的半数死亡时间 LT_{50}，$T_{125\%}$与 LT_{50}(125%)接近，但是 $T_{130\%}$约为 LT_{50}(130%)的 2.1 倍，结合上游断面对鱼类的影响，该区间对鱼类亚致死。

溪洛渡坝址下游 60km 直至向家坝坝前，各 TDG 饱和度最大持续时间均小于对应的半数死亡时间，因此该区域对鱼类是安全的。

类似分析得到，向家坝坝址下游 10km 范围为鱼类致死区域，向家坝坝址下游 10～33km 合江门断面范围内为鱼类亚致死区域，向家坝坝址下游 33km 合江门断面至坝址下游 77km 南溪断面范围内为鱼类安全区域。

根据上述判断结果，绘制得到非连续泄水方案下鱼类致死风险程度示意图，如图 8-51 所示。由图 8-51 可以看出，实施非连续泄水方案，通过缩短溪洛渡和向家坝单次泄水持续时间，可缩小河段内鱼类致死区域和亚致死区域，增加鱼类的安全区域。由此可以认为，在满足泄水要求和保证大坝安全的前提下，通过改变水坝单次泄水持续时间可以有效改善河段 TDG 饱和度的时空分布，缩短 TDG 高饱和度持续时间，避免鱼类长时间持续暴露于 TDG 饱和度较高的水体中。

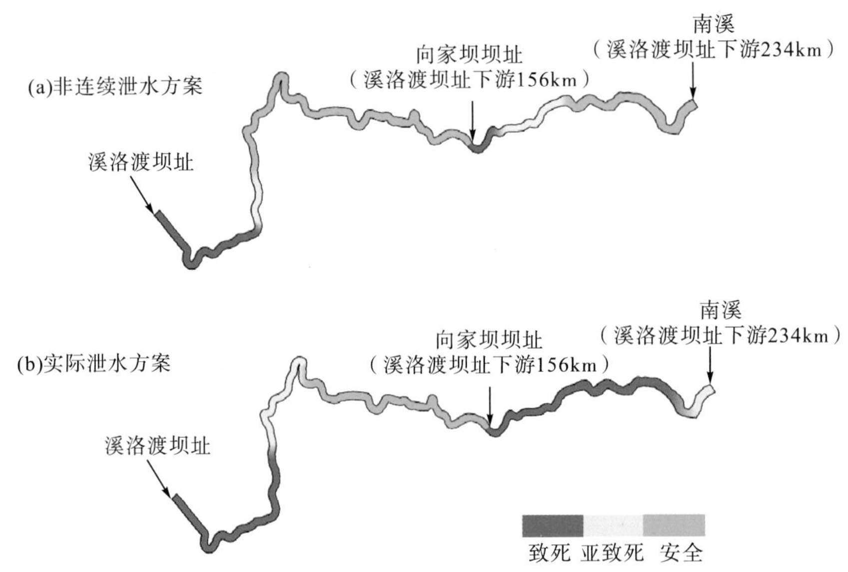

图 8-51 非连续泄水方案和实际泄水方案下鱼类致死风险程度分布对比图

8.4 重点区域生态功能利用

由于高坝泄水流量大、水头高，TDG 过饱和程度高，影响范围大，加之鱼类敏感，目前研究水平和技术尚不能完全消除 TDG 过饱和对鱼类的影响，为此，充分利用鱼类对过饱和气体的探知和躲避能力，针对鱼类影响敏感的重点区域，辅以局部过饱和 TDG 改善措施和鱼类影响减缓措施，对重点区域进行生态功能利用，避免泄水期间鱼类受 TDG 过饱和影响尤为必要。

重点区域生态功能利用主要包括干支流交汇区生态功能利用和局部区域曝气。

8.4.1 交汇区生态功能利用

水流交汇区因其独特的水力学条件和丰富的饵料条件等成为鱼类适宜的栖息场所。利用交汇区过饱和气体的三维分布特点，结合一定的辅助工程措施可以为鱼类提供躲避 TDG 过饱和影响的生态空间。

1. 典型交汇区过饱和 TDG 原型观测

2015 年 9 月四川大学在金沙江下游岷江交汇口以及向家坝库区邵女坪交汇口开展过饱和 TDG 原型观测，如图 8-52 所示。

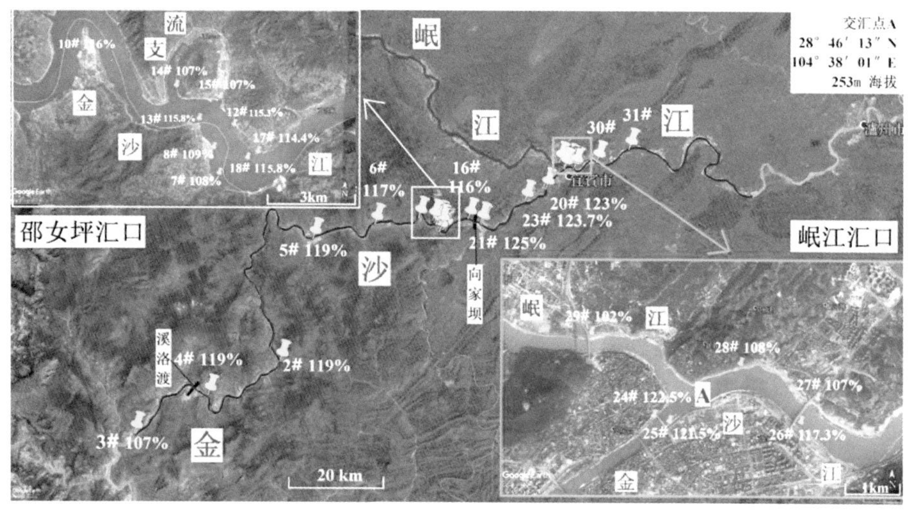

图 8-52 金沙江下游典型干支流交汇口过饱和 TDG 观测结果示意图

图 8-52 中岷江交汇区观测结果表明，交汇口下游 1.1km 的 28#测点与交汇口下游 2.5km 处的 27#测点均位于左岸，受岷江汇入影响，两者的 TDG 饱和度明显低于右岸 26#测点。由图 8-52 中邵女坪交汇区可以看出，饱和度为 107%的支流汇入饱和度为 116%的金沙江干流，导致汇口下游左右两岸的 TDG 浓度存在较大差异，其中交汇口下游 1.25km 处右岸 13#测点 TDG 饱和度为 115.8%，而靠近支流侧的左岸 TDG 饱和度为 107%，可见，支流入汇导致交汇区下游断面的 TDG 不均匀分布，靠近支流侧存在一个低饱和度区域。

不难看出，天然河道干支流交汇区 TDG 低饱和度区域一般较小，难以满足鱼类躲避 TDG 过饱和影响的需要，为此可利用交汇区的三维分布特点，通过一定的工程措施降低 TDG 过饱和水平，改善干支流交汇区的水力学条件，为鱼类营造躲避 TDG 过饱和影响的空间。

2. 典型交汇区生态功能利用措施及其效果模拟

1)交汇区概况

拟研究的交汇区位于大渡河主源脚木足河支流磨子沟汇口。磨子沟汇口距离脚木足河规划建设的巴拉电站坝址 500m，如图 8-53 所示。拟建巴拉电站最大坝高 138m，正常蓄水位 2920m，死水位 2918m，库容 1.277 亿 m^3。根据预测，巴拉电站泄水将产生 TDG 过饱和问题(四川大学水力学与山区河流开发保护国家重点实验室，2012)。

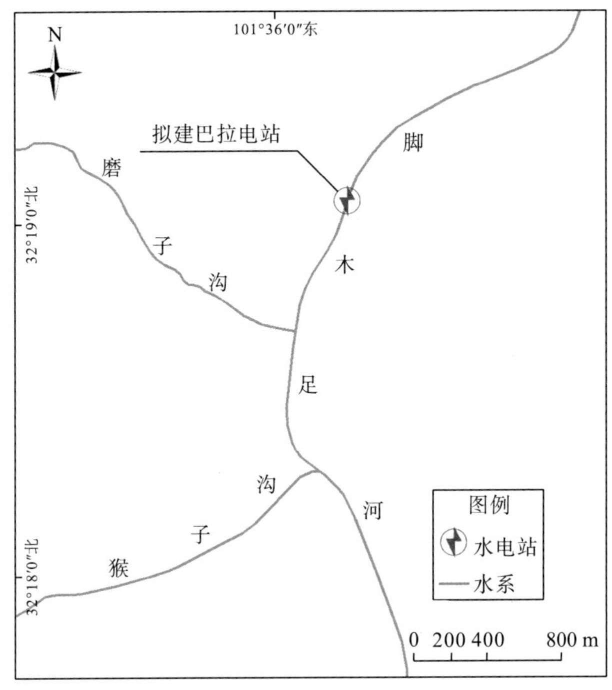

图 8-53 磨子沟交汇区位置示意图

根据《四川省脚木足河巴拉水电站水生生态影响评价专题报告》(四川省水产研究所，2015)，巴拉电站下游河段分布有川陕哲罗鲑(*Hucho bleekeri* Kimura)、麻尔柯河高原鳅(*Triplophysa markehenensis*)、短尾高原鳅(*Triplophysa brevicauda*)、斯氏高原鳅(*Triplophysa stoliczkae*)、细尾高原鳅(*Triplophysa stenura*)、齐口裂腹鱼(*Schizothorax prenanti*)、重口裂腹鱼(*Schizothorax davidi*)、大渡软刺裸裂尻鱼(*Schizopygopsis malacanthus chengi*)、青石爬鮡(*Euchiloglanis davidi*)、黄石爬鮡(*Euchiloglanis kishinouyei* Kimura)10 种鱼类，隶属 3 目 4 科 5 属。根据生活习性和生存环境并结合四川大学近年来针对长江上游特有鱼类开展的鱼类对过饱和 TDG 耐受能力的研究成果，分析认为，除川陕哲罗鲑外，巴拉电站下游河段鱼类均对补偿深度以下的河流底层栖息环境较为适应，且具备寻找补偿深度来躲避过饱和 TDG 风险的能力，见表 8-9。

表 8-9 磨子沟汇口鱼类生境条件和 TDG 回避能力分析

鱼名	生活习性类型	适宜生境条件	TDG 回避能力
川陕哲罗鲑	中上层流水型	河底多石、水流湍急、水温较低(11℃)、水深较浅(1～5m)的狭窄河道；善游泳，支流产卵	不适于在补偿深度以下的深水生存，无垂向回避能力，水平回避能力待探究
麻尔柯河高原鳅	流水洞隙型	急流石砾底河段	可生存于补偿水深以下，具有垂向回避能力
短尾高原鳅	流水洞隙型	山溪流水环境中	可生存于补偿水深以下，具有垂向回避能力
斯氏高原鳅	流水洞隙型	河流砾石缝隙中	可生存于补偿水深以下，具有垂向回避能力
细尾高原鳅	流水洞隙型	水深流急的大河岸边	可生存于补偿水深以下，具有垂向回避能力
齐口裂腹鱼	流水底层型	底层鱼类，喜低水温与急缓流交界处，有短距离的生殖洄游现象，多产卵于急流底部的砾石和细砂中	对 TDG 高饱和度 135%水体有强烈回避能力，对 TDG 低饱和度 115%水体回避能力较弱；具有垂向回避能力
重口裂腹鱼	流水底层型	生活于缓流河中，摄食季在底质为沙砾石河床河中；产卵于水流较急的砾石河流	可生存于补偿水深以下，具有垂向回避能力
大渡软刺裸裂尻鱼	流水底层型	喜栖息于河底为砾石、水质澄清的支流；沉性卵	可生存于补偿水深以下，具有垂向回避能力
青石爬鮡	流水吸附型	栖息于急流多石的水底	可生存于补偿水深以下，具有垂向回避能力
黄石爬鮡	流水吸附型	栖息于急流多石的水底	可生存于补偿水深以下，具有垂向回避能力

2)主要生态工程措施

基于降低 TDG 饱和度、扩大低饱和度范围和提供适宜性生境的原则，开展生态工程措施研究。磨子沟交汇口主要生态工程措施包括修建导流顺坝、设置阻流桩和鱼类躲避水深维护等，措施布置前后地形高程示意图如图 8-54 所示。

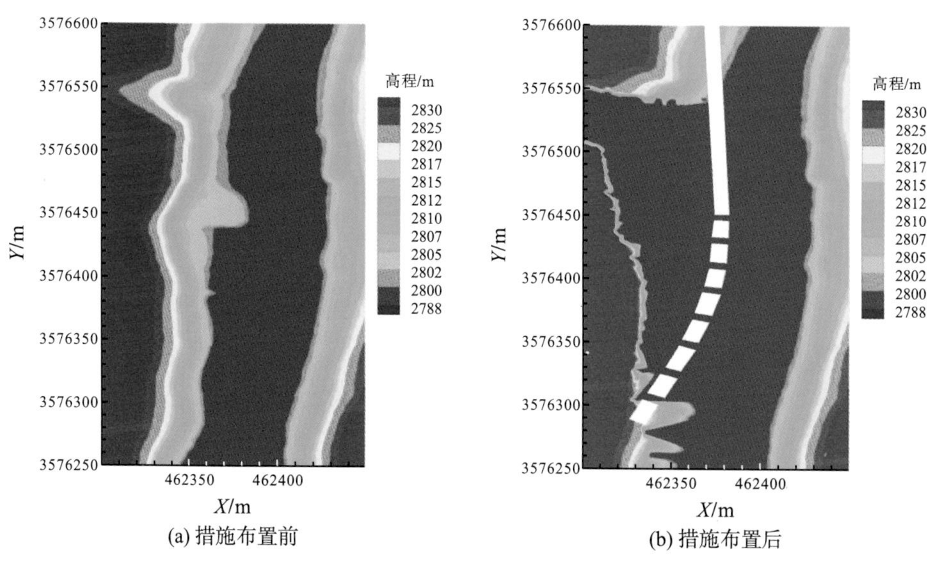

(a) 措施布置前 (b) 措施布置后

图 8-54 交汇区措施布置前后地形高程对比图

(1) 修建导流顺坝。在干支流汇口修建导流顺坝，降低干流对支流的顶托作用，同时阻止干流 TDG 高饱和度的水流与支流 TDG 低饱和度水流的快速掺混，为扩大交汇区 TDG 低饱和度区域创造条件。此外，在交汇区修建顺坝还起到平顺水流的作用，是河道整治中常用的工程措施。顺坝的长度和布置同时还要满足河岸稳定和行洪要求。磨子沟交汇区顺坝长 140m、宽 8m。

(2) 设置阻流桩。研究表明，过饱和 TDG 的输移释放与壁面面积、紊动动能和水深等水力特性密切相关(冯镜洁等，2012；Yuan et al.，2018)。为此，在顺坝末端设置间隔分布的阻流桩，一方面可以增加 TDG 过饱和水流与固壁间的接触界面面积，另一方面可提高水体紊动强度，延长水体滞留时间，促进过饱和 TDG 的释放。磨子沟交汇区阻流桩长 10m，宽 8m，设置于顺坝末端，并向下游支流侧延伸布置，共 8 个，顺坝与第一个阻流桩之间的间隔距离为 2m，各阻流桩之间的间隔距离为 4m。

(3) 鱼类躲避水深维护。针对干支流交汇区部分水域水深较浅的问题，可采取适当开挖交汇区河槽的措施为鱼类提供躲避空间所需要的水深保障，充分增大交汇区的水深，改善汇口的流速条件，为鱼类利用补偿水深提供足够的垂向躲避空间，更为交汇河段喜好底层或深水环境的鱼类提供适宜的水深和流速等水力学条件。磨子沟交汇区河槽开挖面积 6600m^2，开挖处靠近右岸支流汇口。

3) 数学模型及参数确定

考虑到干支流交汇区宽深比较大，TDG 饱和度沿垂向变化的梯度较小，采用深度平均平面二维过饱和 TDG 输移释放模型开展干支流交汇区过饱和 TDG 模拟研究，模型详见 6.2 节。

模型中的 TDG 普朗特数取值为 1.0，糙率 n 取值 0.03，过饱和 TDG 释放系数 k_{TDG} 采用谌霞(2018)的研究成果：

$$k_{\mathrm{TDG}} = 0.7071\frac{v_t}{h^2} \tag{8-15}$$

式中，v_t 为水体紊动黏滞系数(m^2/s)；h 为各点水深(m)。

4) 计算区域网格划分

计算区域网格划分如图 8-55 所示。

5) 措施的效果分析

图 8-56 为措施布置前后交汇区流场和 TDG 分布对比图。由图 8-56(a)可以看出，措施布置前脚木足河干流的平均流速约为 2m/s，支流磨子沟流速最大达 4m/s，干流和支流的平均水深分别为 8m 和 0.5m。据统计，交汇口下游分离区内水深小于 3m、4m 和 5m 的水面面积分别为 960m^2、1280m^2 和 1800m^2，速度小于 0.5m/s、1m/s 和 2m/s 的水面面积分别为 5m^2、660m^2 和 1200m^2。这一结果表明，由于磨子沟支流比降大、流量小，干流对支流的顶托作用显著，交汇区下游无法形成明显的低流速分离区，缺少齐口裂腹鱼和重口裂腹鱼等鱼类栖息所需的缓流条件。措施布置后水深和流速分布如图 8-56(b)所示。可以

看出，河底开挖为支流流入干流提供了更大的空间条件，减小了干流对支流的顶托作用，形成了更大范围的低流速区域。

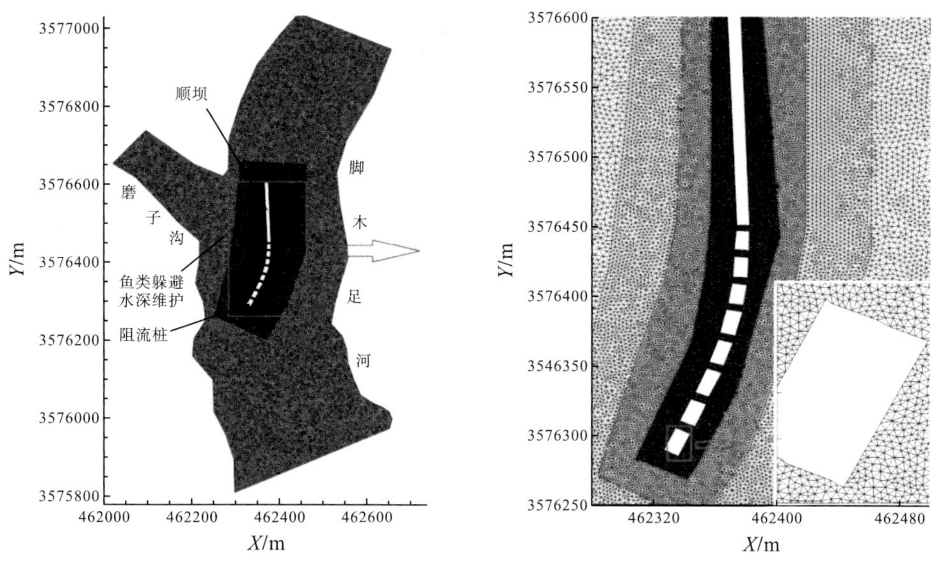

图 8-55 计算区域网格划分示意图

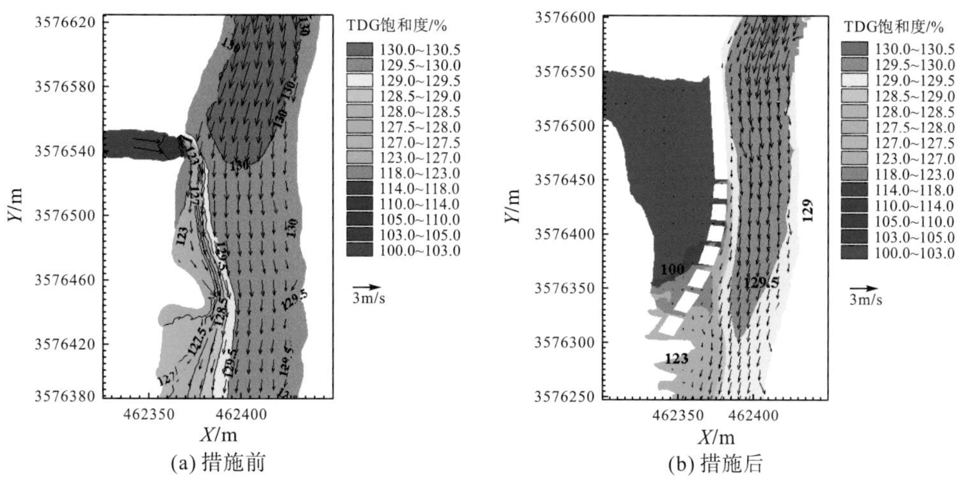

图 8-56 措施布置前后磨子沟交汇区流场与 TDG 模拟结果对比图

由图 8-56(a)所示的措施布置前 TDG 饱和度分布图可以看出，磨子沟交汇区下游右岸存在 TDG 低饱和度区域，但 TDG 低饱和度区域仅局限在交汇口下游极狭长的区域内，其中 TDG 饱和度小于 120%、115%和 110%的面积分别为 355m^2、223m^2 和 55m^2，范围过小的低饱和度区域不仅难以满足鱼类水平回避过饱和 TDG 的需求，而且整体水深较浅，也难以满足鱼类所需的躲避过饱和 TDG 的补偿水深要求。由图 8-56(b)可以看出，在措施布置后，顺流坝和阻流桩的设置在一定程度上阻滞了干流高饱和度的 TDG 进入低饱和度的支流区域，从而形成了更大范围的低流速、低 TDG 饱和度区域，其中靠近支流侧 80%区域的 TDG 饱和度低于 103%。

表 8-10 为措施布置前后 TDG 饱和度分布面积统计结果。从表 8-10 可以看出，措施布置后 TDG 饱和度低于 110%、115%和 120%的区域面积分别达到 $10005m^2$、$10470m^2$和 $11160m^2$，约为采取措施布置前的 180 倍、47 倍和 30 倍。结合表 8-9 中鱼类适宜水力学条件和 TDG 过饱和条件以及鱼类的 TDG 耐受性成果分析可知，在采取措施布置后，磨子沟交汇区低饱和度区域面积得到极大扩大，水深、流速等生境条件得到改善，更有利于鱼类在交汇区躲避 TDG 过饱和影响。

表 8-10 措施布置前后不同生境条件对应面积统计表 （单位：m^2）

工况	水深范围/m				流速范围/(m/s)			TDG 饱和度范围/%		
	<3	<4	<5	<8	<0.5	<1.0	<2.0	<110	<115	<120
措施布置前	960	1280	1800	1800	5	660	1200	55	223	355
措施布置后	0	0	0	11200	15200	15500	15500	10005	10470	11160

8.4.2 局部区域曝气

1. 曝气去除过饱和气体的早期研究

曝气去除过饱和 TDG 的工作原理为在水流中引入氧气或空气微气泡作为过饱和气体的聚集载体，在气泡上升至水面时实现过量氮气或氧气的去除。因此，曝气对水体中溶解气体水平的调节原理是：当水体溶解气体水平较低时，曝气可以提高水体复氧速率；而当水体溶解气体水平过高，达到过饱和水平时，曝气又可以促进过饱和气体的去除，实现过饱和溶解气体向平衡态的转移。这种作用被称为“抽气(striping gas)”(Rösch and Tönsmann，1999)。利用微气泡处理溶解气体过饱和水体示意图如图 8-57 所示。

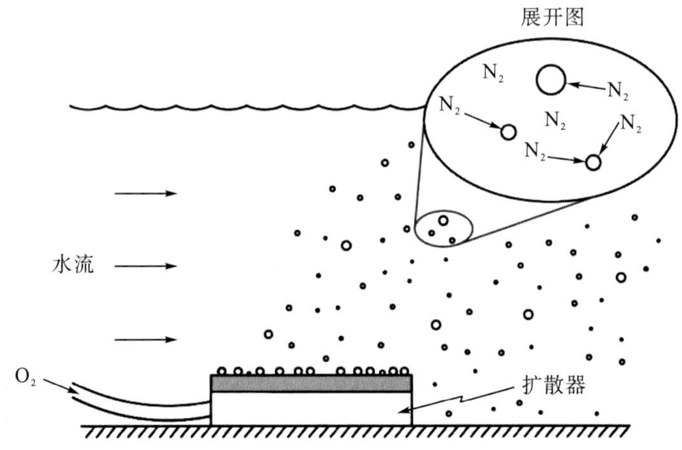

图 8-57 氧气作为处理气体去除过饱和气体的示意图(Lichtwardt，2001)

Marsh 和 Gorham(1905)最早提出利用曝气去除水体中过量的溶解气体，防治鱼类气泡病。Lichtwardt(2001)通过室内试验和野外明渠试验，针对溶解氮饱和度相对较高但溶解氧饱和度较低的水体，分别以氧气和空气作为处理气体，研究曝气对过饱和氮气释放的促进作用。研究表明，室内试验条件下，DO 浓度为 13.0～15.0mg/L，TDG 饱和度为 141.5%～153.8%，DN 饱和度为 127.2%～150.0%，氧气和空气两种处理气体对过饱和溶解氮气的去除率分别为 49.9%和 44.1%，氧气去除率略高于空气；野外试验条件下，DO 浓度为 0.1～4.36mg/L，TDG 饱和度为 105%～117%，DN 饱和度为 131%～140%，空气作为处理气体时，DN 的去除率较低(-7%～4%)，氧气作为处理气体时，DN 的去除率为 16%～36%。由此得出，与空气相比，氧气作为处理气体可以更好地去除水体中过饱和氮气。将室内试验与野外试验对比分析可知，野外试验条件下，溶解氧的浓度显著低于正常水平，此时曝气主要作用在于对氧亏水体的复氧和过饱和氮的去除，而就其中的复氧过程而言，氧气作为处理气体的效果自然高于空气，正如试验数据显示，曝气后溶解氧的浓度显著提高，溶解氮过饱和度降低，但代表溶解氧和溶解氮综合变化的 TDG 饱和度无明显变化。Lichtwardt(2001)的研究开拓了利用曝气处理过饱和溶解气体的新途径，但缺乏对曝气方式、曝气量与曝气深度等最优曝气条件的系统试验研究，另外，以氧气作为处理气体在实际工程应用中会受到经济成本的制约。

为了深化曝气对过饱和总溶解气体传质作用的研究，促进曝气在减缓气体过饱和影响中的应用，牛晋兰(2015)和欧洋铭(2019)先后开展了曝气对过饱和 TDG 传质规律影响的研究，以下对此成果作简要介绍。

2. 静置水体曝气对过饱和 TDG 释放影响试验

1)试验装置与方法

试验系统主要由过饱和水体生成装置、曝气装置、供气装置及图像采集装置四部分构成，如图 8-58 所示。曝气装置由刚性针孔曝气盘和圆柱形水柱构成。供气装置由空压机、单向气体控制阀、压力表和转子气体流量计等构成。图像采集装置由高速摄像仪、图像采集软件及 LED 面板光源等组成。

试验开始前首先在试验水柱内注入一定深度的特定 TDG 饱和度水体。开启空压机和曝气装置，开始试验。待水体曝气稳定后监测水体 TDG 饱和度变化，同时启动高速摄像仪进行图像采集。

2)试验结果与分析

静置水柱试验各曝气工况下 TDG 饱和度随时间的变化过程如图 8-59 所示。由图 8-59 可以看出，各种曝气条件下的水体中 TDG 饱和度均呈现快速下降过程。曝气条件不同，过饱和 TDG 的释放速度不同，总体上过饱和溶解气体的释放速度与曝气量(Q_a)大小呈正相关关系，与水深和针孔孔径(d)的大小呈负相关关系。

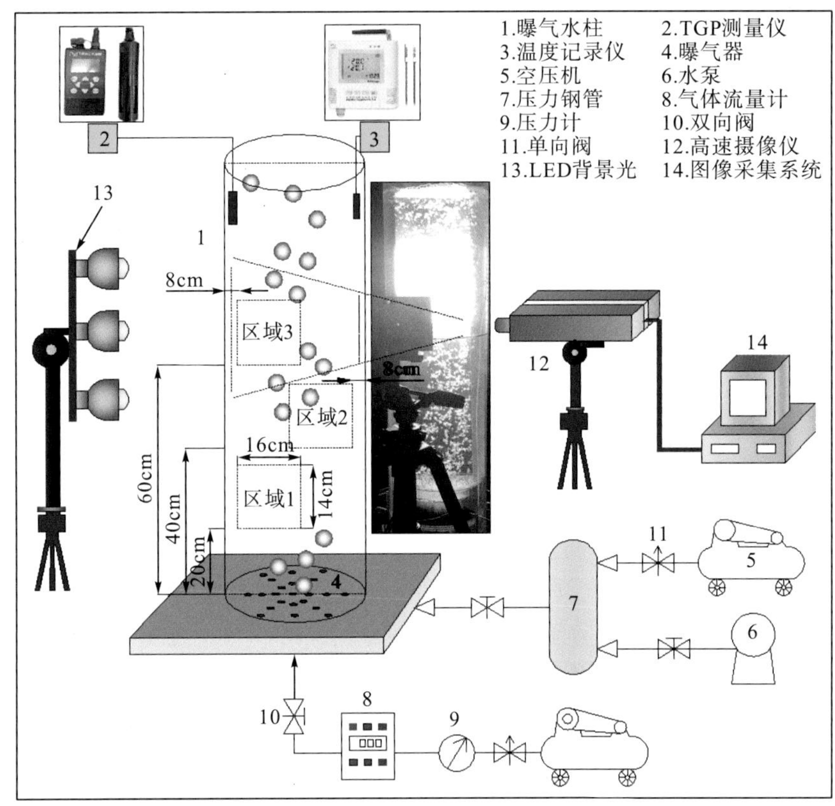

图 8-58 静置水体曝气试验装置示意图

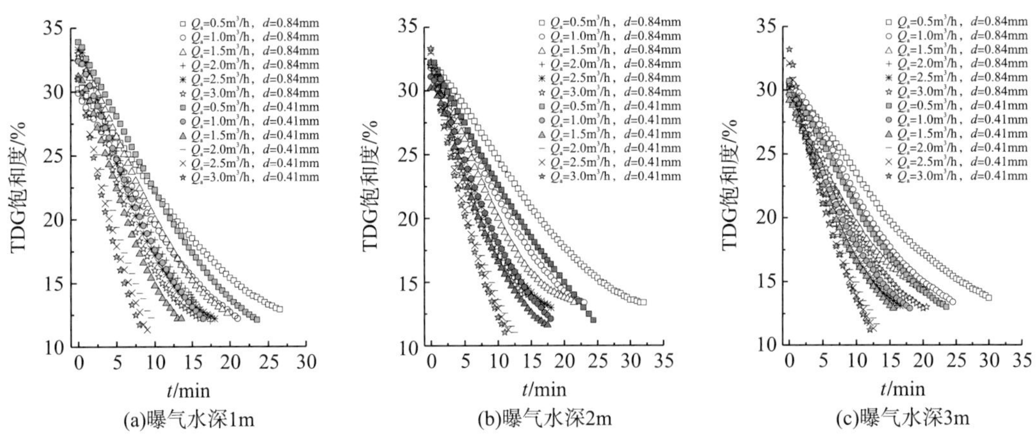

图 8-59 静置水体 TDG 饱和度随曝气时间变化过程图

3) TDG 释放系数分析

采用一级动力学方程[式(5-1)]对各工况的过饱和 TDG 变化过程进行拟合，得到各工况的释放系数，并根据式(5-16)进行温度修正，得到各工况 20℃条件下过饱和 TDG 释放系数。

图 8-60 为 20℃条件下过饱和 TDG 释放系数与曝气量的关系图。由图 8-60 可以看出，在水深与曝气孔径一定时，TDG 的释放系数随着曝气量的增大而增大。在曝气孔径为 0.41mm 条件下，当曝气量从 0.5m^3/h 增加至 3.0m^3/h 时，释放系数 $k_{\mathrm{TDG},20}$ 相对增幅达 116%；在曝气孔径为 0.84mm 条件下，当曝气量从 0.5m^3/h 增加至 3.0m^3/h 时，$k_{\mathrm{TDG},20}$ 的相对增幅达 111%。分析其原因，认为曝气量的增加不仅能增强水体湍动强度，同时也能使系统内气泡总数增加，因此水-气交界面与水-气泡界面的溶解气体传质作用均会随曝气量的增加而增强。

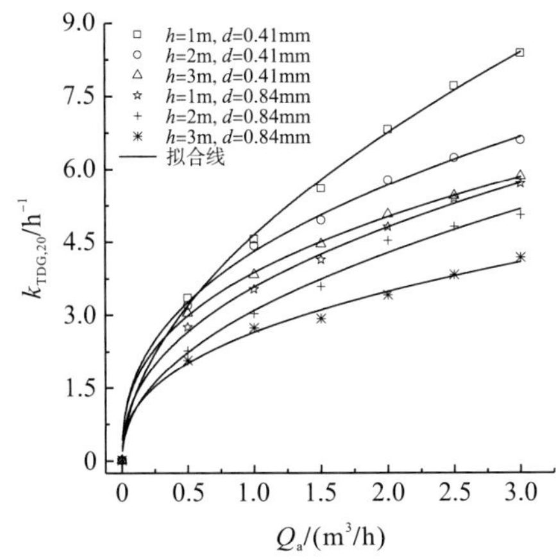

图 8-60 TDG 释放系数与曝气量关系拟合图

采用非线性回归方法对过饱和 TDG 释放系数与曝气量的相关关系进行拟合，得

$$k_{Q_{\mathrm{a,i}}} = \alpha Q_{\mathrm{a}}^{\beta} \tag{8-16}$$

式中，α 和 β 为拟合得到的无量纲系数，见表 8-11。

表 8-11 释放系数与曝气量关系中参数 α 与 β 统计表

参数	d=0.84mm			d=0.41mm		
	h=1m	h=2m	h=3m	h=1m	h=2m	h=3m
α	3.58±0.04	3.10±0.09	2.65±0.07	4.65±0.08	4.31±0.06	3.88±0.03
β	0.42±0.02	0.49±0.04	0.40±0.03	0.54±0.02	0.40±0.02	0.37±0.01
R^2	0.993	0.977	0.976	0.995	0.993	0.998

图 8-61 为过饱和 TDG 释放系数与曝气水深关系图。由图 8-61 可以看出，在曝气量一定时，TDG 的释放系数随着水深与曝气孔径的增大而减小。曝气孔径为 0.41mm 条件下，当曝气水深从 1m 增加至 3m 时，$k_{\mathrm{TDG},20}$ 相对减小幅度为 29%；在曝气孔径为 0.84mm 条件下，当曝气水深从 1m 增加至 3m 时，$k_{\mathrm{TDG},20}$ 相对减小幅度为 57%。分析其原因，认为水深增加会导致气泡诱发的单位水体湍动强度减弱，从而减弱了溶解气体在水-气交界面上的传质作用。拟合得到 $k_{\mathrm{TDG},20}$ 与曝气水深的关系为

$$\frac{k_{h_i}}{k_{h_j}}=\left(\frac{h_j}{h_i}\right)^{0.2510} \tag{8-17}$$

式中，k_{h_i}为曝气深度为h_i时溶解气体的释放系数(h^{-1})。

在特定曝气量与水深条件下，当曝气孔径由0.41mm增加至0.84mm时，$k_{\mathrm{TDG,20}}$的相对减小幅度为41%。可以看出，曝气孔径的增加减弱了过饱和溶解气体的传质速率。这是因为曝气孔径的增大会使生成的气泡直径变大，比表面积减少，从而减弱了水–气泡界面的气体传质作用。

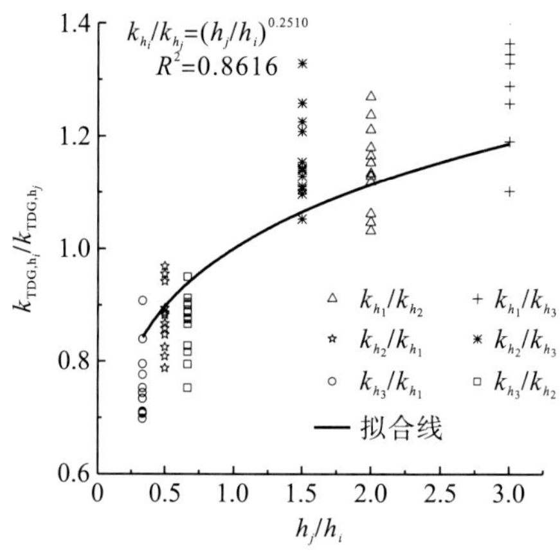

图8-61 TDG释放系数与曝气水深关系拟合图

总结上述试验结果得到，曝气条件下过饱和TDG释放过程受曝气量、曝气水深和曝气孔径等共同影响，相关关系可表述如下：

$$\frac{k_{20}}{k_{20,0}}=\alpha_1\left(\frac{Q_{\mathrm{a}}}{Q_0}\right)^{\alpha_2}\left(\frac{h_0}{h_i}\right)^{\alpha_3}\left(\frac{d_{\mathrm{w}}}{d}\right)^{\alpha_4} \tag{8-18}$$

式中，$\alpha_1\sim\alpha_4$为待拟合的参数；$k_{20,0}$为曝气量为Q_0、水深为h_0、孔径为d_0条件下TDG的特征释放系数。

采用试验中$Q_0=1\mathrm{m}^3/\mathrm{h}$，$h_0=2\mathrm{m}$，$d_0=0.41\mathrm{mm}$曝气条件下的释放系数作为特征释放系数，进一步分析得到：

$$\frac{k_{20}}{k_{20,0}}=0.042\left(\frac{Q_{\mathrm{a}}}{Q_0}\right)^{0.442}\left(\frac{h_0}{h_i}\right)^{0.264}\left(\frac{d_{\mathrm{w}}}{d}\right)^{0.456} \tag{8-19}$$

3. 水流曝气过饱和TDG释放试验

1) 试验装置

曝气试验系统主要由顺直水槽、过饱和水体生成装置、曝气装置和供气装置四部分构成，试验系统如图8-62所示。曝气装置由6个紧密排列的直径为15cm的膜式曝气盘组成，曝气盘固定安装在水槽底部。

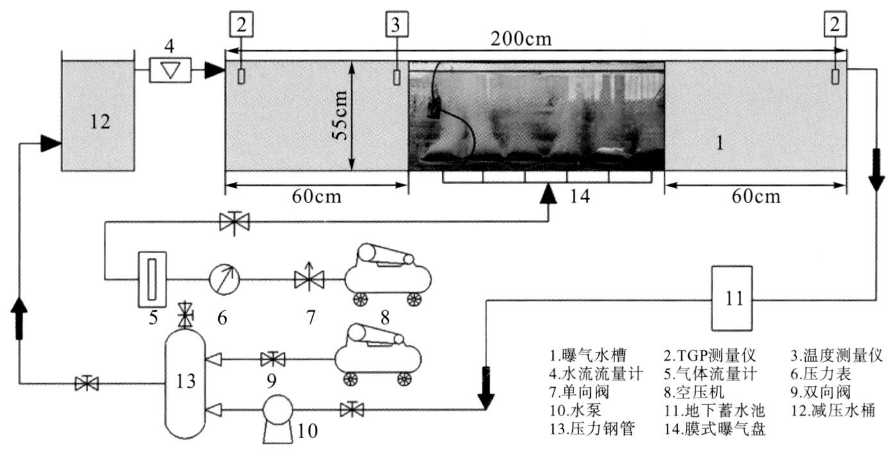

图 8-62 水流曝气试验装置示意图

2)试验方法及工况

水槽内保持TDG过饱和水流呈稳定状态。开启空压机和曝气装置，待水体曝气稳定后监测曝气水槽内不同断面的TDG饱和度变化。

水槽流量工况分别为0.43L/s、0.85L/s和1.32L/s，曝气量工况分别为1.0m^3/h、2.0m^3/h、3.0m^3/h、4.0m^3/h、5.0m^3/h、6.0m^3/h。

3)试验结果与分析

不同工况TDG饱和度监测结果见表8-12。由表8-12可以看出，TDG过饱和水流经过曝气处理后，TDG饱和度迅速降低，降低范围为5.8%～19.3%。

表 8-12 水槽曝气试验中TDG饱和度变化对比结果表

工况	Q_w /(L/s)	Q_a /(m^3/h)	T/℃	G_{in} /%	G_{out} /%	Δ_{TDG} /%
1	0.43	1.0	21.2	136.2	128.2	8.0
2	0.43	2.0	20.6	137.1	125.9	11.2
3	0.43	3.0	20.8	139.5	122.8	16.7
4	0.43	4.0	20.6	136.5	119.7	16.8
5	0.43	5.0	20.7	138.5	119.5	19.0
6	0.43	6.0	18.6	138.4	119.1	19.3
7	0.85	1.0	20.8	141.4	135.6	5.8
8	0.85	2.0	18.4	138.7	128.3	10.4
9	0.85	3.0	18.4	138.7	125.9	12.8
10	0.85	4.0	18.4	136.6	122.3	14.3
11	0.85	5.0	18.1	138.6	122.2	16.4
12	0.85	6.0	18.6	138.4	120.6	17.8
13	1.32	1.0	18.3	137.8	131.2	6.6
14	1.32	2.0	18.4	138.7	130.6	8.1

续表

工况	Q_w /(L/s)	Q_a /(m³/h)	T/℃	G_{in} /%	G_{out} /%	Δ_{TDG} /%
15	1.32	3.0	18.3	138.8	128.5	10.3
16	1.32	4.0	18.1	137.5	126.6	10.9
17	1.32	5.0	18.4	139.7	127.3	12.4
18	1.32	6.0	18.4	138.5	125.6	12.9

TDG 饱和度降低值随曝气量增加而增加。例如，曝气量为 1m³/h 情况下，各水流工况的 TDG 饱和度平均减少量为 7%；曝气量为 6m³/h 情况下，各水流工况的 TDG 饱和度平均降低 17%。

TDG 饱和度减小量与水流流量呈负相关关系。例如，在水流流量为 0.43L/s 条件下，TDG 饱和度平均减少量为 15%；而在水流流量为 1.32L/s 工况条件下，TDG 饱和度平均降低值为 10%。

图 8-63 为各工况下 TDG 饱和度降低值与气液流量比的关系。由图 8-63 可以看出，当气液流量比较低时，TDG 饱和度减小量与气液流量比呈现出线性增长关系；而当气液流量比增大到一定程度时，TDG 饱和度减小量变化不明显。在本试验条件下，这一拐点对应的气液流量比约为 2.25。这一关系有待今后通过更为系统和丰富的试验得以完善。

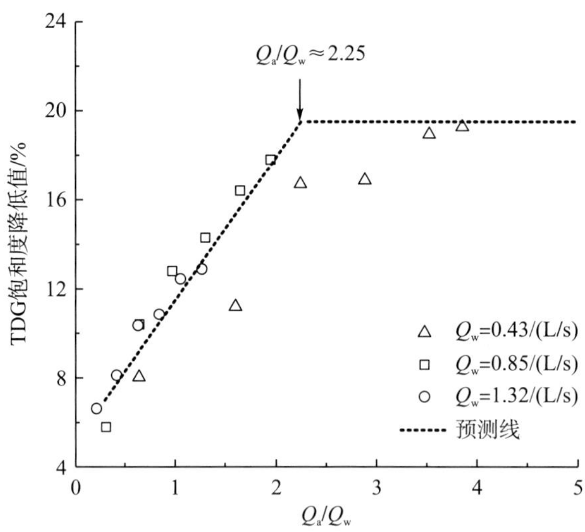

图 8-63 TDG 饱和度降低值与气液流量比关系图

4. 曝气减缓天然水体过饱和 TDG 的原位试验研究

1) 试验地点

结合已建高坝工程泄水条件，先后选择两个试验地点开展原位试验。1#试验地点位于金沙江溪洛渡电站下游 87km 的向家坝库区大鹿溪网箱养殖点，2#试验地点位于大渡河大岗山电站下游 11.6km 的石棉县新民乡鱼嘴处。

2）试验方法

原位试验依托自行搭建的曝气试验平台进行。曝气装置利用支架固定于水面下特定曝气深度。采用工业制微孔膜式曝气管作为气泡发生器，以空压机（V-0.25/8）作为供气设备。在空压机与曝气管之间安装空气转子流量计（LZB-3）来控制气体流量。试验曝气流量为15m^3/h，试验过程中连续监测 TDG 饱和度变化。现场曝气试验照片如图 8-64 所示。

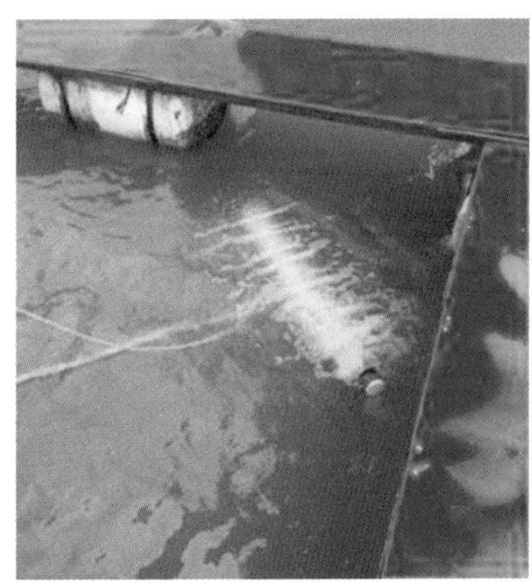

(a)溪洛渡电站下游大鹿溪试验点

(b)大岗山电站下游新民乡试验点

图 8-64 原位曝气试验现场图片

3）试验结果与分析

大鹿溪试验点原位试验期间，溪洛渡大坝 3#和 5#深孔持续开启，出库流量变化范围为 9600～10300m^3/s，下游向家坝出库流量变化范围为 9820～10500m^3/s。试验过程中 TDG 饱和度随曝气时间的变化过程如图 8-65 所示。由图 8-65 可以看出，在曝气开始之前，饱和度为 106.5%。曝气开始后，水体 TDG 饱和度迅速降低，15min 之后，测量点处的 TDG 饱和度呈相对稳定的状态，TDG 饱和度降低为 103.3%，饱和度降幅为 3.2 个百分点。

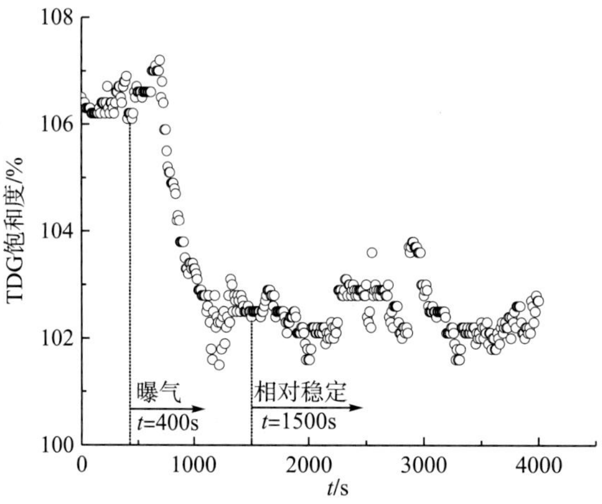

图 8-65　大鹿溪试验点 TDG 饱和度随时间变化过程(曝气深度 0.5m)

新民乡试验点原位试验期间，大岗山电站 3#深孔与泄洪洞开启泄水，泄水流量变化范围为 1050～1400m^3/s。试验过程中试验水体 TDG 饱和度随时间变化过程如图 8-66 所示。

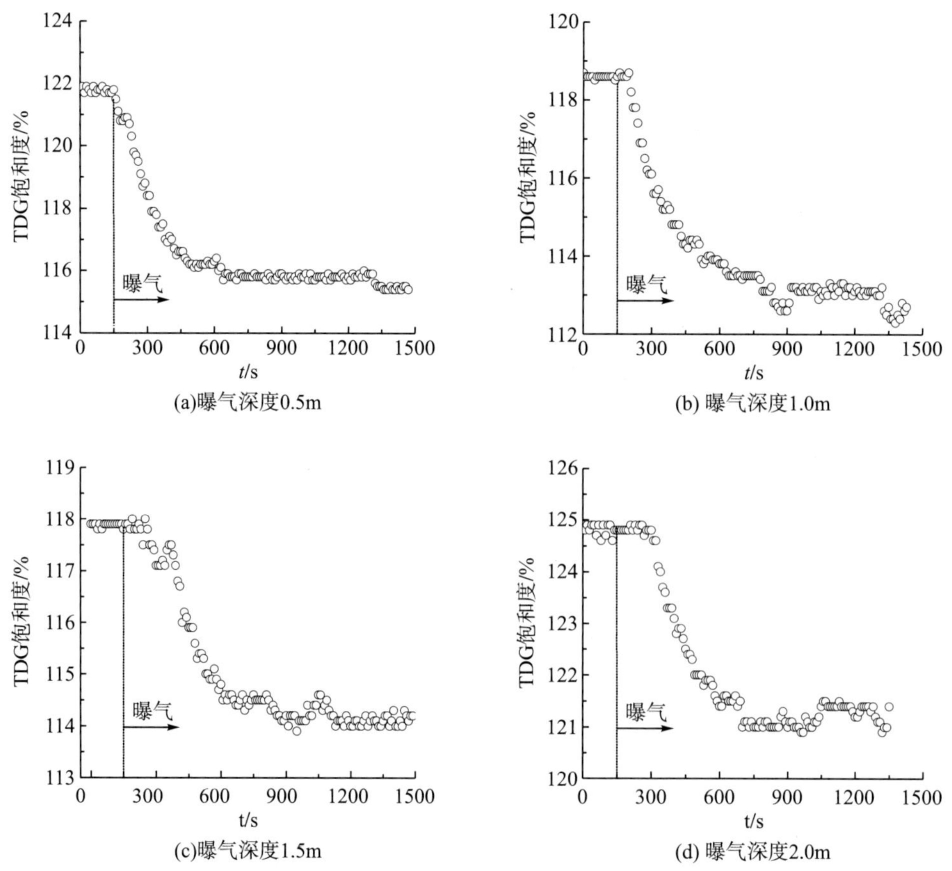

图 8-66　新民乡试验点不同曝气深度下 TDG 饱和度随时间变化过程

图 8-66 表明，当曝气开始时，水体的 TDG 饱和度均显著降低，一定时间后 TDG 饱和度达到相对稳定状态。曝气深度 0.5m 的工况下，水体中初始 TDG 饱和度为 122.1%，稳定后 TDG 饱和度为 116.1%，降低 6 个百分点。曝气深度 1.0m 的工况下，水体中初始 TDG 饱和度为 118.7%，稳定后 TDG 饱和度为 113.2%，降低 5.5 个百分点。曝气深度 1.5m 的工况下，初始 TDG 饱和度为 117.9%，稳定后 TDG 饱和度为 114.1%，降低 3.8 个百分点。曝气深度 2.0m 的工况下，初始 TDG 饱和度为 124.8%，稳定后 TDG 饱和度为 121.4%，降低 3.4 个百分点。上述结果对比表明，随着曝气深度的增加，表层水体 TDG 饱和度的降低值逐渐减小。

两个试验点的结果对比表明，在相同曝气流量（$15m^3/h$）和曝气深度（0.5m）条件下，由于大鹿溪试验点水体初始饱和度（106.5%）较新民乡试验点（122.1%）低，因而曝气后 TDG 饱和度降低值（3.2 个百分点）较新民乡试验点的降低值（6 个百分点）小，表明曝气对过饱和 TDG 的减缓效果与初始饱和度有关。

8.5 小　　结

虹吸法、填料柱法等措施对于极低流量的过饱和水流的处理具有一定效果，因此适用于对养殖鱼塘、鱼苗孵化场等小流量供水水源的处理。水坝泄水由于流量大，TDG 饱和度较高，因而技术难度较大，一直是水坝运行中的难点。概括起来，目前通常采用工程措施或调度措施减缓河道水体 TDG 过饱和对鱼类带来的不利影响。从国外底流消能工程较常采用的导流坎，到目前发展提出的挑流消能工程适用的消能墩、阶梯溢流坝等措施，均对过饱和气体生成的减缓起到积极作用。由于这些措施的实施必须以泄流消能安全和工程安全为前提，同时由于工程措施的工程量大、周期长、投资高，目前高坝，特别是已建高坝泄水 TDG 过饱和减缓措施多围绕调度措施展开。

受现有工程措施和调度措施研究水平所限，关于水坝泄水的溶解气体过饱和问题尚难以得到彻底解决，为此我们结合鱼类对过饱和气体的耐受性研究，提出了对干支流交汇区、鱼类产卵场等重要栖息区域辅以导流坝、曝气等生态工程措施，营造鱼类回避空间，减缓气体过饱和对鱼类的影响。

综合分析表明，多途径探求高坝泄水气体过饱和减缓技术，加强和深化过饱和 TDG 减缓技术的工程可行性研究，推动各项减缓技术在实际工程中的推广应用将成为水坝泄水生态安全保障的重要研究内容。

参考文献

陈世超, 2013. 高坝下游过饱和 TDG 对胭脂鱼的影响研究[D]. 成都: 四川大学硕士学位论文.

陈永柏, 彭期冬, 廖文根, 2009. 三峡工程运行后长江中游溶解气体过饱和演变研究[J]. 水生态学杂志, 2(5): 1-5.

陈永灿, 付健, 刘昭伟, 等, 2009. 三峡大坝下游溶解氧变化特性及影响因素分析[J]. 水科学进展, 20(4): 526-530.

长江流域水资源保护局, 1983. 葛洲坝工程泄水与鱼苗气泡病调查[R]. 武汉: 长江流域水资源保护局.

程香菊, 陈永灿, 高千红, 等, 2005. 三峡水库坝身泄流超饱和复氧分析[J]. 水力发电学报, 24(6): 62-67.

程香菊, 陈永灿, 陈雪巍, 等, 2009. 三峡工程坝身泄流下游水体溶解氧浓度数值模拟[J]. 水动力学研究与进展(A 辑), 24(6): 761-767.

刁明军, 2004. 高坝大流量泄洪消能数值模拟及实验研究[D]. 成都: 四川大学博士学位论文.

冯镜洁, 2013. 高坝泄水下游过饱和总溶解气体释放规律研究及应用[D]. 成都: 四川大学博士学位论文.

冯镜洁, 李然, 李克锋, 等, 2010. 高坝下游过饱和 TDG 释放过程研究[J]. 水力发电学报, 29(1): 7-12.

冯镜洁, 李然, 唐春燕, 等, 2012. 含沙量对过饱和总溶解气体释放过程影响分析[J]. 水科学进展, 23(5): 702-708.

付晓泰, 王振平, 卢双舫, 1996. 气体在水中的溶解机理及溶解度方程[J]. 中国科学: 化学, (2): 124-130.

高季章, 董兴林, 刘继广, 2008. 生态环境友好的消能技术——内消能的研究与应用[J]. 水利学报, 39(10): 1176-1182.

国家环境保护局, 1987. 水质　溶解氧的测定　碘量法: GB 7489—87[S]. 国家环境保护局.

国家环境保护局, 1989. 水质　溶解氧的测定　电化学探头法: GB 11913—89[S]. 国家环境保护局.

国家环境保护总局《水和废水监测分析方法》编委会, 2002. 水和废水监测分析方法(第四版)[M]. 北京: 中国环境科学出版社.

韩健, 2014. 单组分气体溶气法气泡的生成机理和试验研究[D]. 西安: 西安石油大学硕士学位论文.

环境保护部, 2018. 便携式溶解氧测定仪技术要求及检测方法: HJ 925—2017[S]. 北京: 中国环境出版社.

黄奉斌, 李然, 邓云, 等, 2010. 过饱和总溶解气体释放过程预测[J]. 水利水电科技进展, 30(2): 29-31, 48.

黄菊萍, 2021. 基于紊动掺气的过饱和 TDG 生成模拟及减缓措施研究[D]. 成都: 四川大学博士学位论文.

黄翔, 2010. 高坝泄水产生 TDG 过饱和对岩原鲤的影响研究[D]. 成都: 四川大学博士学位论文

黄膺翰, 2017. 植被对过饱和总溶解气体释放过程的影响研究[D]. 成都: 四川大学硕士学位论文.

冀前锋, 王远铭, 梁瑞峰, 等, 2019. 长薄鳅对过饱和总溶解气体的回避特征研究[J]. 工程科学与技术, 51(3): 130-137.

蒋亮, 2008. 高坝下游水体中溶解气体过饱和问题研究[D]. 成都: 四川大学博士学位论文.

李纪龙, 2018. 发电调度对大坝泄水总溶解气体的影响研究[D]. 成都: 四川大学硕士学位论文.

李克锋, 安瑞冬, 李嘉, 等, 2017. 一种成鱼分层暂养的组合式网箱[P]: 中国, ZL 2015 1 0252896. 7. 2017-12-29.

李然, 赵文谦, 李嘉, 等, 2000. 紊动水体表面传质系数的实验研究[J]. 水利学报, (2): 60-65.

李然, 李嘉, 李克锋, 等, 2002. 关于水体复氧的几点认识//中国环境水力学. 北京: 中国水利水电出版社.

李然, 黄翔, 李克锋, 等, 2011. 水体总溶解气体过饱和生成及其对鱼类影响研究的装置[P]: 中国, ZL2009 1 0164299. 3. 2011-07-20.

李然, 曲璐, 李嘉, 等, 2012. 高速气流挟水形成射流生成过饱和总溶解气体的实验装置[P]: 中国, ZL 2010 1 124171. 7. 2012-10-31.

李妍, 林影, 1997. 芝罘湾夏季表层溶解氧过饱和原因分析[J]. 海洋环境科学, 16(2): 60-66.

李玉梁, 廖文根, 余常昭, 1994. 泄水建筑物的复氧能力与控制[J]. 水利学报, 25(7): 63-69.

练继建, 杨敏, 等, 2008. 高坝泄流工程[M]. 北京: 中国水利水电出版社.

刘沛清, 2010. 现代坝工消能防冲原理[M]. 北京: 科学出版社.

刘盛赟, 2013. 温度对过饱和总溶解气体生成和释放规律的影响研究[D]. 成都: 四川大学硕士学位论文.

刘晓庆, 2011. 岩原鲤在总溶解气体过饱和水体中的生长特性与生化效应实验研究[D]. 成都: 四川大学博士学位论文.

卢晶莹, 2020. 梯级电站过饱和总溶解气体累积影响关键问题研究[D]. 成都: 四川大学博士学位论文.

雒文生, 李莉红, 贺涛, 2003. 水体大气复氧理论和复氧系数研究进展与展望[J], 水利学报, (11): 64-70.

马倩, 2016. 基于过饱和总溶解气体对鱼类影响的梯级电站生态调度研究[D]. 成都: 四川大学博士学位论文.

马一祎, 2016. 排水系统中跌水结构的气体卷吸和能量耗散问题研究[D]. 杭州: 浙江大学博士学位论文.

牛晋兰, 2015. 曝气促进溶解气体过饱和水体恢复的实验研究[D]. 成都: 四川大学硕士学位论文.

农业部长江中上游渔业生态环境监测中心, 2014. 2014 年 7 月溪洛渡坝下相关水域死鱼事件调查报告[R]. 武汉: 农业部长江中上游渔业生态环境监测中心.

欧洋铭, 2019. 曝气作用下过饱和总溶解气体传质规律研究[D]. 成都: 四川大学博士学位论文.

彭期冬, 廖文根, 禹雪中, 等, 2012 三峡水库动态汛限调度对气体过饱和减缓效果研究[J]. 水力发电学报, 31(04): 99-103.

覃春丽, 李玲, 2008. 葛洲坝过坝水流溶解气体超饱和数值模拟研究[J]. 科技导报, 26(18): 45-48.

曲璐, 李然, 李嘉, 等, 2013. 高速射流掺气生成过饱和总溶解气体的实验装置[P]. 中国, ZL2010l0124194. 8. 2013-07-24.

任勤, 2015. 卡基娃水电站 1#泄洪洞竖井工程收分式滑模施工[J]. 四川水力发电, 34(5): 90-92.

榊原淳一, 杉崎隆一, 巩积文. 1992. 地下水中溶解气体分析方法的研究[J]. 地质地球化学, 4: 6-10, 43.

谌霞, 2018. 干支流交汇区过饱和总溶解气体分布规律及其生态功能利用[D]. 成都: 四川大学博士学位论文.

史为良, 1998. 谈鱼类气泡病[J]. 科学养鱼, 6: 23-24.

四川大学, 2014. 纵向一维 TDG 释放分析系统: 中国软件著作权, 2014SR034843, 2014-01-10.

四川大学水力学与山区河流开发保护国家重点实验室, 2012. 脚木足河巴拉水电站水温及溶解气体过饱和影响研究[R]. 成都: 四川大学水力学与山区河流开发保护国家重点实验室.

四川大学水力学与山区河流开发保护国家重点实验室, 2016. 水力学(第 5 版上册)[M]. 北京: 高等教育出版社.

四川省水产研究所, 2015. 四川省脚木足河巴拉水电站水生生态影响评价专题报告[R]. 成都: 四川省水产研究所.

谭德彩, 2006. 三峡工程致气体过饱和对鱼类致死效应的研究[D]. 重庆: 西南大学硕士学位论文.

唐春燕, 2011. 泥沙对水体总溶解气体过饱和的影响研究[D]. 成都: 四川大学硕士学位论文.

王乐乐, 2014. 风对过饱和总溶解气体释放规律的影响研究[D]. 成都: 四川大学硕士学位论文.

王煜, 戴会超, 2010. 高坝泄流溶解氧过饱和影响因子主成分分析[J]. 水电能源科学, (11): 94-96, 173.

王远铭, 2017. 长江上游特有鱼类受总溶解气体过饱和胁迫的响应规律及减缓措施研究[D]. 成都: 四川大学博士学位论文.

王远铭, 张陵蕾, 曾超, 等, 2015. 总溶解气体过饱和胁迫下齐口裂腹鱼的耐受和回避特征[J]. 水利学报, 46(4): 94-96, 480-488.

魏娟, 2013. 过饱和总溶解气体两相流数学模型的参数取值研究[D]. 成都: 四川大学硕士学位论文.

吴成根. 1994. 虹鳟气泡病[J]. 中国水产, (10): 27.

谢省宗, 吴一红, 陈文学, 2016. 我国高坝泄洪消能新技术的研究和创新[J]. 水利学报, 47(3): 324-336.

幸智, 2013. X 型叶片水轮机全三维数值模拟[D]. 成都: 四川大学硕士学位论文.

杨建文, 2021. 工科普通化学[M]. 北京: 化学工业出版社.

杨庆, 2002. 阶梯溢流坝水力特性和消能机理试验研究[D]. 成都: 四川大学博士学位论文.

袁西铨, 2019. 阻水介质作用下的过饱和总溶解气体释放机理研究[D]. 成都: 四川大学硕士学位论文.

张超然, 戴会超, 高季章, 等, 2007. 特大型水电工程建设和运行面临的主要科技问题[J]. 水利学报, 38(S1): 7-14.

中国水利水电科学研究院, 长江水产研究所, 三峡水文局, 等, 2009. 三峡水库泄水溶解气体过饱和及其对鱼类影响和保护措施研究[R]. 宜昌: 中国长江三峡工程开发总公司.

Abernethy C S, Amidan B G, Cada G F, 2001. Laboratory Studies of the Effects of Pressure and Dissolved Gas Supersaturation on Turbine-Passed Fish[R]. Richland: Pacific Northwest National Laboratory.

Alderdice, D F, Jensen J O T, 1985. Assessment of the influence of gas supersaturation on salmonids in the Nechako River in relation to Kemano Completion[R]. Canadian Technical Report of Fisheries and Aquatic Sciences. 1386.

Anderson J, Beer W N, Frever T, et al., 2000. Columbia River Salmon Passage Model(CRiSP. 1. 6): Theory and Calibration[R]. Washington: University of Washington.

Angelaccio C M, Bacchiega J D, Fattor C A, et al., 1997. Effects of the spillways operation on the fishes habitat: study of solutions[A] // Proceeding of the 27th Congress of the International Association for Hydraulic Research[C]. San Francisco, California, United States.

Antcliffe B L, Fidler L E, Birtwell I K, 2003. Effect of Prior Exposure to Hydrostatic Pressure on Rainbow Trout(*Oncorhynchus mykiss*) Survival in Air-Supersaturated Water[R]. Canadian Technical Report of Fisheries and Aquatic Sciences.

Backman T W H, Evans A F, 2002a. Gas bubble trauma incidence in adult salmonids in the Columbia River Basin[J]. North American Journal of Fisheries Management, 22: 579-584.

Backman T W H, Evans A F, Robertson M S, et al., 2002b. Gas bubble trauma incidence in juvenile salmonids in the lower Columbia and Snake Rivers[J]. North American Journal of Fisheries Management, 22: 965-972.

Bagatur T, 2014. Experimental analysis of flow characteristics from different circular nozzles at plunging water jets[J]. Arabian Journal for Science and Engineering, 39(4): 2707-2719.

Barrett D J, Taylor E W, 1984. Changes in heart rate during progressive hyperoxia in the dogfish, scyliorhinus canicula L: evidence for a venous receptor[J]. Comparative Biochemistry and Physiology, 78A(4): 697-703.

Baylar A, Emiroglu M E, 2004. An experimental study of air entrainment and oxygen transfer at a water jet from a nozzle with air holes[J]. Water Environment Research, 76(3): 231-237.

Baylar A, Emiroglu M E, Bagatur T, 2006. An experimental investigation of aeration performance in stepped spillways[J]. Water and Environment Journal, 20(1): 35-42.

Baylar A, Bagatur T, Emiroglu M E, 2007. Prediction of oxygen content of nappe, transition, and skimming flow regimes in stepped-channel chutes[J]. Journal of Environmental Engineering and Science, 6(2): 201-208.

Beeman J W, Maule A G, 2006. Migration depths of juvenile Chinook salmon and steelhead relative to total dissolved gas supersaturation in a Columbia River Reservoir[J]. Transactions of the American Fisheries Society, (135): 584-594.

Beeman J W, Venditti D A, Morris R G, et al., 2003. Gas Bubble Disease in Resident Fish below Grand Coulee Dam (Final Report of Research) [R]. Western Fisheries Research Center, Columbia River Research Laboratory.

Beininggen K T, Ebel W J, 1970. Effects of John day dam on dissolved nitrogen concentrations and salmon in the Columbia River[J]. Transactions of the American Fisheries Society, 99: 664-671.

Beininggen K T, Ebel W J, 1971. Dissolved Nitrogen, Dissolved Oxygen, and Related Water Temperatures in the Columbia and Lower Snake Rivers, 1965-1969 Data Report 56[R]. National Marine Fisheries Service.

Benson B B, Krause D J, 1984. The concentration and isotopic fractionation of oxygen dissolved in freshwater and seawater in equilibrium with the atmosphere[J]. Limnology and Oceanography, 29(3): 620-632.

Bentley W W, Dawley E M, Newcomb T W, 1976. Some effects of excess dissolved gas on squawfish, *Ptychocheilus oregonensis* (Richardson) [A]//Gas Bubble Disease Technical Information Center[C]. Oak Ridge, Tennessee.

Blahm T H, McConnell B, Snyder G R, 1976. Gas supersaturation research, National Marine Fisheries Service Prescott Facility[A]//Gas Bubble Disease Technical Information Center[C]. Oak Ridge, Tennessee.

Bohl M, 1997. Gas bubble disease of fish[J]. Tierarzliche Praxis (German), 25(3): 284-288.

Bouck G R, 1976. Supersaturation and fishery observations in selected alpine Oregon streams//Gas Bubble Disease[C]. Technical Information Center Energy Research and Development Administration, Oak Ridge, Tennessee.

Bouck G R, 1984. Annual variation of gas supersaturation in four spring-fed oregon streams[J]. Progressive Fish-Culturist, 46: 139-140.

Bouck G R, King R E, Bouck-Schmidt G, 1984. Comparative removal of gas supersaturation by plunges, screens and packed columns[J]. Aquacultural Engineering, 3(3): 159-176.

Boyd C E, Watten B J, Goubier V, et al. , 1994. Gas supersaturation in surface waters of aquaculture ponds[J]. Aquacultural Engineering, 13(1): 31-39.

Cain J D P, 1997. Design of spillway deflectors for Ice Harbor Dam to reduce supersaturated dissolved gas levels downstream[A]//Energy and Water: Sustainable Development, Proceedings of Congress of the International Association of Hydraulic Research[C]. San Francisco: IAHR: 607-612.

Carbone M J, 2013. Numerical Evaluation of Deflector Performance in the Tailrace of Hells Canyon Dam[D]. M. S. Thesis, Iowacity: University of Iowa.

Carrica P M, Drew D, Bonetto F, et al., 1999. A poly disperse model for bubbly two-phase flow around a surface ship[J]. International Journal of Multiphase Flow, 25(2): 257-305.

Carrica P M, Castro A M, Li J J, et al., 2012. Towards an air entrainment model[C]. 29th Symposium on Naval Hydrodynamics, Gothenburg, Sweden.

Castro A M, Li J, Carrica P M, 2016. A mechanistic model of bubble entrainment in turbulent free surface flows[J]. International Journal of Multiphase Flow, 86: 35-55.

Chanson H, 2006. Hydraulics of skimming flows on stepped chutes: the effects of inflow conditions[J]. Journal of Hydraulic Research, 44(1): 51-60.

Chanson H, Toombes L, 2004. Hydraulics of stepped chutes: the transition flow[J]. Journal of Hydraulic Research, 42(1): 43-54.

Cheng X J, Luo L, Chen Y C. 2006. Re-aeration law of water flow over spillways[J]. Journal of Hydrodynamics, 18(2): 231-236.

Cheng X L, Lu J Y, Li R, et al., 2021. Experimental study of the degasification efficiency of supersaturated dissolved oxygen on stepped cascades and correlation prediction model[J]. Journal of Cleaner Production, 328(15): 129611.

Clark M J R, 1977. Environmental Protection Dissolved Gas Study, Data Summary 1977(Report No. 77-10) [R]. Ministry of Environment, Pollution Control Branch.

Colt J, 2012. Dissolved Gas Concentration in Water-Computation as Functions of Temperature, Salinity and Pressure (Second Edition) [M]. Waltham: Elsevier.

Colt J, Bouck G, 1984. Design of packed columns for degassing[J]. Aquacultural Engineering, 3(4): 251-273.

Colt J E, Orwicz K, Brooks D, 1991. Gas supersaturation in the American River California USA[J]. California Fish and Game, 77(1):

41-50.

Columbia Basin Research School of Aquatic and Fishery Sciences, University of Washington, 2000. Columbia River Salmon Passage Model, CRiSP. 1. 6, Theory and Calibration[R]. Washington: University of Washington.

Craig H, Weiss R F, 1971. Dissolved gas saturation anomalies and excess helium in the ocean[J]. Earth and Planetary Science Letters, 10(3): 289-296.

Craig H, Wharton R A, McKay C P, 1992. Oxygen supersaturation in ice-covered Antarctic lakes: biological versus physical contributions[J]. Science, 255(5042): 318-321.

Dawley E M, Schiewe M, Monk B, 1976. Effects of Long-Term Exposure to Supersaturation of Dissolved Atmospheric Gases on Juvenile Chinook Salmon and Steelhead Trout in Deep and Shallow Tank Tests[R]. Technical Information Center; Oak Ridge, Tennessee: 1-10.

Demont J D, Miller R W, 1972. First reported incidence of gas bubble disease in the heated effluent of a steam electric generating station[C] // Proceedings of the Annual Conference Southeastern Association of Game and Fish Commissioners, 25: 392-399.

Dierking P B, Weber L J, 2002. Hydraulic modeling of Hells Canyon dam for spillway deflector design[R]. Phase one-deflector design.

Doudoroff P, 1957. Water quality requirements of fishes and effects of toxic substances[A]//M. E. Brown. The Physiology of Fishes[C]. New York: Academic Press.

Douglas B M, Gerhard H J, 1999. Air-Water gas transfer in uniform channel flow[J]. Journal of Hydraulic Engineering, 125(1): 3-l0.

Duncan J H, 2001. Spilling breakers[J]. Annual Review of Fluid Mechanics, 33(1): 519-547.

Duvall D M, Clement D T, 2002. Biological Monitoring of Gas Bubble Trauma Occurrence at Priest Rapids Dam, 1996-2002. Final Report[R]. Public Utility District No. 2 of Grant County, Ephrata, Washington.

Dwight Q T, Heather M B, et al., 2009. Total dissolved gas and water temperature in the lower Columbia River, Oregon and Washington, Water Year 2009//Quality-assurance Data and Comparison to Water-quality Standards[R]. U. S. Geological Survey Open-File Report.

Ebel W J, 1969. Supersaturation of nitrogen in the Columbia River and its effect on salmon and steelhead trout[J]. United States National Marine Fisheries Service Fishery Bulletin, 68: 1-11.

Espmark Å M, Hjelde K, Baeverfjord G, 2010. Development of gas bubble disease in juvenile Atlantic salmon exposed to water supersaturated with oxygen[J]. Aquaculture, 198-204.

Feng J J, Li R, Liang R F, et al., 2014. Eco-environmentally friendly operational regulation: an effective strategy to diminish the TDG supersaturation of reservoirs[J]. Hydrology and Earth System Sciences, 18: 1213-1223.

Feng J J, Wang L, Li R, et al. , 2018. Operational regulation of a hydropower cascade based on the mitigation of the total dissolved gas supersaturation[J]. Ecological Indicators, 92: 124-132.

Fickeisen D H, Montgomery J C, 1978. Tolerances of fishes to dissolved gas supersaturation in deep tank bioassays[J]. Transactions of the American Fisheries Society, 107: 376-381.

Frizell K H . 1998. Operational Alternatives for Total Dissolved Gas Management at Grand Coulee Dam[R]. U. S. Bureau of Reclamation, Water Resources Research Laboratory, Denver CO. PAP-794.

Fu X L, Li D, Zhang X F, 2010. Simulations of the three-dimensional total dissolved gas saturation downstream of spillways under unsteady conditions[J]. Journal of Hydrodynamics, 22(4): 598-604.

Gale W L, Maule A G, Postera A, et al., 2004. Acute exposure to gas-supersaturated water does not affect reproductive success of female adult Chinook salmon late in maturation[J]. River Research and Applications, 20(5): 565-576.

Geldert D A, Gulliver J S, Wilhelms S C, 1998. Modeling dissolved gas supersaturation below spillway plunge pools[J]. Journal of Hydraulic Engineering, 124(5): 513-521.

Gorham F P, 1901. The gas bubble disease of fish and its causes[J]. Bulletin of the United States Fish commission, 19: 33-37.

Gray R H, Page T L, Saroglia M G, 1983. Behavioral response of carp, Cyprinus carpio, and black bullhead, Ictalurus melas, from Italy to gas supersaturated water[J]. Environmental Biology of Fishes, 8(2): 163-167.

Hargreaves J A, Tucker C S, 1999. Design and construction of degassing units for catfish hatcheries[J]. Mississippi: Southern Regional Aquacultural Center Publication.

Harmeon J R, 2003. A trap for handling adult anadromous salmonids at lower granite dam on the snake river[J]. North American Journal of Fisheries Management, 23: 989-992.

Harvey H H, 1967. Supersaturation of lake water with a precaution to hatchery usage[J]. Transactions of the American Fisheries Society, 96: 194-201.

Heggberget T G, 1984. Effect of supersaturated water on fish in river Nidelva, southern Norway[J]. Journal of Fish Biology, 24: 65-74.

Hibbs D E, Gulliver J S, 1997. Prediction of effective saturation concentration at spillway plunge pools[J]. Journal of Hydraulic Engineering, (11): 940-949.

Hobe H, Wood C M, Wheatly G, 1984. The mechanisms of acid-base and ionoregulation in the freshwater rainbow trout during environmental hyperoxia and subsequent normoxia. i extra and intracellular acid-base status[J]. Respiration Physiology, 55(2): 139-154.

Huang J P, Li R, Feng J J, et al., 2016. Relationship investigation between the dissipation process of supersatrurated total dissolved gas and wind effect[J]. Ecological Engineering, 95: 430-437.

Huang J P, Li R, Feng J J, et al., 2021. The application of baffle block in mitigating TDGS of dams with different discharge patterns[J]. Ecological Indicators, 133: 108418.

Huang J P, Li J J, Politano M, et al., 2019. Modeling air entrainment downstream of Spillways[A]// E-proceedings of the 38th IAHR World Congress. September 1-6, 2019, Panama City, Panama.

Huang X, Li K F, Du J, et al., 2010. Effects of gas supersaturation on lethality and avoidance responses in juvenile Rock Carp(ProcyprisrabaudiTchang)[J]. Journal of Zhejiang University-Science B(Biomed &Biotechnol), 11(10): 806-811.

Ji Q F, Xue S D, Yuan Q, et al., 2019. The tolerance characteristics of resident fish in the upper Yangtze River under varying gas supersaturation[J]. International Journal of Environmental Research and Public Health, 16, 2021.

Johnson E L, Clabough T S, Peery C A, et al., 2007. Estimating adult Chinook Salmon exposure to dissolved gas supersaturation downstream of hydroelectric dams using telemetry and hydrodynamic models[J]. River Research and Applications, 23: 963-978.

Johnson E L, Clabough T S, Caudill C C, et al., 2010. Migration depths of adult steelhead oncorhynchus mykiss in relation to dissolved gas supersaturation in a regulated river system[J]. Journal of Fish Biology, 76(6): 1520-1528.

Johnson P L, 1984. Prediction of dissolved gas transfer in spillway and outlet works stilling basin flows. Gas transfer at water surfaces. Springer Netherlands, 605-612.

Joseph J O, John S G, 2000. Dissolved gas supersaturation downstream of a spillway II: Computational model[J]. Journal of Hydraulic Research, 38(2): 151-159.

Kamal R, Zhu D Z, Leake A, et al., 2019. Dissipation of supersaturated total dissolved gases in the intermediate mixing zone of a regulated river. Journal of Environmental Engineering, 145(2): 04018135.

Kamal R, Zhu D Z, Crossman J, et al., 2020. Case study of total dissolved gas transfer and degasification in a prototype ski-jump spillway[J]. Journal Hydraulic Engineering, 146(9): 05020007.

Khdhiri H, Potier O, Leclerc J P, 2014. Aeration efficiency over stepped cascades: Better predictions from flow regimes[J]. Water Research, 55: 194-202.

Knittel M D, Chapman G A, Garton R R, 1980. Effects of hydrostatic pressure on steelhead survival in air-supersaturated water[J]. Transactions of the American Fisheries Society, 109(6): 755-759.

Krise W F, Herman R L, 1991. Resistance of under-yearling and yearling Atlantic salmon and lake trout to supersaturation with air[J]. Journal of Aquatic Animal Health, (3): 248-253.

Krise W F, Meade J W, Smith R A, 1990. Effect of feeding rate and gas supersaturation on survival and growth of lake trout[J]. The Progressive Fish-Culturist, 52(1): 45-50.

Lamont J C, Scott D S. 1970. An eddy cell model of mass transfer into the surface of a turbulent liquid[J]. AIChE J, 16(4): 513-519.

Li J J, 2015. Contributions to Modeling of Bubble Entrainment for Ship Hydrodynamics Applications[D]. Ph. D. Thesis. Iowa: University of Iowa.

Li P C, Ma Y Y, Zhu D Z, 2020. Mass transfer of gas bubbles rising in stagnant water[J]. Journal of Environmental Engineering, 146(8): 1-11.

Li R, Hodges B R, Feng J J, et al., 2013. Comparison of supersaturated total dissolved gas dissipation with dissolved oxygen dissipation and reaeration[J]. Journal of Environmental Engineering, 139(3): 385-390.

Li R, Li J, Li K F, et al., 2009. Prediction for supersaturated total dissolved gas in high-dam hydropower projects[J]. Science in China Series E: Technological Sciences, 52(12): 3661-3667.

Li R, Gualtieri P, Feng J J, et al., 2015. A Dimensional Analysis of Supersaturated Total Dissolved Gas Dissipation[C]. 36th IAHR World Congress.

Li S, Wang F S, Luo W Y, et al., 2017. Carbon dioxide emissions from the Three Gorges Reservoir, China[J]. Acta Geochimica, 36: 645-657.

Lichtwardt M A, 2001. Microbubble treatment of gas supersaturated water[R]. U. S. Department of the Interior, Bureau of Reclamation.

Lightner D V, Salser B R, Wheeler R S, 1974. Gas-bubble disease in the brown shrimp (Penaeus aztecus) [J]. Aquaculture, 4: 81-84.

Lindroth A, 1957. A biogenic Gas Supersaturation of River Water[J]. Archiv für Hydrobiologie, 53: 589-597.

Lu J J, Li R, Ma Q, et al. , 2019. Model for total dissolved gas supersaturation from plunging jets in high dams[J]. Journal of Hydraulic Engineering-ASCE, 145(1): 04018082-1.

Luo H, Svendsen H F, 1996. Theoretical model for drop and bubble breakup in turbulent dispersions[J]. AIChE Journal, 42(5): 1225-1233.

Lutz D S, 1995. Gas supersaturation and gas bubble trauma in fish downstream from a midwestern reservoir[J]. Transactions of the American Fisheries Society, 124(3): 423-436.

Ma Q, Li R, Feng J J, et al., 2013. Relationship between total dissolved gas and dissolved oxygen in water[J]. Fresenius Environmental Bulletin, 22(11): 3243-3250.

Ma Q, Li R, Feng J J, et al., 2019. Ecological regulation of cascade hydropower stations to reduce the risk of supersaturated total dissolved gas to fish[J]. Journal of Hydro-environment Research 27: 102-115.

Ma Q, Li R, Zhang Q et al., 2016. Two-phase flow simulation of supersaturated total dissolved gas in the plunge pool of a high dam[J]. Environmental Progress and Energy Sustainable, 35(4): 1139-1148.

Malouf R, Keck R, Maurer D, et al., 1972. Occurrence of gas-bubble disease in three species of bivalve molloscs[J]. Journal of the Fisheries Research Board of Cannada, 29: 588-589.

Mannheim C, 1997. A unique approach of modeling gas supersaturation using a physical model[D]. M. S. Thesis, IOWA City: University of Iowa.

Marsh M C, 1910. Notes on the dissolved content of water in its effect upon fishes[J]. Bull. US Bur. Fish. (28): 891-906.

Marsh M C, Gorham F P, 1905. The gas disease in fishes[A]//Bowers G M, Bureau of Fisheries 1904. Washington: Washington government printing office.

Mathias J A, Barica J, 1985. Gas supersaturation as a cause of early spring mortality of stocked trout[J]. Canadian Journal of Fisheries and Aquatic Sciences, 42(2): 268-279.

Matsue Y, Egusa S, Saeki A, 1953. On nitrogen-gas contents dissolved in flowing water of artesian wells and springs(relating to high supersaturation inducing the so-called 'gas disease' upon fishes[J]. Bulletin of the Japanese Society of Scientific Fisheries, 19(4): 439-444.

McKenna S P, McGillis W R, 2004. The role of free-surface turbulence and surfactants in air-water gas transfer[J]. International Journal of Heat and Mass Transfer, 47(3): 539-553.

McKeogh E J, 1978. A Study of Air Entrainment Using Plunging Water Jets[D]. Belfast: Queen's University of Belfast.

McKeogh E J, Ervine D A, 1981. Air entrainment rate and diffusion pattern of plunging liquid jets[J]. Chemical Engineering Science, 36(7): 1161-1172.

Meekin, T K, Turner B K, 1974. Tolerance of salmonid eggs, juveniles and squawfish to supersaturated nitrogen[J]. Washington Department of Fisheries, 12: 78-126.

Mesa M G, Warren J J, 1997a. Predator avoidance ability of juvenile Chinook salmon(*Oncorhynchus tshawytscha*) subjected to sublethal exposures of gas-supersaturated water[J]. Canadian Journal of Fisheries and Aquatic Science, 54: 757-764.

Mesa M G, Warren J J, Hans K M, et al., 1997b. Progression and severity of gas bubble trauma in juvenile Chinook salmon and development of non-lethal methods for trauma assessment[A]// Maule A G, Beeman J, Hans K M, et al., 1997. Gas Bubble Disease Monitoring and Research of Juvenile Salmonids. Annual Report 1996(Project 96-021)[R], Bonneville Power Administration, Portland, Oregon.

Mesa M G, Weiland L K, Maule A G, 2000. Progression and severity of gas bubble trauma in juvenile salmonids[J]. Transactions of the American Fisheries Society, 129: 174-185.

Miller R W, 1974. Incidence and cause of gas-bubble disease[A]//Gibbons J W, Sharitz R R. Thermal Ecology CONF 730505[R]. Washington, District of Columbia: United States Environmental Protection Agency, USA.

Miwa S, Xiao Y G, Saito Y, et al., 2019. Experimental study of air entrainment rates due to inclined liquid jets[J]. Chemical Engineering & Technology, 42(5): 1059-1069.

Monk B H, Long C W, Dawley E M, 1980. Feasibility of siphons for degassing water[J]. Transactions of the American Fisheries Society, 109: 765-768.

Monk B K, Absolon R F, Dawley E M, 1997. Changes in Gas Bubble Disease Signs and Survival of Migrating Juvenile Salmonids Experimentally Exposed to Supersaturated Gasses Annual Report 1996[R]. Unpublished report to Bonneville Power

Administration, Portland, Oregon.

Murdoch K G, McDonald R D, 1997. Gas Bubble Trauma Monitoring at Rocky Reach and Rock Island Dams, 1997[R]. Unpublished report by Chelan County Public Utility District No. 1 of Chelan County, Wenatchee, Washington.

Nebeker A V, Andros J D, McCrady J K, et al., 1978. Survival of steelhead trout(*Salmo gairdneri*) eggs, embryos, and fry in air-supersaturated water[J]. Journal of the Fisheries Research Board of Canada, 35(2): 261-264.

Northwest Hydraulic Consultants(NHC), 2001. McNary Dam Spillway Flow Deflectors Hydraulic Model Study-Final Report[R]. Seattle, WA.

Ohkawa A, Kusabiraki D, Kawai Y, 1986. Endoh K. Some flow characteristics of a vertical liquid jet system having downcomers[J]. Chemical Engineering Science, 41(9): 2347-2361.

Orlins J J, Gulliver J S, 2000. Dissolved gas supersaturation downstream of a spillway II: computational model[J]. Journal of Hydraulic Research, 38(2): 151-159.

Ou Y M, Li R, Hodges B R, et al., 2016. Impact of temperature on the dissipation process of supersaturated total dissolved gas in flowing water[J]. Fresenius Environmental Bulletin, 25(6): 1927-1934.

Parametrix Inc. , 2005. Determine if Project Operation Results in Supersaturation of Atmospheric Gases in Lower Niagara River, Niagara Power Project FERC No. 2216[R]. White Plains: New York Power Authority.

Perkins W A, Richmond M C, 2004. MASS2, Modular Aquatic Simulation System in Two Dimensions: Theory and Numerical Methods[R]. PNNL-14820-1. Pacific Northwest National Laboratory, Richland, Washington.

Person J, Pichavant K, Vacher C, 2002. Effects of O_2 supersaturation on metabolism and growth in juvenile Turbot(*Scophthalmus Maximus L.*)[J]. Aquaculture, 205(3-4): 373-383.

Pickett P J, Rueda H, Herold M, 2004. Total Maximum Daily Load for Total Dissolved Gas in the Mid-Columbia River and Lake Roosevelt(Submittal Report), Appendix C: Technical Analysis of TDG Processes[R]. Washington State Department of Ecology, Publication No. 04-03-002.

Politano M S, Carrica P M, Turan C, et al., 2004. Prediction of the total dissolved gas downstream of spillways using a two-phase flow model[A]//Critical Transitions in Water and Environmental Resources Management, Salt Lake City, Utah, 2004: 310.

Politano M S, Carrica P M, Turan C, et al., 2007. A multidimensional two-phase flow model for the total dissolved gas downstream of spillways[J]. Journal of Hydraulic Research, 45(2): 165-177.

Politano M S, Carrica P M, Weber L, 2009. A multiphase model for the hydrodynamics and total dissolved gas in tailraces[J]. International Journal of Multiphase Flow, 35(11): 1036-1050.

Politano M S, Arenas A A, Bickford S, et al., 2011, Investigation into the total dissolved gas dynamics of Wells Dam using a two-phase flow model[J]. Journal of Hydraulic Engineering, 137(10): 1257-1268.

Politano M S, Amado A A, Bickford S, et al., 2012. Evaluation of operational strategies to minimize gas supersaturation downstream of a dam[J]. Computers & Fluids, (68): 168-185.

Public Utility District No. 1 of Chelan County, 2003. Gas abatement techniques at Rocky Reach hydroelectric project, Final report[R]. Rocky Reach Project No. 2145.

Qu L, Li R, Li J, et al., 2011. Field observation of total dissolved gas supersaturation of high-dams[J]. Science China Technological Science, 54(1): 156-162.

Ramsey W L, 1962. Bubble growth from dissolved oxygen near the sea surface[J]. Limnology and Oceanography, 8: 1-7.

Renfro W C, 1963. Gas-bubble mortality of fishes in Galveston bay, Texas[J]. Transactions of the American Fisheries Society, 92:

320-322.

Richter T J, Naymik J, Chandler J A, 2007. HCC Gas Bubble Trauma Monitoring Study[R]. Unpublished report by Idaho Power Company, Boise, Idaho.

Roesner L A, Orlob G T, Norton W R, 1972. A nitrogen gas (N_2) model for the lower Columbia River system[J]. Joint Automatic Control Conference, (10): 85-93.

Rösch T, Tönsmann F, 1999. Oxygen regulation of rivers by hydropower plants-ecological and economical aspects[A] // Proceedings of the 28th International Association for Hydraulic Research, 423.

Roy A K, Kumar K, 2018. Experimental studies on hydrodynamic characteristics using an oblique plunging liquid jet[J]. Physics of Fluids, 30(12): 122107.

Rucker R R, 1976. Gas-Bübble Disease of Salonids: Variaton in Oxygen-Nitrogen Ratio with Constant Total Gas Pressure[R]. Fickeisen and Schneider.

Rucker R R, Kangas P H, 1974. Effect of nitrogen supersaturated water on coho and Chinook salmon[J]. The Progressive Fish-Culturist, 36: 152-156.

Sallam K A, Dai Z, Faeth G M, 1999. Drop formation at the surface of plane turbulent liquid jets in still gases[J]. International Journal of Multiphase Flow, 25(6-7): 1161-1180.

Sander R, 2015. Compilation of Henry's law constants (version 4. 0) for water as solvent[J]. Atmospheric Chemistry and Physics, 15(8): 4399-4981.

Sander S P, Abbatt J, Barker J R, et al., 2011. Chemical kinetics and photochemical data for use in atmospheric studies[R], evaluation No. 17, JPL Publication 10-6, Jet propulsion laboratory, Pasadena, available at: http: //jpldataeval. jpl. nasa. gov (lastaccess: 10 April 2015).

Schisler G J, Bergersen E P, 1999. Identification of gas supersaturation sources in the upper Colorado River, USA[J]. Regulated Rivers: Research & Management, 15(4): 301-310.

Schneider M L, 2000. Risk assessment for spill program described in 2000 draft biological opinion[A]//Appendix E, 2000 FCRPS Biological Opinion, National Marine Fisheries Service, Portland, Oregon.

Shen X, Liu S Y, Li R, et al., 2014. Experimental study on the impact of temperature on the dissipation process of supersaturated total dissolved gas[J]. Journal of Environmental Science, 26(9): 1874-1878.

Shen X, Li R, Huang J P, Feng J J, et al., 2016. Shelter construction for fish at the confluence of a river to avoid the effects of total dissolved gas supersaturation[J]. Ecological Engineering, 97: 642-648.

Shen X, Li R, Hodges B R, et al., 2019. Experiment and simulation of supersaturated total dissolved gas dissipation: Focus on the effect of confluence types[J]. Water Research, 155: 320-332.

Smiley J E, Drawbridge M A, Okihiro M S, et al., 2011. Acute effects of gas supersaturation on juvenile cultured white seabass[J]. Transactions of the American Fisheries Society, 140(5): 1269-1276.

Speare D J, 1990. Histopathology and ultrastructure of ocular lesions associated with gas bubble disease in salmonids[J]. Journal of Comparative Pathology, 103: 421-432.

Stevens D G, Nebeker A V, Baker R J, 1980. Avoidance responses of salmon and trout to air-supersaturated water[J]. Transactions of the American Fisheries Society, 54(1): 751-754.

Supplee V C, Lightner D V, 1976. Gas-bubble disease due to oxygen supersaturation in raceway-reared California brown shrimp[J]. The Progressive Fish-Culturist, 28: 198-199.

Takemura F, Yabe A. 1998. Gas dissolution process of spherical rising gas bubbles[J]. Chemical Engineering Science, 53(15): 2691-2699.

Tervooren, H P, 1972. Bonneville Spillway Test Deflector Installation in Bay 18. Preliminary Evaluation Report on Nitrogen Tests[R]. United States Army Corps of Engineers, Portland, Oregon, USA.

Toner M A, Dawley E M, 1995. Evaluation of the Effects of Dissolved Gas Supersaturation on Fish and Invertebrates Downstream from Bonneville Dam, 1993[R]. Unpublished report by Coastal Zone and Estuarine Studies Division, Northwest Fisheries Science Center.

Toner M A, Ryan B, Dawley E M, 1995. Evaluation of the Effects of Dissolved Gas Supersaturation on Fish and Invertebrates Downstream from Bonneville, Ice Harbor, and Priest Rapids Dams, 1994[R]. Unpublished report by Coastal Zone and Estuarine Studies Division, Northwest Fisheries Science Center.

Toombes L, Chanson H, 2008. Flow patterns in nappe flow regime down low gradient stepped chutes[J]. Journal of Hydraulic Research, 46(1): 4-14.

United States Environmental Protection Agency, 1986. Quality Criteria for Water: 1986[S]. EPA 440/5-86-001.

University of Washington, 2000. Columbia River Salmon Passage Model CRiSP. 1. 6, Theory and Calibration[R]. Washington: University of Washington.

Urban A L, Gulliver J S, Johnson D W, 2008. Modeling total dissolved gas concentration downstream of spillways[J]. Journal of Hydraulic Engineering, 134(5): 550-561.

USACE, 2001a. Dissolved Gas Abatement Study-Phase II Draft Final[R]. U. S. Army Corps of Engineers, Portland District and Walla Walla District.

USACE, 2001b. Plan of Action for Dissolved Gas Monitoring in 2001[R]. U. S. Army Corps of Engineers, Northwest Division, Portland, OR.

Van de Sande E, Smith J M, 1973. Surface entrainment of air by high-velocity water jets[J]. Chemical Engineering Science, 28(5): 1161-1168.

Wallace D W R, Wirick C D, 1992. Large air-sea gas fluxes associated with breaking waves[J]. Nature, 356(6371): 694-696.

Wan H, Li J L, Li R, et al., 2020. A hydraulics-based analytical method for artificial water replenishment in wetlands by reservoir operation[J]. Ecological Engineering, 62: 71-76.

Wang Y M, Li K F, Li J, et al., 2015a. Tolerance and avoidance characteristics of Prenant's Schizothoracin *Schizothorax pernanti* to total dissolved gas supersaturated water[J]. North American Journal of Fisheries Management, 35(4): 827-834.

Wang Y M, Liang R F, Li K F, et al., 2020. Tolerance and avoidance mechanisms of the rare and endemic fish of the upper Yangtze River to total dissolved gas supersaturation by hydropower stations[J]. River Rsearch Application, 36: 993-1003.

Wang Y S, Politano M S, Laughery R, et al., 2015. Model development in OpenFOAM to predict spillway jet regimes[J]. Journal of Applied Water Engineering and Research, 3(2): 80-94.

Wang Y S, Politano M, Webber L, 2019. Spillway jet regime and total dissolved gas prediction with a multiphase flow model[J]. Journal of Hydraulic Research, 57(1): 26-38.

Warneck P, Williams J, 2012. The atmospheric chemist's companion: numerical data for use in the atmospheric sciences[B]. Springer. ISBN 978-94-007-2274-3.

Weber L, Huang H Q, Lai Y, et al., 2004. Modeling total dissolved gas production and transport downstream of spillways: Three-dimensional development and applications[J]. International Journal of River Basin Management, 2(3): 157-167.

Weitkamp D E, 2008. Total Dissolved Gas Supersaturation Biological Effects, Review of Literature 1980-2007[R]. Bellevue: Parametrix Inc. 1-65.

Weitkamp D E, Katz M, 1980. A review of dissolved gas supersaturation literature[J]. Transactions of the American Fisheries Society, 109(6): 659-702.

Westgard R L, 1964. Physical and biological aspects of gas-bubble disease in impounded adult chinook salmon at McNary spawning channel[J]. Transactions of the American Fisheries Society, 93: 306-309.

Witt A, Magee T, Stewart K, et al., 2017. Development and implementation of an optimization model for hydropower and total dissolved gas in the Mid-Columbia River system[J]. Journal of Water Resources Planning and Management, 143(10): 04017063.

Wood J W, 1968. Diseases of Pacific Salmon, Their Prevention and Treatment[R]. Washington Department of Fisheries, Hatchery Division, Olympia, Washington, USA.

Xue H C, Ma Q, Li R, et al., 2019. Experimental study of the dissipation of supersaturated TDG during the jet breakup process[J]. Journal of Hydrodynamics, 31(4): 760-766.

Xue S D, Li K F, Liang R F, et al., 2019. In situ study on the impact of total dissolved gas supersaturation on endemic fish in the upper Yangtze River[J]. River Research Application, 35(9): 1-9.

Yang H X, Li R, Liang R F, et al., 2016. A parameter analysis of a two-phase flow model for supersaturated total dissolved gas downstream spillways[J]. Journal of Hydrodynamics, Ser. B, 28(4): 648-657.

Yuan Y Q, Feng J J, Li R, et al., 2018. Modelling the promotion effect of vegetation on the dissipation of supersaturated total dissolved gas[J]. Ecological Modelling, 386: 89-97.

Yuan Y Q, Huang J P, Wang Z H, et al., 2020. Experimental investigations on the dissipation process of supersaturated total dissolved gas: Focus on the adsorption effect of solid walls[J]. Water Research, 183: 116087.

主要符号表

符号变量	物理意义	单位
a_{B}	气泡的比表面积	m^{-1}
a_{s}	自由水面的比表面积	m^{-1}
A_{s}	自由水面面积	m^2
A_{j}	射流入水面积	m^2
B	水面宽	m
c'	孔口收缩系数	
C_i	第 i 种组分气体在水体中的浓度	mg/L
C_i^{mol}	用摩尔浓度表示的第 i 种气体在水中的溶解度	$\mathrm{mol/m^3}$
C_{eq}	当地环境条件对应的气体溶解度	mg/L
C_{atm}	单一气体在分压为 1atm 条件下的溶解度	mg/L
C_{p}	水的比热	J/(kg·℃)
$C_{\mathrm{S,0}}$	环境空气压力为 1atm 条件下，某种组分气体在水中的溶解度	mg/L
C_{se}	当地水深对应的溶解气体有效浓度	mg/L
C_{TDG}	水体中 TDG 浓度	mg/L
C_{z}	谢才系数	$\mathrm{m^{1/2}/s}$
D_0	漩涡掺气生成的初始气泡特征参数	m
D_{m}	分子扩散系数	$\mathrm{m^2/s}$
D_x	纵向扩散系数	$\mathrm{m^2/s}$
D_{z}	垂向扩散系数	$\mathrm{m^2/s}$
d_{v}	单位体积水体中含有的固壁介质的表面积	1/m
E	单位时间内能量损失	m/s
E_x	纵向弥散系数	$\mathrm{m^2/s}$
E_{ε}	时均应变率	1/s
E_{h}	水平涡黏系数	$\mathrm{m^2/s}$
E_{TDG}	溢流坝面过饱和 TDG 传质效率	

续表

符号变量	物理意义	单位
E_x	纵向涡黏系数	m^2/s
E_z	垂向涡黏系数	m^2/s
Fr	弗劳德数	
Fr_x	阶梯溢流坝流态判别的无量纲数	
Fr^*	糙率弗劳德数	
Fr_0	入水点弗劳德数	
g	重力加速度	m/s^2
F_W	单位壁面面积在单位时间内对过饱和 TDG 的吸附通量	$mg/(m^2·s)$
G	水体中 TDG 饱和度	%
G_m	掺混水流 TDG 饱和度	%
G_b	水垫塘/消力池内平均 TDG 饱和度	%
G_{eq}	当地压力对应的 TDG 平衡饱和度	%
G_{eff}	有效 TDG 饱和度	%
G_f	坝前 TDG 饱和度	%
G_i	第 i 种气体组分在水体中的饱和度	%
G_j	水舌入水 TDG 饱和度	%
G_p	发电尾水 TDG 饱和度	%
G_s	水垫塘/消力池下游 TDG 饱和度	%
G_{s0}	泄水 TDG 饱和度	%
G_t	t 时刻 TDG 饱和度	%
h	垂线水深	m
$\bar{h}$	断面平均水深	m
h_1	射流出坎水深	m
h_{eff}	气泡有效深度	m
h_B	当地水深，即水面下深度	m
h_c	阶梯溢流坝临界水深	m
h_r	二道坝坝上水深	m
h_s	阶梯溢流坝台阶高度	m
h_t	消力池水深	m
H_1	泄水孔口至水面间的高程差	m
H_0	泄水总水头	m

续表

符号变量	物理意义	单位
H_d	坝高	m
H_r	二道坝高	m
H_2	出坎高程与坝下入水点间的高程差	m
J	坡降	
k	紊动动能	m^2/s^2
k_{TDG}	过饱和 TDG 释放系数	1/s
$k_{DO,20}$	20℃时 DO 复氧系数	1/s
$k_{DO,T}$	温度 T 时 DO 复氧系数	1/s
$k_{TDG,20}$	20℃时 TDG 释放系数	1/s
$k_{TDG,T}$	温度 T 时 TDG 释放系数	1/s
k_{TDG,W_0}	无风条件下过饱和 TDG 释放系数	s^{-1}
$k_{TDG,W}$	风速为 W 时过饱和 TDG 释放系数	s^{-1}
$K_{L,s}$	水气自由表面传质系数	m/s
$K_{L,b}$	气泡界面传质系数	m/s
l	漩涡特征长度	m
l'	紊动特征长度	m
L	水垫塘/消力池长度	m
l_0	入水点距离	m
L_0	射流挑距	m
L_1	射流光滑区长度	m
L_{11}	漩涡的积分长度尺度	m
L_2	射流紊动区长度	m
L_3	射流破碎区长度	m
L_r	二道坝坝底厚度	m
L_j	射流总长度	m
l_s	阶梯溢流坝台阶长度	m
M	气体的摩尔质量	
M_i	第 i 种气体的摩尔质量	
N_i	气泡粒径的分组数	
N_b	单位体积中的气泡数量	$1/m^3$

续表

符号变量	物理意义	单位
n_l	单位水体内特征长度为 l 的漩涡的数量密度	$1/(m^3 \cdot m)$
n	糙率	
P_B	当地大气压	Pa
P_D	当地水深对应的压强	Pa
Pe	佩克莱(Peclet)数	
P_i	第 i 种气体在空气中的分压	Pa
$P_{O_2}^g$	O_2 在气相中的分压	Pa
$P_{O_2}^l$	O_2 在液相中的分压	Pa
P_{TDG}	水体中总溶解气体(TDG)压强	Pa
P_{wv}	大气中蒸汽压力	Pa
$P_{N_2}^g$	N_2 在气相中的分压	Pa
$P_{N_2}^l$	N_2 在液相中的分压	Pa
Q	断面流量	m^3/s
Q_p	发电流量	m^3/s
Q_a	掺气量	m^3/s
Q_s	泄水流量	m^3/s
q_s	单宽流量	m^2/s
r_b	气泡半径	m
R	理想气体常数	$8.314J/(mol \cdot K)$
$\overline{R}$	水力半径	m
Re	雷诺数	
S	空中射流水舌长度	m
S_{100}	水中 TDG 饱和度为 100%时，气泡的 TDG 传质源项	$mg/(L \cdot s)$
σ_C	施密特数	
S_h	水体内部承压改变引起的过饱和 TDG 释放	%/s
S_Q	单位时间单位体积内的流量汇入源项	1/s
S_G	TDG 输运方程中的源汇项	%/s
S_s	自由表面释放源项	%/s
S_T	水面热交换产生的热源项	W/m^2
T	温度	℃

续表

符号变量	物理意义	单位
t	时间	s
t_R	水体滞留时间	s
u	断面平均流速	m/s
u_0	孔口平均流速	m/s
u_i	i 方向流速	m/s
u_x	x 方向流速	m/s
u_y	y 方向流速	m/s
u_z	z 方向流速	m/s
u_s	水面流速	m/s
$\boldsymbol{U}_b$	气泡速度矢量	m/s
$\boldsymbol{U}$	水流速度矢量	m/s
$\boldsymbol{U}_{br}$	气泡与水的相对速度矢量	m/s
u_*	摩阻流速	m/s
v_1	射流光滑区和紊动区之间的临界特征流速	m/s
v_2	射流紊动区和破碎区之间的临界特征流速	m/s
V_b	自由液面生成的初始气泡平均体积	m^3
W	风速	m/s
W_{10}	水面以上 10m 处的风速	m/s
We	韦伯数	
v_j	射流入水点流速	m/s
v_r	二道坝坝顶流速	m/s
v'	气泡上升速度	m/s
v_s	泄水建筑物出口流速	m/s
V_s	水体体积	m^3
x	纵向坐标	
y	横向坐标	
z	垂向坐标	
Z	河道水位	m
z_b	河底高程	m
z'	漩涡中心所在深度	m
ΔH	断面间总水头差	m
$\Delta\rho$	一定水深范围内密度差	kg/m

续表

符号变量	物理意义	单位
Δx	网格长度	m
Δz	网格高度	m
ε	紊动动能耗散率	m^2/s^3
υ	分子黏性系数	m^2/s
τ_{xx}	纵向紊动切应力	N/m^2
τ_{yy}	垂向紊动切应力	N/m^2
α_T	气体的温度常数	
α_w	水相体积分数	
α_a	气相体积分数	
α_b	采用体积分数表示的紊动掺气浓度	
α_i	第 i 种组分气体在干燥空气中的摩尔分数	
α_0	阶梯溢流坝台阶角度	°
β	气体溶解的本森系数	
ϕ_a	掺气比	
ϕ_k	过饱和 TDG 释放系数公式中的无量纲系数	
ϕ_{TDG}	过饱和 TDG 释放系数公式中考虑了分子扩散和紊动扩散作用的综合系数	1/s
φ	孔口流速系数	
θ_0	泄流出坎角度	°
θ_1	泄流入水角度	°
ρ	密度	kg/m^3
ρ_0	参考密度	kg/m^3
ρ_a	空气密度	kg/m^3
ρ_m	水气两相的混合密度	kg/m^3
ρ_w	水的密度	kg/m^3
ν_a	气相运动黏度	m^2/s
ν_m	水气混合相运动黏度	m^2/s
ν_w	水相运动黏度	m^2/s
ν_t	紊动黏滞系数	m^2/s
σ_T	温度普朗特数	
σ_G	TDG 饱和度普朗特数	

附　　录

附表 1　不同温度条件下淡水的蒸气压　　单位：mmHg

温度/℃	Δt/℃									
	0.0	0.1	0.2	0.3	0.4	0.5	0.6	0.7	0.8	0.9
0	4.581	4.614	4.648	4.681	4.716	4.750	4.784	4.819	4.854	4.889
1	4.925	4.960	4.996	5.032	5.069	5.105	5.142	5.179	5.216	5.254
2	5.291	5.329	5.368	5.406	5.445	5.484	5.523	5.562	5.602	5.642
3	5.682	5.723	5.763	5.804	5.845	5.887	5.929	5.971	6.013	6.055
4	6.098	6.141	6.184	6.228	6.272	6.316	6.360	6.405	6.450	6.495
5	6.541	6.587	6.633	6.679	6.726	6.773	6.820	6.867	6.915	6.963
6	7.012	7.060	7.109	7.159	7.208	7.258	7.308	7.359	7.410	7.461
7	7.512	7.564	7.616	7.668	7.721	7.774	7.827	7.881	7.935	7.989
8	8.044	8.099	8.154	8.210	8.266	8.322	8.379	8.436	8.493	8.550
9	8.608	8.667	8.726	8.785	8.844	8.904	8.964	9.024	9.085	9.146
10	9.208	9.270	9.332	9.395	9.458	9.521	9.585	9.649	9.713	9.778
11	9.843	9.909	9.975	10.041	10.108	10.175	10.243	10.311	10.379	10.448
12	10.517	10.587	10.657	10.727	10.798	10.869	10.941	11.013	11.085	11.158
13	11.232	11.305	11.379	11.454	11.529	11.604	11.680	11.757	11.833	11.910
14	11.988	12.066	12.145	12.224	12.303	12.383	12.463	12.544	12.625	12.707
15	12.789	12.872	12.955	13.038	13.122	13.207	13.292	13.377	13.463	13.550
16	13.636	13.724	13.812	13.900	13.989	14.078	14.168	14.259	14.350	14.441
17	14.533	14.625	14.718	14.812	14.906	15.000	15.095	15.191	15.287	15.383
18	15.480	15.578	15.676	15.775	15.874	15.974	16.074	16.175	16.277	16.379
19	16.482	16.585	16.689	16.793	16.898	17.003	17.109	17.216	17.323	17.431
20	17.539	17.648	17.758	17.868	17.978	18.090	18.202	18.314	18.427	18.541
21	18.656	18.770	18.886	19.002	19.119	19.237	19.355	19.473	19.593	19.713
22	19.834	19.955	20.077	20.199	20.323	20.447	20.571	20.696	20.822	20.949
23	21.076	21.204	21.333	21.462	21.592	21.722	21.854	21.986	22.119	22.252
24	22.386	22.521	22.656	22.793	22.930	23.067	23.206	23.345	23.485	23.625
25	23.767	23.909	24.051	24.195	24.339	24.484	24.630	24.776	24.924	25.072
26	25.221	25.370	25.521	25.672	25.824	25.976	26.130	26.284	26.439	26.595
27	26.752	26.909	27.067	27.227	27.386	27.547	27.709	27.871	28.034	28.198
28	28.363	28.529	28.695	28.863	29.031	29.200	29.370	29.541	29.712	29.885
29	30.058	30.233	30.408	30.584	30.761	30.939	31.117	31.297	31.477	31.659
30	31.841	32.024	32.208	32.393	32.579	32.766	32.954	33.143	33.333	33.523
31	33.715	33.907	34.101	34.295	34.491	34.687	34.885	35.083	35.282	35.483

续表

温度/℃	Δt/℃									
	0.0	0.1	0.2	0.3	0.4	0.5	0.6	0.7	0.8	0.9
32	35.684	35.886	36.089	36.294	36.499	36.705	36.912	37.121	37.330	37.540
33	37.752	37.964	38.178	38.392	38.608	38.824	39.042	39.260	39.480	39.701
34	39.923	40.146	40.370	40.595	40.821	41.048	41.277	41.506	41.737	41.969
35	42.201	42.435	42.670	42.907	43.144	43.382	43.622	43.863	44.105	44.348
36	44.592	44.837	45.084	45.331	45.580	45.830	46.082	46.334	46.588	46.842
37	47.098	47.356	47.614	47.874	48.135	48.397	48.660	48.925	49.191	49.458
38	49.726	49.996	50.267	50.539	50.812	51.087	51.363	51.640	51.919	52.198
39	52.480	52.762	53.046	53.331	53.617	53.905	54.194	54.485	54.776	55.069
40	55.364	55.660	55.957	56.255	56.555	56.857	57.159	57.463	57.769	58.076

来源 Table 1.21（Colt，2012）。

附表 2　不同温度条件下淡水的蒸气压

单位：kPa

温度/℃	Δt/℃									
	0.0	0.1	0.2	0.3	0.4	0.5	0.6	0.7	0.8	0.9
0	0.6107	0.6151	0.6196	0.6241	0.6287	0.6333	0.6379	0.6425	0.6472	0.6518
1	0.6566	0.6613	0.6661	0.6709	0.6758	0.6806	0.6855	0.6905	0.6954	0.7004
2	0.7055	0.7105	0.7156	0.7207	0.7259	0.7311	0.7363	0.7416	0.7469	0.7522
3	0.7576	0.7629	0.7684	0.7738	0.7793	0.7849	0.7904	0.7960	0.8016	0.8073
4	0.8130	0.8188	0.8245	0.8303	0.8362	0.8421	0.8480	0.8539	0.8599	0.8660
5	0.8720	0.8781	0.8843	0.8905	0.8967	0.9029	0.9092	0.9156	0.9219	0.9284
6	0.9348	0.9413	0.9478	0.9544	0.9610	0.9677	0.9744	0.9811	0.9879	0.9947
7	1.0015	1.0084	1.0154	1.0224	1.0294	1.0364	1.0436	1.0507	1.0579	1.0651
8	1.0724	1.0798	1.0871	1.0945	1.1020	1.1095	1.1171	1.1246	1.1323	1.1400
9	1.1477	1.1555	1.1633	1.1712	1.1791	1.1871	1.1951	1.2031	1.2112	1.2194
10	1.2276	1.2358	1.2442	1.2525	1.2609	1.2693	1.2778	1.2864	1.2950	1.3036
11	1.3123	1.3211	1.3299	1.3388	1.3477	1.3566	1.3656	1.3747	1.3838	1.3930
12	1.4022	1.4115	1.4208	1.4302	1.4396	1.4491	1.4587	1.4683	1.4779	1.4877
13	1.4974	1.5073	1.5171	1.5271	1.5371	1.5471	1.5572	1.5674	1.5776	1.5879
14	1.5983	1.6087	1.6192	1.6297	1.6403	1.6509	1.6616	1.6724	1.6832	1.6941
15	1.7051	1.7161	1.7271	1.7383	1.7495	1.7608	1.7721	1.7835	1.7949	1.8065
16	1.8180	1.8297	1.8414	1.8532	1.8650	1.8770	1.8889	1.9010	1.9131	1.9253
17	1.9375	1.9499	1.9623	1.9747	1.9872	1.9998	2.0125	2.0252	2.0380	2.0509
18	2.0639	2.0769	2.0900	2.1032	2.1164	2.1297	2.1431	2.1565	2.1701	2.1837
19	2.1974	2.2111	2.2250	2.2389	2.2528	2.2669	2.2810	2.2952	2.3095	2.3239
20	2.3384	2.3529	2.3675	2.3822	2.3969	2.4118	2.4267	2.4417	2.4568	2.4719
21	2.4872	2.5025	2.5179	2.5334	2.5490	2.5647	2.5804	2.5963	2.6122	2.6282
22	2.6443	2.6604	2.6767	2.6930	2.7095	2.7260	2.7426	2.7593	2.7761	2.7930
23	2.8099	2.8270	2.8441	2.8613	2.8787	2.8961	2.9136	2.9312	2.9489	2.9667

续表

温度/℃	Δt/℃									
	0.0	0.1	0.2	0.3	0.4	0.5	0.6	0.7	0.8	0.9
24	2.9846	3.0025	3.0206	3.0388	3.0570	3.0754	3.0938	3.1124	3.1310	3.1498
25	3.1686	3.1875	3.2066	3.2257	3.2450	3.2643	3.2837	3.3033	3.3229	3.3426
26	3.3625	3.3824	3.4025	3.4226	3.4429	3.4632	3.4837	3.5043	3.5249	3.5457
27	3.5666	3.5876	3.6087	3.6299	3.6512	3.6727	3.6942	3.7158	3.7376	3.7595
28	3.7814	3.8035	3.8257	3.8480	3.8705	3.8930	3.9157	3.9384	3.9613	3.9843
29	4.0074	4.0307	4.0540	4.0775	4.1011	4.1248	4.1486	4.1726	4.1966	4.2208
30	4.2451	4.2695	4.2941	4.3188	4.3436	4.3685	4.3935	4.4187	4.4440	4.4694
31	4.4949	4.5206	4.5464	4.5723	4.5984	4.6246	4.6509	4.6773	4.7039	4.7306
32	4.7574	4.7844	4.8115	4.8387	4.8661	4.8936	4.9213	4.9490	4.9769	5.0050
33	5.0332	5.0615	5.0899	5.1185	5.1473	5.1761	5.2051	5.2343	5.2636	5.2930
34	5.3226	5.3523	5.3822	5.4122	5.4424	5.4727	5.5031	5.5337	5.5645	5.5954
35	5.6264	5.6576	5.6889	5.7204	5.7521	5.7838	5.8158	5.8479	5.8801	5.9125
36	5.9451	5.9778	6.0107	6.0437	6.0769	6.1102	6.1437	6.1774	6.2112	6.2451
37	6.2793	6.3136	6.3480	6.3827	6.4174	6.4524	6.4875	6.5228	6.5582	6.5938
38	6.6296	6.6656	6.7017	6.7379	6.7744	6.8110	6.8478	6.8848	6.9219	6.9592
39	6.9967	7.0344	7.0722	7.1102	7.1484	7.1867	7.2253	7.2640	7.3029	7.3420
40	7.3812	7.4207	7.4603	7.5001	7.5401	7.5802	7.6206	7.6611	7.7019	7.7428

来源 Table 1.22（Colt，2012）。

附表 3　不同温度下氧气在水中的溶解度（淡水，1atm 湿润空气）　单位：mg/L

温度/℃	Δt/℃									
	0.0	0.1	0.2	0.3	0.4	0.5	0.6	0.7	0.8	0.9
0	14.621	14.579	14.538	14.497	14.457	14.416	14.376	14.335	14.295	14.255
1	14.216	14.176	14.137	14.098	14.059	14.020	13.982	13.943	13.905	13.867
2	13.829	13.791	13.754	13.717	13.679	13.642	13.606	13.569	13.532	13.496
3	13.460	13.424	13.388	13.352	13.317	13.282	13.246	13.211	13.176	13.142
4	13.107	13.073	13.038	13.004	12.970	12.937	12.903	12.869	12.836	12.803
5	12.770	12.737	12.704	12.672	12.639	12.607	12.575	12.542	12.511	12.479
6	12.447	12.416	12.384	12.353	12.322	12.291	12.260	12.230	12.199	12.169
7	12.138	12.108	12.078	12.048	12.019	11.989	11.959	11.930	11.901	11.872
8	11.843	11.814	11.785	11.756	11.728	11.699	11.671	11.643	11.615	11.587
9	11.559	11.532	11.504	11.476	11.449	11.422	11.395	11.368	11.341	11.314
10	11.288	11.261	11.235	11.208	11.182	11.156	11.130	11.104	11.078	11.052
11	11.027	11.001	10.976	10.951	10.926	10.900	10.876	10.851	10.826	10.801
12	10.777	10.752	10.728	10.704	10.679	10.655	10.631	10.607	10.584	10.560
13	10.536	10.513	10.490	10.466	10.443	10.420	10.397	10.374	10.351	10.328
14	10.306	10.283	10.260	10.238	10.216	10.194	10.171	10.149	10.127	10.105
15	10.084	10.062	10.040	10.019	9.997	9.976	9.955	9.933	9.912	9.891

续表

温度/℃	Δt/℃									
	0.0	0.1	0.2	0.3	0.4	0.5	0.6	0.7	0.8	0.9
16	9.870	9.849	9.828	9.808	9.787	9.766	9.746	9.725	9.705	9.685
17	9.665	9.644	9.624	9.604	9.584	9.565	9.545	9.525	9.506	9.486
18	9.467	9.447	9.428	9.409	9.389	9.370	9.351	9.332	9.313	9.295
19	9.276	9.257	9.239	9.220	9.201	9.183	9.165	9.146	9.128	9.110
20	9.092	9.074	9.056	9.038	9.020	9.002	8.985	8.967	8.949	8.932
21	8.914	8.897	8.880	8.862	8.845	8.828	8.811	8.794	8.777	8.760
22	8.743	8.726	8.710	8.693	8.676	8.660	8.643	8.627	8.610	8.594
23	8.578	8.561	8.545	8.529	8.513	8.497	8.481	8.465	8.449	8.433
24	8.418	8.402	8.386	8.371	8.355	8.340	8.324	8.309	8.293	8.278
25	8.263	8.248	8.232	8.217	8.202	8.187	8.172	8.157	8.143	8.128
26	8.113	8.098	8.084	8.069	8.054	8.040	8.025	8.011	7.997	7.982
27	7.968	7.954	7.939	7.925	7.911	7.897	7.883	7.869	7.855	7.841
28	7.827	7.813	7.800	7.786	7.772	7.759	7.745	7.731	7.718	7.704
29	7.691	7.677	7.664	7.651	7.637	7.624	7.611	7.598	7.585	7.572
30	7.559	7.545	7.533	7.520	7.507	7.494	7.481	7.468	7.455	7.443
31	7.430	7.417	7.405	7.392	7.379	7.367	7.354	7.342	7.330	7.317
32	7.305	7.293	7.280	7.268	7.256	7.244	7.232	7.219	7.207	7.195
33	7.183	7.171	7.159	7.147	7.136	7.124	7.112	7.100	7.088	7.077
34	7.065	7.053	7.042	7.030	7.018	7.007	6.995	6.984	6.972	6.961
35	6.949	6.938	6.927	6.915	6.904	6.893	6.882	6.870	6.859	6.848
36	6.837	6.826	6.815	6.804	6.793	6.782	6.771	6.760	6.749	6.738
37	6.727	6.716	6.705	6.695	6.684	6.673	6.662	6.652	6.641	6.630
38	6.620	6.609	6.599	6.588	6.577	6.567	6.556	6.546	6.536	6.525
39	6.515	6.504	6.494	6.484	6.473	6.463	6.453	6.443	6.432	6.422
40	6.412	6.402	6.392	6.382	6.372	6.361	6.351	6.341	6.331	6.321

来源 Table 1.9（Colt，2012）。

附表 4　不同温度下氮气在水中的溶解度（淡水，1atm 湿润空气）　　单位：mg/L

温度/℃	Δt/℃									
	0.0	0.1	0.2	0.3	0.4	0.5	0.6	0.7	0.8	0.9
0	23.261	23.199	23.138	23.077	23.016	22.956	22.895	22.836	22.776	22.717
1	22.658	22.599	22.540	22.482	22.424	22.366	22.309	22.252	22.195	22.138
2	22.082	22.026	21.970	21.914	21.859	21.804	21.749	21.694	21.640	21.586
3	21.532	21.478	21.425	21.371	21.318	21.266	21.213	21.161	21.109	21.057
4	21.006	20.955	20.904	20.853	20.802	20.752	20.702	20.652	20.602	20.552
5	20.503	20.454	20.405	20.357	20.308	20.260	20.212	20.164	20.117	20.069
6	20.022	19.975	19.928	19.882	19.836	19.789	19.744	19.698	19.652	19.607

续表

温度/℃	Δt/℃									
	0.0	0.1	0.2	0.3	0.4	0.5	0.6	0.7	0.8	0.9
7	19.562	19.517	19.472	19.428	19.383	19.339	19.295	19.251	19.208	19.164
8	19.121	19.078	19.035	18.992	18.950	18.907	18.865	18.823	18.782	18.740
9	18.698	18.657	18.616	18.575	18.534	18.494	18.453	18.413	18.373	18.333
10	18.294	18.254	18.215	18.175	18.136	18.097	18.059	18.020	17.982	17.943
11	17.905	17.867	17.829	17.792	17.754	17.717	17.680	17.643	17.606	17.569
12	17.533	17.496	17.460	17.424	17.388	17.352	17.316	17.281	17.245	17.210
13	17.175	17.140	17.105	17.070	17.036	17.001	16.967	16.933	16.899	16.865
14	16.831	16.798	16.764	16.731	16.698	16.665	16.632	16.599	16.566	16.533
15	16.501	16.469	16.437	16.405	16.373	16.341	16.309	16.278	16.246	16.215
16	16.184	16.153	16.122	16.091	16.060	16.029	15.999	15.969	15.938	15.908
17	15.878	15.848	15.819	15.789	15.759	15.730	15.701	15.671	15.642	15.613
18	15.584	15.556	15.527	15.498	15.470	15.442	15.413	15.385	15.357	15.329
19	15.302	15.274	15.246	15.219	15.191	15.164	15.137	15.110	15.083	15.056
20	15.029	15.002	14.976	14.949	14.923	14.896	14.870	14.844	14.818	14.792
21	14.766	14.740	14.715	14.689	14.664	14.638	14.613	14.588	14.563	14.538
22	14.513	14.488	14.463	14.439	14.414	14.390	14.365	14.341	14.317	14.292
23	14.268	14.244	14.221	14.197	14.173	14.149	14.126	14.102	14.079	14.056
24	14.032	14.009	13.986	13.963	13.940	13.917	13.895	13.872	13.849	13.827
25	13.804	13.782	13.760	13.738	13.715	13.693	13.671	13.649	13.628	13.606
26	13.584	13.562	13.541	13.519	13.498	13.477	13.455	13.434	13.413	13.392
27	13.371	13.350	13.329	13.308	13.288	13.267	13.246	13.226	13.206	13.185
28	13.165	13.145	13.124	13.104	13.084	13.064	13.044	13.024	13.005	12.985
29	12.965	12.946	12.926	12.907	12.887	12.868	12.848	12.829	12.810	12.791
30	12.772	12.753	12.734	12.715	12.696	12.677	12.659	12.640	12.621	12.603
31	12.584	12.566	12.548	12.529	12.511	12.493	12.475	12.457	12.439	12.421
32	12.403	12.385	12.367	12.349	12.331	12.314	12.296	12.279	12.261	12.244
33	12.226	12.209	12.191	12.174	12.157	12.140	12.123	12.106	12.089	12.072
34	12.055	12.038	12.021	12.004	11.988	11.971	11.954	11.938	11.921	11.905
35	11.888	11.872	11.855	11.839	11.823	11.807	11.790	11.774	11.758	11.742
36	11.726	11.710	11.694	11.678	11.663	11.647	11.631	11.615	11.600	11.584
37	11.568	11.553	11.537	11.522	11.506	11.491	11.476	11.460	11.445	11.430
38	11.415	11.400	11.385	11.370	11.354	11.340	11.325	11.310	11.295	11.280
39	11.265	11.250	11.236	11.221	11.206	11.192	11.177	11.163	11.148	11.134
40	11.119	11.105	11.090	11.076	11.062	11.047	11.033	11.019	11.005	10.991

来源 Table 1.10（Colt，2012）。

附表 5　不同温度下氩气在水中的溶解度(淡水，1atm 湿润空气)　单位：mg/L

温度/℃	Δt/℃									
	0.0	0.1	0.2	0.3	0.4	0.5	0.6	0.7	0.8	0.9
0	0.8907	0.8882	0.8858	0.8833	0.8808	0.8784	0.8759	0.8735	0.8711	0.8687
1	0.8663	0.8639	0.8615	0.8592	0.8568	0.8545	0.8522	0.8498	0.8475	0.8452
2	0.8430	0.8407	0.8384	0.8362	0.8339	0.8317	0.8295	0.8272	0.8250	0.8229
3	0.8207	0.8185	0.8163	0.8142	0.8120	0.8099	0.8078	0.8056	0.8035	0.8014
4	0.7994	0.7973	0.7952	0.7931	0.7911	0.7890	0.7870	0.7850	0.7830	0.7810
5	0.7790	0.7770	0.7750	0.7730	0.7711	0.7691	0.7672	0.7652	0.7633	0.7614
6	0.7595	0.7576	0.7557	0.7538	0.7519	0.7500	0.7482	0.7463	0.7445	0.7426
7	0.7408	0.7390	0.7371	0.7353	0.7335	0.7317	0.7300	0.7282	0.7264	0.7246
8	0.7229	0.7211	0.7194	0.7177	0.7159	0.7142	0.7125	0.7108	0.7091	0.7074
9	0.7057	0.7041	0.7024	0.7007	0.6991	0.6974	0.6958	0.6942	0.6925	0.6909
10	0.6893	0.6877	0.6861	0.6845	0.6829	0.6813	0.6797	0.6782	0.6766	0.6751
11	0.6735	0.6720	0.6704	0.6689	0.6674	0.6659	0.6643	0.6628	0.6613	0.6598
12	0.6584	0.6569	0.6554	0.6539	0.6525	0.6510	0.6496	0.6481	0.6467	0.6452
13	0.6438	0.6424	0.6410	0.6395	0.6381	0.6367	0.6353	0.6339	0.6326	0.6312
14	0.6298	0.6284	0.6271	0.6257	0.6244	0.6230	0.6217	0.6203	0.6190	0.6177
15	0.6164	0.6150	0.6137	0.6124	0.6111	0.6098	0.6085	0.6072	0.6060	0.6047
16	0.6034	0.6021	0.6009	0.5996	0.5984	0.5971	0.5959	0.5946	0.5934	0.5922
17	0.5909	0.5897	0.5885	0.5873	0.5861	0.5849	0.5837	0.5825	0.5813	0.5801
18	0.5789	0.5778	0.5766	0.5754	0.5743	0.5731	0.5719	0.5708	0.5697	0.5685
19	0.5674	0.5662	0.5651	0.5640	0.5629	0.5617	0.5606	0.5595	0.5584	0.5573
20	0.5562	0.5551	0.5540	0.5529	0.5519	0.5508	0.5497	0.5486	0.5476	0.5465
21	0.5454	0.5444	0.5433	0.5423	0.5412	0.5402	0.5392	0.5381	0.5371	0.5361
22	0.5350	0.5340	0.5330	0.5320	0.5310	0.5300	0.5290	0.5280	0.5270	0.5260
23	0.5250	0.5240	0.5230	0.5221	0.5211	0.5201	0.5191	0.5182	0.5172	0.5163
24	0.5153	0.5143	0.5134	0.5125	0.5115	0.5106	0.5096	0.5087	0.5078	0.5068
25	0.5059	0.5050	0.5041	0.5032	0.5022	0.5013	0.5004	0.4995	0.4986	0.4977
26	0.4968	0.4959	0.4950	0.4942	0.4933	0.4924	0.4915	0.4906	0.4898	0.4889
27	0.4880	0.4872	0.4863	0.4854	0.4846	0.4837	0.4829	0.4820	0.4812	0.4803
28	0.4795	0.4787	0.4778	0.4770	0.4762	0.4753	0.4745	0.4737	0.4729	0.4721
29	0.4712	0.4704	0.4696	0.4688	0.4680	0.4672	0.4664	0.4656	0.4648	0.4640
30	0.4632	0.4624	0.4616	0.4609	0.4601	0.4593	0.4585	0.4577	0.4570	0.4562
31	0.4554	0.4547	0.4539	0.4531	0.4524	0.4516	0.4509	0.4501	0.4494	0.4486
32	0.4479	0.4471	0.4464	0.4456	0.4449	0.4442	0.4434	0.4427	0.4420	0.4412
33	0.4405	0.4398	0.4391	0.4383	0.4376	0.4369	0.4362	0.4355	0.4348	0.4341
34	0.4334	0.4327	0.4320	0.4313	0.4306	0.4299	0.4292	0.4285	0.4278	0.4271
35	0.4264	0.4257	0.4250	0.4243	0.4237	0.4230	0.4223	0.4216	0.4210	0.4203
36	0.4196	0.4189	0.4183	0.4176	0.4169	0.4163	0.4156	0.4150	0.4143	0.4137
37	0.4130	0.4123	0.4117	0.4110	0.4104	0.4098	0.4091	0.4085	0.4078	0.4072
38	0.4066	0.4059	0.4053	0.4046	0.4040	0.4034	0.4028	0.4021	0.4015	0.4009
39	0.4003	0.3996	0.3990	0.3984	0.3978	0.3972	0.3965	0.3959	0.3953	0.3947
40	0.3941	0.3935	0.3929	0.3923	0.3917	0.3911	0.3905	0.3899	0.3893	0.3887

来源 Table 1.11 (Colt，2012)。

附表 6　不同温度下二氧化碳在水中的溶解度(淡水，1atm 湿润空气)　　单位：mg/L

温度/℃	Δt/℃									
	0.0	0.1	0.2	0.3	0.4	0.5	0.6	0.7	0.8	0.9
0	1.3174	1.3122	1.3069	1.3017	1.2966	1.2914	1.2863	1.2812	1.2761	1.2711
1	1.2661	1.2611	1.2561	1.2512	1.2463	1.2414	1.2365	1.2317	1.2269	1.2221
2	1.2174	1.2126	1.2079	1.2032	1.1986	1.1940	1.1894	1.1848	1.1802	1.1757
3	1.1712	1.1667	1.1622	1.1578	1.1534	1.1490	1.1446	1.1402	1.1359	1.1316
4	1.1273	1.1231	1.1188	1.1146	1.1104	1.1062	1.1021	1.0979	1.0938	1.0898
5	1.0857	1.0816	1.0776	1.0736	1.0696	1.0656	1.0617	1.0578	1.0539	1.0500
6	1.0461	1.0423	1.0384	1.0346	1.0308	1.0271	1.0233	1.0196	1.0159	1.0122
7	1.0085	1.0048	1.0012	0.9976	0.9940	0.9904	0.9868	0.9833	0.9797	0.9762
8	0.9727	0.9692	0.9658	0.9623	0.9589	0.9555	0.9521	0.9487	0.9453	0.9420
9	0.9387	0.9353	0.9321	0.9288	0.9255	0.9223	0.9190	0.9158	0.9126	0.9094
10	0.9062	0.9031	0.8999	0.8968	0.8937	0.8906	0.8875	0.8844	0.8814	0.8784
11	0.8753	0.8723	0.8693	0.8663	0.8634	0.8604	0.8575	0.8546	0.8517	0.8488
12	0.8459	0.8430	0.8401	0.8373	0.8345	0.8317	0.8289	0.8261	0.8233	0.8205
13	0.8178	0.8150	0.8123	0.8096	0.8069	0.8042	0.8015	0.7989	0.7962	0.7936
14	0.7910	0.7883	0.7857	0.7832	0.7806	0.7780	0.7755	0.7729	0.7704	0.7679
15	0.7654	0.7629	0.7604	0.7579	0.7554	0.7530	0.7505	0.7481	0.7457	0.7433
16	0.7409	0.7385	0.7361	0.7338	0.7314	0.7291	0.7267	0.7244	0.7221	0.7198
17	0.7175	0.7152	0.7130	0.7107	0.7084	0.7062	0.7040	0.7018	0.6995	0.6973
18	0.6951	0.6930	0.6908	0.6886	0.6865	0.6843	0.6822	0.6801	0.6780	0.6758
19	0.6738	0.6717	0.6696	0.6675	0.6654	0.6634	0.6614	0.6593	0.6573	0.6553
20	0.6533	0.6513	0.6493	0.6473	0.6453	0.6433	0.6414	0.6394	0.6375	0.6356
21	0.6336	0.6317	0.6298	0.6279	0.6260	0.6241	0.6223	0.6204	0.6185	0.6167
22	0.6148	0.6130	0.6112	0.6093	0.6075	0.6057	0.6039	0.6021	0.6003	0.5986
23	0.5968	0.5950	0.5933	0.5915	0.5898	0.5880	0.5863	0.5846	0.5829	0.5812
24	0.5795	0.5778	0.5761	0.5744	0.5728	0.5711	0.5694	0.5678	0.5661	0.5645
25	0.5629	0.5612	0.5596	0.5580	0.5564	0.5548	0.5532	0.5516	0.5501	0.5485
26	0.5469	0.5453	0.5438	0.5422	0.5407	0.5392	0.5376	0.5361	0.5346	0.5331
27	0.5316	0.5301	0.5286	0.5271	0.5256	0.5241	0.5227	0.5212	0.5197	0.5183
28	0.5168	0.5154	0.5139	0.5125	0.5111	0.5097	0.5082	0.5068	0.5054	0.5040
29	0.5026	0.5012	0.4999	0.4985	0.4971	0.4957	0.4944	0.4930	0.4917	0.4903
30	0.4890	0.4876	0.4863	0.4850	0.4837	0.4823	0.4810	0.4797	0.4784	0.4771
31	0.4758	0.4745	0.4732	0.4720	0.4707	0.4694	0.4682	0.4669	0.4656	0.4644
32	0.4631	0.4619	0.4607	0.4594	0.4582	0.4570	0.4558	0.4545	0.4533	0.4521
33	0.4509	0.4497	0.4485	0.4473	0.4461	0.4450	0.4438	0.4426	0.4414	0.4403
34	0.4391	0.4380	0.4368	0.4357	0.4345	0.4334	0.4322	0.4311	0.4300	0.4288
35	0.4277	0.4266	0.4255	0.4244	0.4233	0.4222	0.4211	0.4200	0.4189	0.4178
36	0.4167	0.4156	0.4146	0.4135	0.4124	0.4114	0.4103	0.4092	0.4082	0.4071
37	0.4061	0.4050	0.4040	0.4030	0.4019	0.4009	0.3999	0.3988	0.3978	0.3968
38	0.3958	0.3948	0.3938	0.3928	0.3918	0.3908	0.3898	0.3888	0.3878	0.3868
39	0.3858	0.3849	0.3839	0.3829	0.3819	0.3810	0.3800	0.3790	0.3781	0.3771
40	0.3762	0.3752	0.3743	0.3733	0.3724	0.3715	0.3705	0.3696	0.3687	0.3678

来源 Table 1.12(Colt，2012)。

附表 7　不同温度条件下氧气在盐水中的溶解度（海水，1atm 湿润空气）　单位：mg/L

温度/℃	盐度/(g/kg)								
	0.0	5.0	10.0	15.0	20.0	25.0	30.0	35.0	40.0
0	14.621	14.120	13.635	13.167	12.714	12.276	11.854	11.445	11.050
1	14.216	13.733	13.266	12.815	12.378	11.956	11.548	11.153	10.772
2	13.829	13.364	12.914	12.478	12.057	11.649	11.255	10.875	10.506
3	13.460	13.011	12.577	12.156	11.750	11.356	10.976	10.608	10.252
4	13.107	12.674	12.255	11.849	11.456	11.076	10.708	10.352	10.008
5	12.770	12.352	11.946	11.554	11.174	10.807	10.451	10.107	9.774
6	12.447	12.043	11.652	11.272	10.905	10.550	10.205	9.872	9.550
7	12.138	11.748	11.369	11.002	10.647	10.303	9.970	9.647	9.335
8	11.843	11.465	11.098	10.743	10.399	10.066	9.743	9.431	9.128
9	11.559	11.194	10.839	10.495	10.162	9.839	9.526	9.223	8.930
10	11.288	10.933	10.590	10.257	9.934	9.621	9.318	9.024	8.739
11	11.027	10.684	10.351	10.028	9.715	9.411	9.117	8.832	8.556
12	10.777	10.444	10.121	9.808	9.505	9.210	8.925	8.648	8.379
13	10.536	10.214	9.901	9.597	9.302	9.016	8.739	8.470	8.209
14	10.306	9.993	9.689	9.394	9.108	8.830	8.561	8.299	8.046
15	10.084	9.780	9.485	9.198	8.920	8.651	8.389	8.135	7.888
16	9.870	9.575	9.289	9.010	8.740	8.478	8.223	7.976	7.736
17	9.665	9.378	9.099	8.829	8.566	8.311	8.064	7.823	7.590
18	9.467	9.188	8.917	8.654	8.399	8.151	7.910	7.676	7.448
19	9.276	9.005	8.742	8.486	8.237	7.996	7.761	7.533	7.312
20	9.092	8.828	8.572	8.323	8.081	7.846	7.617	7.395	7.180
21	8.914	8.658	8.408	8.166	7.930	7.701	7.479	7.262	7.052
22	8.743	8.493	8.250	8.014	7.785	7.561	7.344	7.134	6.929
23	8.578	8.334	8.098	7.868	7.644	7.426	7.215	7.009	6.809
24	8.418	8.181	7.950	7.726	7.507	7.295	7.089	6.888	6.693
25	8.263	8.032	7.807	7.588	7.375	7.168	6.967	6.771	6.581
26	8.113	7.888	7.668	7.455	7.247	7.045	6.849	6.658	6.472
27	7.968	7.748	7.534	7.326	7.123	6.926	6.734	6.548	6.366
28	7.827	7.613	7.404	7.201	7.003	6.811	6.623	6.441	6.263
29	7.691	7.482	7.278	7.079	6.886	6.698	6.515	6.337	6.164
30	7.559	7.354	7.155	6.961	6.773	6.589	6.410	6.236	6.066
31	7.430	7.230	7.036	6.847	6.662	6.483	6.308	6.138	5.972
32	7.305	7.110	6.920	6.735	6.555	6.379	6.208	6.042	5.880
33	7.183	6.993	6.807	6.626	6.450	6.279	6.111	5.949	5.790
34	7.065	6.879	6.697	6.521	6.348	6.180	6.017	5.857	5.702
35	6.949	6.768	6.590	6.417	6.249	6.085	5.925	5.769	5.617
36	6.837	6.659	6.486	6.316	6.152	5.991	5.834	5.682	5.533
37	6.727	6.553	6.383	6.218	6.057	5.899	5.746	5.597	5.451
38	6.620	6.450	6.284	6.122	5.964	5.810	5.660	5.514	5.371
39	6.515	6.348	6.186	6.027	5.873	5.722	5.575	5.432	5.292
40	6.412	6.249	6.090	5.935	5.784	5.636	5.492	5.352	5.215

来源 Table 2.13（Colt，2012）。

附表 8 不同温度条件下氮气在盐水中的溶解度(海水，1 atm 湿润空气) 单位：mg/L

温度/℃	盐度/(g/kg)								
	0.0	5.0	10.0	15.0	20.0	25.0	30.0	35.0	40.0
0	23.261	22.411	21.591	20.801	20.039	19.305	18.597	17.915	17.258
1	22.658	21.837	21.046	20.283	19.547	18.837	18.153	17.494	16.858
2	22.082	21.290	20.525	19.787	19.076	18.390	17.728	17.090	16.475
3	21.532	20.766	20.027	19.314	18.626	17.962	17.322	16.704	16.108
4	21.006	20.266	19.551	18.861	18.195	17.553	16.932	16.334	15.757
5	20.503	19.787	19.096	18.428	17.783	17.160	16.559	15.979	15.419
6	20.022	19.329	18.659	18.012	17.388	16.784	16.202	15.639	15.096
7	19.562	18.891	18.242	17.615	17.009	16.424	15.859	15.313	14.786
8	19.121	18.470	17.841	17.233	16.646	16.078	15.530	15.000	14.488
9	18.698	18.068	17.458	16.868	16.297	15.746	15.214	14.699	14.202
10	18.294	17.682	17.089	16.517	15.963	15.428	14.910	14.410	13.926
11	17.905	17.311	16.736	16.180	15.642	15.122	14.619	14.132	13.662
12	17.533	16.955	16.397	15.856	15.333	14.827	14.338	13.865	13.407
13	17.175	16.614	16.071	15.545	15.037	14.545	14.068	13.608	13.162
14	16.831	16.286	15.758	15.246	14.751	14.272	13.809	13.360	12.926
15	16.501	15.971	15.457	14.959	14.477	14.010	13.559	13.122	12.699
16	16.184	15.667	15.167	14.682	14.213	13.758	13.318	12.892	12.480
17	15.878	15.375	14.888	14.416	13.958	13.515	13.086	12.670	12.268
18	15.584	15.094	14.619	14.159	13.713	13.281	12.862	12.457	12.064
19	15.302	14.824	14.360	13.911	13.476	13.055	12.646	12.250	11.867
20	15.029	14.563	14.111	13.673	13.248	12.836	12.437	12.051	11.676
21	14.766	14.311	13.870	13.442	13.028	12.626	12.236	11.858	11.492
22	14.513	14.069	13.638	13.220	12.815	12.422	12.041	11.672	11.314
23	14.268	13.835	13.414	13.005	12.609	12.225	11.853	11.491	11.141
24	14.032	13.608	13.197	12.798	12.410	12.035	11.670	11.317	10.974
25	13.804	13.390	12.987	12.597	12.218	11.850	11.494	11.148	10.812
26	13.584	13.179	12.785	12.403	12.032	11.672	11.323	10.984	10.655
27	13.371	12.974	12.589	12.214	11.851	11.499	11.157	10.825	10.503
28	13.165	12.776	12.399	12.032	11.676	11.331	10.996	10.670	10.355
29	12.965	12.585	12.215	11.855	11.507	11.168	10.840	10.521	10.211
30	12.772	12.399	12.036	11.684	11.342	11.010	10.688	10.375	10.071
31	12.584	12.219	11.863	11.518	11.182	10.857	10.540	10.233	9.935
32	12.403	12.044	11.695	11.356	11.027	10.707	10.397	10.095	9.802
33	12.226	11.874	11.532	11.199	10.876	10.562	10.257	9.961	9.673
34	12.055	11.709	11.373	11.046	10.729	10.420	10.121	9.830	9.547
35	11.888	11.549	11.218	10.897	10.586	10.283	9.988	9.702	9.424
36	11.726	11.392	11.068	10.753	10.446	10.148	9.859	9.578	9.304
37	11.568	11.240	10.921	10.611	10.310	10.017	9.732	9.456	9.187
38	11.415	11.092	10.779	10.474	10.177	9.889	9.609	9.337	9.072
39	11.265	10.948	10.639	10.339	10.047	9.764	9.488	9.220	8.960
40	11.119	10.807	10.503	10.208	9.920	9.641	9.370	9.106	8.850

来源 Table 2.13(Colt，2012)。

附表 9　不同温度条件下氩气在盐水中的溶解度(海水，1atm 湿润空气)　单位：mg/L

温度/℃	盐度/(g/kg)								
	0.0	5.0	10.0	15.0	20.0	25.0	30.0	35.0	40.0
0	0.8907	0.8605	0.8312	0.8029	0.7756	0.7492	0.7236	0.6990	0.6751
1	0.8663	0.8371	0.8089	0.7817	0.7553	0.7298	0.7051	0.6813	0.6583
2	0.8430	0.8148	0.7876	0.7613	0.7359	0.7112	0.6874	0.6644	0.6422
3	0.8207	0.7935	0.7673	0.7419	0.7173	0.6935	0.6705	0.6483	0.6268
4	0.7994	0.7732	0.7478	0.7233	0.6995	0.6765	0.6543	0.6328	0.6120
5	0.7790	0.7537	0.7292	0.7055	0.6825	0.6603	0.6388	0.6179	0.5978
6	0.7595	0.7350	0.7113	0.6884	0.6662	0.6447	0.6239	0.6037	0.5842
7	0.7408	0.7171	0.6942	0.6720	0.6505	0.6297	0.6096	0.5901	0.5712
8	0.7229	0.7000	0.6779	0.6564	0.6356	0.6154	0.5959	0.5770	0.5586
9	0.7057	0.6836	0.6621	0.6413	0.6212	0.6016	0.5827	0.5644	0.5466
10	0.6893	0.6679	0.6471	0.6269	0.6074	0.5884	0.5701	0.5523	0.5350
11	0.6735	0.6527	0.6326	0.6130	0.5941	0.5757	0.5579	0.5407	0.5239
12	0.6584	0.6382	0.6187	0.5997	0.5813	0.5635	0.5462	0.5295	0.5132
13	0.6438	0.6243	0.6053	0.5869	0.5691	0.5518	0.5350	0.5187	0.5029
14	0.6298	0.6109	0.5925	0.5746	0.5573	0.5404	0.5241	0.5083	0.4930
15	0.6164	0.5980	0.5801	0.5627	0.5459	0.5296	0.5137	0.4983	0.4834
16	0.6034	0.5855	0.5682	0.5513	0.5349	0.5191	0.5036	0.4887	0.4742
17	0.5909	0.5736	0.5567	0.5403	0.5244	0.5089	0.4939	0.4794	0.4653
18	0.5789	0.5621	0.5456	0.5297	0.5142	0.4992	0.4846	0.4704	0.4567
19	0.5674	0.5509	0.5350	0.5195	0.5044	0.4898	0.4755	0.4617	0.4483
20	0.5562	0.5402	0.5247	0.5096	0.4949	0.4807	0.4668	0.4534	0.4403
21	0.5454	0.5299	0.5148	0.5000	0.4858	0.4719	0.4584	0.4453	0.4325
22	0.5350	0.5199	0.5052	0.4908	0.4769	0.4634	0.4502	0.4374	0.4250
23	0.5250	0.5102	0.4959	0.4819	0.4683	0.4551	0.4423	0.4298	0.4177
24	0.5153	0.5009	0.4869	0.4733	0.4600	0.4472	0.4346	0.4225	0.4106
25	0.5059	0.4919	0.4782	0.4649	0.4520	0.4394	0.4272	0.4153	0.4038
26	0.4968	0.4831	0.4698	0.4568	0.4442	0.4319	0.4200	0.4084	0.3971
27	0.4880	0.4747	0.4617	0.4490	0.4367	0.4247	0.4130	0.4017	0.3907
28	0.4795	0.4665	0.4537	0.4414	0.4293	0.4176	0.4062	0.3952	0.3844
29	0.4712	0.4585	0.4461	0.4340	0.4222	0.4108	0.3997	0.3888	0.3783
30	0.4632	0.4508	0.4386	0.4268	0.4153	0.4041	0.3933	0.3827	0.3723
31	0.4554	0.4433	0.4314	0.4199	0.4086	0.3977	0.3870	0.3766	0.3666
32	0.4479	0.4360	0.4244	0.4131	0.4021	0.3914	0.3809	0.3708	0.3609
33	0.4405	0.4289	0.4175	0.4065	0.3957	0.3852	0.3750	0.3651	0.3554
34	0.4334	0.4220	0.4109	0.4000	0.3895	0.3793	0.3693	0.3595	0.3501
35	0.4264	0.4152	0.4044	0.3938	0.3835	0.3734	0.3636	0.3541	0.3448
36	0.4196	0.4087	0.3981	0.3877	0.3776	0.3677	0.3581	0.3488	0.3397
37	0.4130	0.4023	0.3919	0.3817	0.3718	0.3622	0.3528	0.3436	0.3347
38	0.4066	0.3961	0.3859	0.3759	0.3662	0.3567	0.3475	0.3385	0.3298
39	0.4003	0.3900	0.3800	0.3702	0.3607	0.3514	0.3424	0.3336	0.3250
40	0.3941	0.3840	0.3742	0.3646	0.3553	0.3462	0.3373	0.3287	0.3203

来源 Table 2.15(Colt，2012)。

附表 10 不同温度条件下二氧化碳在盐水中的溶解度(海水，1atm 湿润空气) 单位：mg/L

温度/℃	盐度/(g/kg)								
	0.0	5.0	10.0	15.0	20.0	25.0	30.0	35.0	40.0
0	1.3174	1.2837	1.2508	1.2186	1.1873	1.1568	1.1270	1.0980	1.0697
1	1.2661	1.2337	1.2022	1.1714	1.1414	1.1122	1.0836	1.0558	1.0287
2	1.2174	1.1864	1.1562	1.1267	1.0979	1.0699	1.0425	1.0159	0.9899
3	1.1712	1.1415	1.1125	1.0842	1.0567	1.0298	1.0036	0.9780	0.9531
4	1.1273	1.0989	1.0711	1.0440	1.0175	0.9918	0.9666	0.9421	0.9182
5	1.0857	1.0584	1.0317	1.0057	0.9804	0.9556	0.9315	0.9080	0.8851
6	1.0461	1.0199	0.9944	0.9694	0.9451	0.9214	0.8982	0.8756	0.8536
7	1.0085	0.9834	0.9588	0.9349	0.9115	0.8888	0.8665	0.8449	0.8237
8	0.9727	0.9486	0.9251	0.9021	0.8796	0.8578	0.8364	0.8156	0.7953
9	0.9387	0.9155	0.8929	0.8708	0.8493	0.8283	0.8078	0.7878	0.7683
10	0.9062	0.8840	0.8623	0.8411	0.8204	0.8002	0.7805	0.7613	0.7425
11	0.8753	0.8540	0.8331	0.8128	0.7929	0.7735	0.7545	0.7361	0.7180
12	0.8459	0.8254	0.8053	0.7858	0.7666	0.7480	0.7298	0.7120	0.6947
13	0.8178	0.7981	0.7788	0.7600	0.7416	0.7237	0.7062	0.6891	0.6725
14	0.7910	0.7720	0.7535	0.7354	0.7178	0.7005	0.6837	0.6673	0.6512
15	0.7654	0.7472	0.7294	0.7120	0.6950	0.6784	0.6622	0.6464	0.6310
16	0.7409	0.7234	0.7063	0.6896	0.6732	0.6573	0.6417	0.6265	0.6116
17	0.7175	0.7007	0.6842	0.6681	0.6524	0.6371	0.6221	0.6075	0.5932
18	0.6951	0.6790	0.6631	0.6477	0.6326	0.6178	0.6034	0.5893	0.5755
19	0.6738	0.6582	0.6430	0.6281	0.6135	0.5993	0.5854	0.5719	0.5586
20	0.6533	0.6383	0.6236	0.6093	0.5953	0.5817	0.5683	0.5552	0.5424
21	0.6336	0.6192	0.6051	0.5914	0.5779	0.5647	0.5519	0.5393	0.5270
22	0.6148	0.6010	0.5874	0.5742	0.5612	0.5485	0.5361	0.5240	0.5122
23	0.5968	0.5835	0.5704	0.5577	0.5452	0.5330	0.5210	0.5094	0.4979
24	0.5795	0.5667	0.5541	0.5418	0.5298	0.5181	0.5066	0.4953	0.4843
25	0.5629	0.5505	0.5385	0.5266	0.5151	0.5038	0.4927	0.4819	0.4713
26	0.5469	0.5350	0.5234	0.5120	0.5009	0.4900	0.4794	0.4689	0.4587
27	0.5316	0.5202	0.5090	0.4980	0.4873	0.4768	0.4665	0.4565	0.4467
28	0.5168	0.5058	0.4951	0.4845	0.4742	0.4641	0.4542	0.4446	0.4351
29	0.5026	0.4921	0.4817	0.4716	0.4616	0.4519	0.4424	0.4331	0.4239
30	0.4890	0.4788	0.4689	0.4591	0.4495	0.4402	0.4310	0.4220	0.4132
31	0.4758	0.4661	0.4565	0.4471	0.4379	0.4289	0.4200	0.4114	0.4029
32	0.4631	0.4537	0.4445	0.4355	0.4266	0.4180	0.4095	0.4011	0.3930
33	0.4509	0.4419	0.4330	0.4243	0.4158	0.4075	0.3993	0.3912	0.3834
34	0.4391	0.4304	0.4219	0.4136	0.4054	0.3973	0.3894	0.3817	0.3741
35	0.4277	0.4194	0.4112	0.4032	0.3953	0.3875	0.3799	0.3725	0.3652
36	0.4167	0.4087	0.4008	0.3931	0.3855	0.3781	0.3708	0.3636	0.3566
37	0.4061	0.3984	0.3908	0.3834	0.3761	0.3689	0.3619	0.3550	0.3483
38	0.3958	0.3884	0.3811	0.3740	0.3670	0.3601	0.3534	0.3467	0.3402
39	0.3858	0.3787	0.3718	0.3649	0.3582	0.3516	0.3451	0.3387	0.3324
40	0.3762	0.3694	0.3627	0.3561	0.3496	0.3433	0.3370	0.3309	0.3249

来源 Table 2.17(Colt，2012)。